AutoCAD 2022 中文版电气设计基础教程

张云杰　编著

清华大学出版社

北京

内 容 简 介

AutoCAD 作为一款优秀的 CAD 软件，应用程度之广泛远远高于其他的软件。本书主要针对目前热门的 AutoCAD 辅助电气设计技术，讲解最新版本 AutoCAD 2022 中文版的电气设计方法。全书共 13 章，从入门到实际应用进行全程讲解，内容包括电气绘图基础、基本电气二维图形绘制、编辑电气图形、电气图尺寸标注、电气图文字操作、电气设计表格、电气图层和块操作、电气图精确绘图、绘制电气元件、绘制三维电气模型、电气图输出与打印，以及电气绘图综合设计案例，从实用角度介绍了 AutoCAD 2022 中文版电气设计知识和方法。另外，本书还配备丰富的网络教学资源、多媒体互动教程，并提供网络教学技术支持，让读者能更直观地学习。

本书内容广泛、通俗易懂、语言规范、实用性强，特别适合初、中级用户学习，也可作为大专院校计算机辅助设计课程的指导教材。

图书在版编目(CIP)数据

AutoCAD 2022 中文版电气设计基础教程/张云杰编著. —北京：清华大学出版社，2023.9
ISBN 978-7-302-64539-9

Ⅰ. ①A… Ⅱ. ①张… Ⅲ. ①电气设备—计算机辅助设计—AutoCAD 软件—教材 Ⅳ. ①TM02-39

中国国家版本馆 CIP 数据核字(2023)第 159392 号

责任编辑：张彦青
装帧设计：李　坤
责任校对：李玉萍
责任印制：曹婉颖
出版发行：清华大学出版社
　　　　　网　　　址：http://www.tup.com.cn, http://www.wqbook.com
　　　　　地　　　址：北京清华大学学研大厦 A 座　　　邮　　编：100084
　　　　　社 总 机：010-83470000　　　　　　　　　邮　　购：010-62786544
　　　　　投稿与读者服务：010-62776969, c-service@tup.tsinghua.edu.cn
　　　　　质量反馈：010-62772015, zhiliang@tup.tsinghua.edu.cn
　　　　　课件下载：http://www.tup.com.cn, 010-62791865
印 装 者：北京嘉实印刷有限公司
经　　销：全国新华书店
开　　本：185mm×260mm　　　印　张：24　　　字　数：582 千字
版　　次：2023 年 9 月第 1 版　　　　　　　　印　次：2023 年 9 月第 1 次印刷
定　　价：78.00 元

产品编号：096209-01

AutoCAD 的英文全称是 Auto Computer Aided Design(计算机辅助设计)，它是美国 Autodesk 公司开发的一款用于计算机辅助绘图和设计的软件。自问世以来，AutoCAD 已从简单的二维绘图软件发展成为一个庞大的计算机辅助设计系统，具有易于掌握、使用方便和体系结构开放等优点，深受广大工程技术人员的欢迎。如今，AutoCAD 已广泛应用于机械、建筑、电子、航天、造船、石油化工、土木工程、冶金、地质、气象、纺织、轻工和商业等领域。

为了使用户尽快掌握 AutoCAD 的电气设计功能，我们编写了本书。本书主要针对目前热门的 AutoCAD 辅助电气设计技术，讲解最新版本 AutoCAD 2022 中文版的电气设计方法。全书共 13 章，从入门到实际应用进行全程讲解，内容包括电气绘图基础、基本电气二维图形绘制、编辑电气图形、电气图尺寸标注、电气图文字操作、电气设计表格、电气图层和块操作、电气图精确绘图、电气元件设计、绘制三维电气模型、电气图输出与打印，以及电气绘图综合设计案例，从实用角度介绍了 AutoCAD 电气设计知识和方法。

作者长期从事 AutoCAD 的专业设计和教学，数年来承接了大量的项目，参与 AutoCAD 的教学和培训工作，积累了丰富的实践经验。本书就像一位专业设计师，将设计项目时的思路、流程、方法和技巧、操作步骤面对面地与读者交流。本书内容广泛、通俗易懂、语言规范、实用性强，能使读者快速、准确地掌握 AutoCAD 的绘图方法与技巧，特别适合初、中级用户的学习，是广大读者快速掌握 AutoCAD 的实用指导书和工具手册，也可作为大专院校计算机辅助设计课程的指导教材。

本书还配备丰富的网络教学资源，多媒体互动教程，并将范例制作成多媒体进行了详尽的讲解，便于读者学习使用。另外，本书还提供了网络的免费技术支持，读者可以关注"云杰漫步科技"微信公众号，查看关于多媒体教学资源的使用方法和下载方法。也可以关注"云杰漫步智能科技"今日头条号，在这里为读者提供技术交流和技术支持。

本书由云杰漫步科技 CAX 设计教研室编著，参加编写工作的有张云杰、尚蕾、张云静、郝利剑等。书中的范例均由云杰漫步多媒体科技公司 CAX 设计教研室设计制作，教学视频由云杰漫步多媒体科技公司提供技术支持。同时要感谢清华大学出版社的编辑和老师们的大力协助。

由于本书编写时间紧张，编写人员的水平有限，在编写过程中难免有不足之处，在此，编写人员对广大用户表示歉意，望广大用户不吝赐教，对书中的不足之处给予指正。

编　者

源文件.rar

目录

第 1 章

初识 AutoCAD 2022 电气设计

本章导读

AutoCAD 的英文全称是 Auto Computer Aided Design(计算机辅助设计)，它是美国 Autodesk 公司开发的一款用于计算机辅助绘图和设计的软件。自问世以来，AutoCAD 已从简单的二维绘图软件发展成为一个庞大的计算机辅助设计系统，具有易于掌握、使用方便和体系结构开放等优点，深受广大工程技术人员的欢迎。

自 Autodesk 公司从 1982 年推出第一个 AutoCAD 版本后，不断升级，功能日益增强并趋完善。如今，AutoCAD 已广泛应用于机械、建筑、电子、航天、造船、石油化工、土木工程、冶金、地质、气象、纺织、轻工和商业等领域。AutoCAD 2022 是 Autodesk 公司推出的最新版本，代表了当今 CAD 软件的最新潮流和未来发展趋势。同时，为了便于进行技术交流和生产指导，我国国家标准对电气图样作了详细的统一规定，每一个工程技术人员都要掌握和了解。

为了使读者能够更好地理解和掌握 AutoCAD 2022 在电气设计方面的应用，本章主要讲解有关基础知识、电气工程制图基本概念以及电子电气工程图的要求，为读者后续深入学习提供支持。

1.1 AutoCAD 2022 简介

AutoCAD 是美国 Autodesk 公司开发的一种通用计算机辅助设计软件包，在设计、绘图和相互协作方面拥有强大的功能。由于其具有易于学习、使用方便、体系结构开放等优点，因而深受广大工程技术人员的喜爱，成为人们熟知的通用软件。

Autodesk 公司自 1982 年推出 AutoCAD 的第一个版本 V1.0，经由 V2.6、R9、R10、R12、R13、R14、R2000、2004、2008、2010、2012、2014、2016、2018、2020 等典型版本，发展到最新的 AutoCAD 2022。在这几十年的时间里，AutoCAD 产品在不断适应计算机软硬件发展的同时，自身功能也在不断发展和完善。

1.1.1 AutoCAD 发展简史

事物总是处在从无到有、从小到大的不断发展过程中。AutoCAD 最初推出时，功能非常有限，只是一个绘制二维图形的简单工具，而且画图过程也非常缓慢，因此它的出现并没有引起业界的广泛关注。

应该说 AutoCAD 2.5 是 AutoCAD 发展史上的一个转折点。在推出此版本之前，CAD 已经开始风行，CAD 软件也出现数十种。2.5 以前版本的 AutoCAD 与同时期的 CAD 软件相比还处于劣势，在计算机辅助设计领域的影响还不是很大。随着 AutoCAD 2.5 版本的推出，这种情况得到了很大的改善。该版本引入了 AutoLisp，这对扩大 AutoCAD 的影响起到了极大的推动作用。引入 AutoLisp 以后，有许多 CAD 开发商针对汽车、机械和建筑开发了以 AutoCAD 为平台的各种专业软件(实际上这是 AutoLisp 程序集的应用)，AutoCAD 因此得以大范围推广和应用。

从 AutoCAD R14 版开始，AutoCAD 脱胎换骨，已经完全摆脱了以前版本的窠臼，达到了一种全新的境界。它完全适合标准的 Windows 操作系统、UNIX 操作系统和 DOS 操作系统，极大地方便了用户的使用。如今，AutoCAD 的操作界面已经成为 CAD 操作界面的楷模。AutoCAD 在功能上集平面作图、三维造型、数据库管理、渲染着色、互联网等于一体，并提供了丰富的工具集。所有这些使用户能够轻松、快捷地进行设计工作，还能方便地复用各种已有的数据，从而极大地提高了设计效率。

最新推出的 AutoCAD 2022(见图 1-1)与先前的版本相比，在性能和功能方面都有较大的增强，并且与低版本完全兼容。

1.1.2 AutoCAD 软件特点

AutoCAD 与其他 CAD 产品相比，具有以下特点。

- 直观的用户界面、下拉菜单、图标，易于使用的对话框等。
- 丰富的二维绘图、编辑命令以及建模方式，新颖的三维造型功能。如图 1-2 所示为 AutoCAD 三维造型。
- 多样的绘图方式，可以通过交互方式绘图，也可通过编程自动绘图。

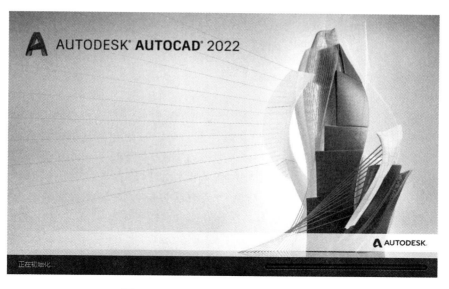

图 1-1 AutoCAD 2022 版本启动界面

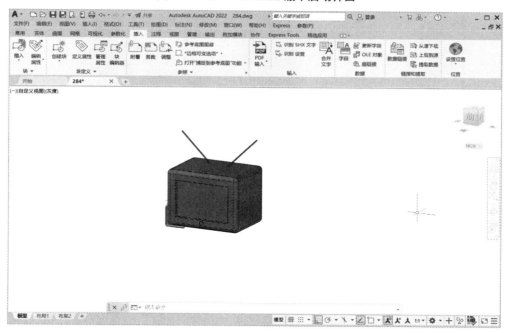

图 1-2 AutoCAD 三维造型

- 能够对光栅图像和矢量图形进行混合编辑。
- 产生具有照片真实感的着色效果，且渲染速度快、质量高。
- 多行文字编辑器与 Windows 系统下的文字处理软件工作方式相同，并支持 Windows 系统的 TrueType 字体。
- 数据库操作方便且功能完善。
- 强大的文件兼容性，可以通过标准的或专用的数据格式与其他 CAD、CAM 系统交换数据。

- 提供了许多 Internet 工具，使用户可通过 AutoCAD 在 Web 上打开、插入或保存图形。
- 开放的体系结构，为其他开发商提供了多元化的开发工具。

1.1.3 功能及应用范围

近十几年来，美国 Autodesk 公司开发的 AutoCAD 软件一直占据着 CAD 市场的主导地位，其市场份额占 70%以上，主要应用于二维图形绘制、三维建模造型的计算机设计领域，其具有的开放结构，既方便了用户的使用，又保证了系统本身能不断地扩充与完善，而且提供了用户应用开发的良好环境。AutoCAD 系列软件功能日趋完善，不论从图形的生成、编辑、人机对话、编程和图形交换，还是与其他高级语言的接口方面，均具有非常完善的功能。作为一个功能强大、易学易用、便于二次开发的 CAD 软件，AutoCAD 几乎成为计算机辅助设计的标准，在我国的各行各业中产生了强大的促进作用。

如今，AutoCAD 已广泛应用于机械、建筑、电子、航天、造船、石油化工、土木工程、冶金、地质、气象、纺织、轻工和商业等领域。如图 1-3 所示为 AutoCAD 电气图纸。

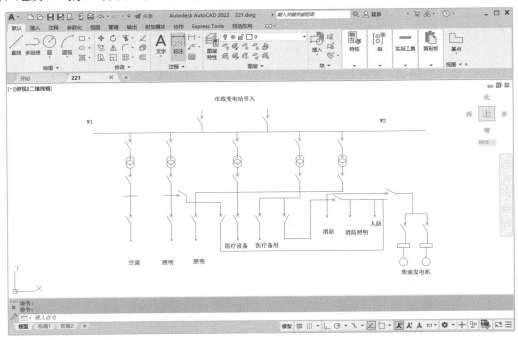

图 1-3　AutoCAD 电气图纸

1.1.4 AutoCAD 2022 新增功能

AutoCAD 2022 版本与旧版本相比，增添了很多新功能，下面将分别对其进行介绍。

1) 跟踪功能

AutoCAD 2022 增加了跟踪功能。跟踪功能提供了一个安全空间，可用于在 AutoCAD Web 和移动应用程序中协作修改图形，而不必担心修改现有图形。跟踪如同一张覆盖在图形上的虚拟协作跟踪图纸，方便协作者直接在图形中添加反馈。

2) 计数功能

AutoCAD 2022 增加了计数功能，可以快速、准确地计数图形中对象的实例，也可以将包含计数数据的表格插入到当前图形中。

3) 浮动图形窗口

在 AutoCAD 2022 中，可以将某个图形文件选项卡拖离 AutoCAD 应用程序窗口，从而创建一个浮动图形窗口，如图 1-4 所示。

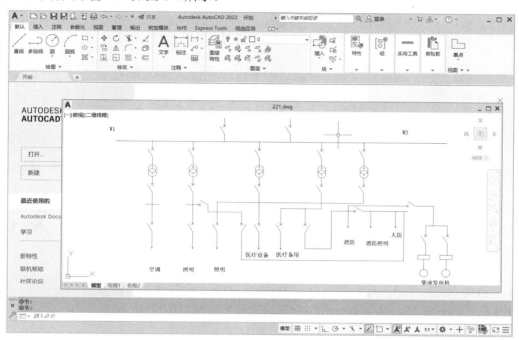

图 1-4 浮动图形窗口

4) 共享当前图形

AutoCAD 2022 可以共享指向当前图形副本的链接，可以在 AutoCAD Web 应用程序中查看或编辑所有相关的 DWG 外部参照和图像。

5) 三维图形技术预览

AutoCAD 2022 包含为 AutoCAD 开发的全新跨平台三维图形系统的技术预览，可以利用所有功能强大的现代 GPU 和多核 CPU 来为比以前版本更大的图形提供流畅的导航体验。

6) 图形历史记录

AutoCAD 2022 能够比较图形的过去和当前版本，并查看用户的工作演变情况。

7) 外部参照比较

AutoCAD 2022 能够比较两个版本的 DWG，包括外部参照(Xref)。

8) "块"选项板

AutoCAD 2022 能够从桌面上的 AutoCAD 或 AutoCAD Web 应用程序中查看和访问块内容。

9) 快速测量

在 AutoCAD 2022 中，只需悬停鼠标即可显示图形附近的所有测量值，如图 1-5 所示。

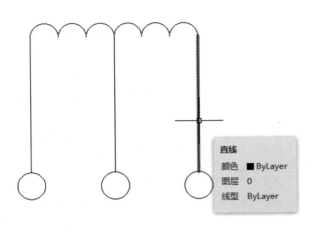

图 1-5　快速测量

10) 云存储连接

利用 Autodesk 云和一流云存储服务提供商的服务，可在 AutoCAD 中访问任何 DWG™
文件。

11) 随时随地使用 AutoCAD

可以通过使用 AutoCAD Web 应用程序的浏览器或通过 AutoCAD 移动应用程序创建、
编辑和查看 CAD 图形。

12) 其他增强功能

- 性能改进：后台发布和图案填充边界检测将充分利用多核处理器。
- 图形改进：Microsoft DirectX 12 支持二维和三维视觉样式。

1.2　电子电气工程图基础

电子电气 CAD 的基本含义是使用计算机来完成电子电气的设计，包括电气原理图的编
辑、电路功能仿真、工作环境模拟、印制板设计(自动布局、自动布线)与检测等。电子电气
CAD 软件还能迅速形成各种各样的报表文件(如元件清单报表)，为元件的采购及工程预决算
等提供了方便。

1.2.1　电子电气 CAD 简介

国内常用的电子电气 CAD 计算机辅助绘图软件有美国 Autodesk 公司的 AutoCAD、中望
CAD、华正电子图板及华中理工大学凯图 CAD 等。其中，国产软件的功能相对少一些，但使
用比较简单。在计算机辅助绘图软件中，AutoCAD 软件是最为流行的，它是通用计算机辅助
绘图和设计软件包，具有易于掌握、使用方便和体系结构开放等优点。

在计算机上，利用 AutoCAD 软件进行电子电气设计的过程如下。

(1) 选择图纸幅面、标题栏样式和图纸放置方向等。

(2) 放大绘图区，直到所绘制的电子元器件显示大小适中为止。

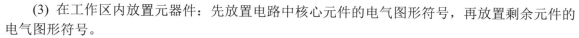

（3）在工作区内放置元器件：先放置电路中核心元件的电气图形符号，再放置剩余元件的电气图形符号。

（4）调整元件位置。

（5）修改、调整元件的标号、型号及其字体大小和位置等。

（6）连线、放置电气节点和网络标号(元件间连接关系)。

（7）放置电源及地线符号。

（8）运行电气设计规则检查(ERC)，找出原理图中可能存在的缺陷。

（9）打印输出图纸。

现代计算机辅助设计以电子计算机为主要工具。计算机的应用改变了电子电路设计的方式。与传统的手工电子电气设计相比，现代计算机辅助设计主要具有以下几个优点。

（1）设计效率高，大大缩短了设计周期。

（2）大大提高了设计质量和产品合格率。

（3）可节约原材料和仪器仪表等，从而降低成本。

（4）代替了人的重复性劳动，可节约人力资源。

1.2.2　电气制图基础要求

工程图样是工程技术界的共同语言。为了便于进行技术交流和生产指导，工程图样必须有一个统一的规定。为此，我国颁布了国家标准《电气工程 CAD 制图规则》来对图样作统一的规定，每个工程技术人员必须了解和掌握这些规定。

1. 图纸幅面及格式

在国家标准《电气工程 CAD 制图规则》中对图纸幅面及格式的规定如下。

1) 图纸幅面

由图纸的长边和短边尺寸所确定的图纸大小称为图纸幅面，分为横式幅面和立式幅面两种。国家标准规定的机械图纸的幅面有 A0～A4 共 5 种。

2) 图框格式

图纸的边框线是指表示一张图幅大小的框线，用细实线绘制。在边框线里面，可以根据不同的周边尺寸用粗实线绘制图框线。根据不同的需要，图纸可以横放，也可以竖放；根据图样是否需要装订，其图框格式也是不一样的。不需要装订的图样，其图框格式如图 1-6 所示。

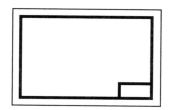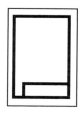

图 1-6　不需装订的图框格式

需要装订的图样，会在图纸边缘预留装订空间，其格式如图 1-7 所示。

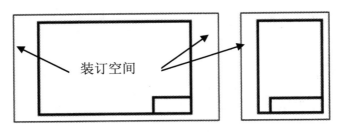

图 1-7　需要装订的图框格式

2．标题栏

每张图纸都必须有一个标题栏，通常位于图纸的右下角。标题栏的格式和尺寸应按照国家标准 GB 10609.1 的规定绘制，如图 1-8 所示。在制图作业中，建议采用如图 1-9 所示的比较简洁的格式。

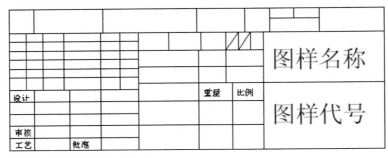

图 1-8　常用标题栏格式

单位、姓名		材料		比例	
制图		数量		图号	
审核		单位、姓名			

图 1-9　简洁的标题栏

标题栏中文字的书写方向就是读图的方向。标题栏的线型、字体(签字除外)等格式应符合标准。为了利用预先印制的图纸，允许标题栏长边竖放。标题栏长边竖放后，标题栏字体与看图方向不一致。此时可以在图纸的下方绘制方向符号，以明确看图方向。

3．比例

比例是指图样中图形与其实物相应要素的线性尺寸之比。比例可分为原始比例、放大比例和缩小比例等几种。

- 原始比例：比值为 1 的比例，即 1∶1。
- 放大比例：比值大于 1 的比例，如 2∶1 等。
- 缩小比例：比值小于 1 的比例，如 1∶2 等。

绘制图样时，一般应选取适当的比例来更好地显示图样。

为了能从图样上得到实物大小的真实概念，应尽量采用原始比例绘图，但绘制大而简单的器件则可采用缩小比例方式，绘制小而复杂的电气元件则可采用放大比例方式。不论采用何种比例，图样中所标注的尺寸都是物体的实际尺寸。绘制同一器件的各个视图时，应尽量采用相同的比例，并将其标注在标题栏的比例栏内。当图样中的个别视图采用了与标题栏中不相同的比例时，可以在该视图的上方标注其比例，如图 1-10 所示。

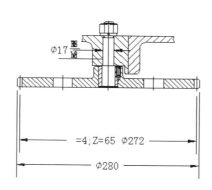

图 1-10　局部放大视图

4．字体

在工程绘图中，标注文字应满足以下基本要求。

- 字体是技术图样中的一个重要组成部分。书写字体时必须做到字体工整、笔画清楚、间隔均匀及排列整齐。
- 字体高度(用 h 表示)的尺寸为：1.8mm、2.5mm、3.5mm、5mm、7mm、10mm、14mm 和 20mm。如需要更大的字体，高度应按比率递增。在工程绘图中，字体的高度即字体的号数。
- 汉字应写成仿宋体，采用国家正式推行的简化字，字高不小于 3.5 号字。书写要领为：横平竖直，注意起落，结构匀称，填满方格。
- 字母和数字分为 A 型和 B 型两种，区别是宽度不一样。可以写成直体或斜体两种形式。斜体字字头向右倾斜，与水平基准成 75°。同一张图纸中，一般只允许使用一种类型的字体。

5．图线

图线是指图形中的线。有关图线的规定如下。

1) 图线的型式及其应用

根据国际标准规定，在电气工程制图中常用的线型有实线、虚线、点划线和双点划线等。国际标准推荐的图线宽度为 0.13mm、0.18mm、0.25mm、0.35mm、0.5mm、0.7mm、1mm、1.4mm 和 2mm。机械图样中粗线和细线的宽度比例为 2∶1，粗线的宽度 d 通常按图的大小和复杂程度选用，一般情况下可选用 0.5mm 或 0.7mm。

2) 图线画法注意事项

在工程绘图中，绘制图线时应注意以下要求。

- 在同一张图样中，同类图线的宽度应一致，虚线、点划线及双点划线的线段长度和间隔应大致相同。
- 平行线(包括剖面线)之间的最小距离应不小于 0.7mm。
- 绘制圆的中心线时，圆心应为线段的交点，点划线和双点划线的首末两端应是线段而不是短划，点划线应超出轮廓线外 2～5mm；在较小的图形中绘制点划线或双点划线有困难时，可用细实线代替。
- 虚线、细点划线与其他图线相交时，都应相交到线段处。当虚线处于粗实线的延长线上时，虚线到粗实线的结合点处应留间隙。
- 当图中的线段重合时，其优先次序为粗实线、虚线、点划线。

6. 尺寸标注

图样中的视图只能表示元件的形状，只有标注了尺寸后才能反映出元件的大小。在标注尺寸时必须遵守国家标准，才能使图样完整、清晰。标注尺寸的基本规则如下。

- 元件的真实大小以图样上所注尺寸数值为依据，与图形大小及绘图的准确度无关。
- 图样中的尺寸以 mm(毫米)为单位时，不需标注计量单位的符号或名称。如采用其他单位，则必须注明。
- 图样中所标注的尺寸，为该图样所示元件的最终完工尺寸，否则应另加说明。
- 元件的每一尺寸，一般只标注一次，并应标注在反映该结构最清晰的图形上。
- 标注尺寸时，应尽可能使用符号和缩写词。

1.3 电子工程 CAD 制图规范

电子工程图通常表示的内容包括：电路中元件或功能件的图形符号；元件或功能件之间的连接线；项目代号；端子代号；用于逻辑信号的电平约定；电路寻迹所必需的信息(信号代号、位置检索标记)；了解功能件必需的补充信息。

国家标准对电子工程图(即电路图)进行了严格的规定。电子工程图的特点及设计规范如下。

1.3.1 电路图绘制规则

绘制电子工程图时应符合以下规则。

(1) 绘制电路图应遵守 GB/T 18135-2000《电气工程 CAD 制图规则》的规定。电路图的线型主要有 4 种。

(2) 图形符号应遵守 GB 4728-85《电气图用图形符号》的有关规定进行绘制。在图形符号的上方或左方，应标出代表元件的文字符号或位号(按 SJ138-65 规定绘制)。对于简单的电路原理图，可直接注明元件数据，一般需另行编制元件目录表。

(3) 当几个元件接到一根公共零线上时，各元件的中心应平齐。

(4) 电路图中的信号流主要流向应是从左至右或从上至下。当信号流方向不明确时，应在连接线上绘制箭头符号。

(5) 表示导线或连接线的图线都应是交叉和弯折最少的直线。图线可水平布置，各类似项目应纵向对齐；图线也可垂直布置，此时各类似项目应横向对齐。

如图 1-11 所示为典型的电气原理图。

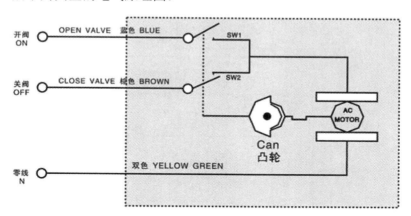

图 1-11　电气原理图

1.3.2　元件放置规则

在绘制电器元件布置图时，要注意以下几个方面。

(1) 重量大和体积大的元件应该安装在安装板的下部；发热元件应安装在安装板的上部，以利于散热。

(2) 强电和弱电要分开，同时应注意弱电的屏蔽问题和强电的干扰问题。

(3) 考虑维护和维修的方便性。

(4) 考虑制造和安装的工艺性，如外形美观、结构整齐、操作方便等。

(5) 考虑布线的整齐性和元件之间的走线空间等。

如图 1-12 所示是常见的电子元件较多的电路图。

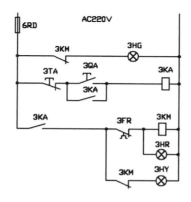

图 1-12　电子元件在电路图上的分布

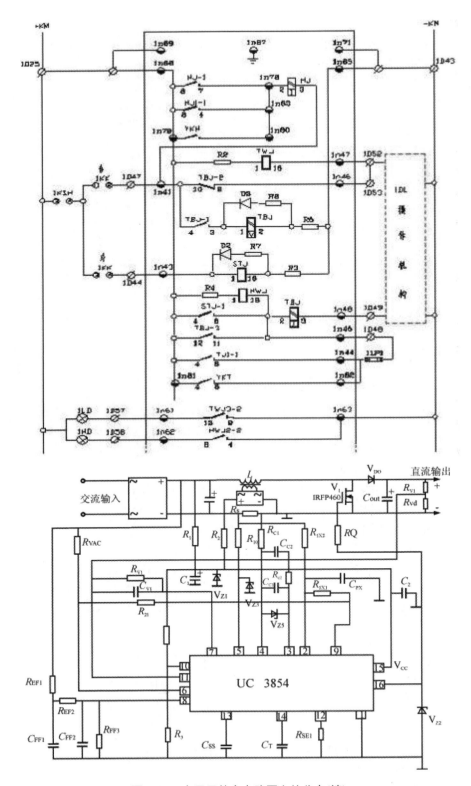

图 1-12　电子元件在电路图上的分布(续)

1.3.3 电路图常见表达方法

在绘制电子工程设计图时，经常会用到同一元件的不同表示方法。下面介绍电子工程制图中经常用到的一些元件表达方法。

1. 电路电源表示法

用图形符号表示电源，如图 1-13 所示。用线条表示电源，如图 1-14 所示。用电压值表示电源，如图 1-15 所示。

符号表示电源中，用单线表达时，直流符号为"-"，交流符号为"～"；在用多线表达时，直流正、负极分别用符号"+""-"表示，三相交流相序用 L_1、L_2 和 L_3 表示，中性线用 N 表示，如图 1-16 所示。

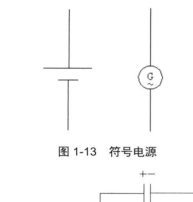

图 1-13　符号电源

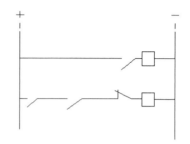

图 1-14　线条电源

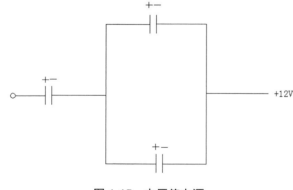

图 1-15　电压值电源

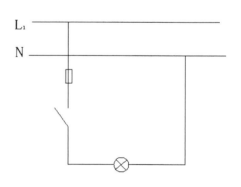

图 1-16　三相交流

2. 导线连接形式表示法

导线连接有 T 形连接和十字形连接两种形式。T 形连接可加实心圆点，也可不加实心圆点。

十字形连接，表示两导线相交时，必须加实心圆点；表示交叉而不连接的两导线，在交叉处不加实心圆点，如图 1-17 所示。

3. 简化电路表示法

电路的简化可分为并联电路的简化及相同电路的简化两种。

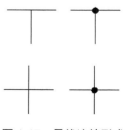

图 1-17　导线连接形式

1) 并联电路的简化

多个相同的支路并联时，可用标有公共连接符号的一个支路来表示，公共连接符号如图 1-18 所示。

符号的折弯方向与支路的连接情况应相符。为简化而未绘制的各项目的代号，则应在对应的图形符号旁全部标注出来，公共连接符号旁加注并联支路的总数，如图 1-19 所示。

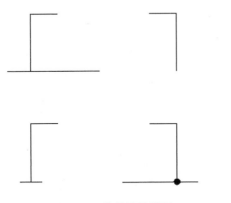

图 1-18　公共连接符号

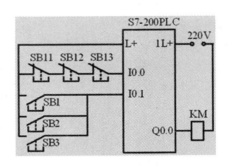

图 1-19　电路简化

2) 相同电路的简化

对重复出现的电路，只需要详细地绘制出其中的一个，并加画围框表示范围即可。相同的电路应绘制出空白的围框，并在框内注明必要的文字，如图 1-20 所示。

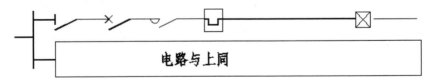

图 1-20　相同电路的简化

1.3.4　元件技术数据表示方法

技术数据(如元件型号、规格和额定值等)不但可以直接标注在图形符号的近旁(必要时应放在项目代号的下方)，也可标注在继电器线圈、仪表及集成块等的方框符号或简化外形符号内。此外，技术数据也可以用表格的形式给出。元件目录表应按图上该元件的代号、名称、信号以及技术数据等逐项填写。

1.3.5　常用电子符号的构成与分类

常用电子符号的构成与分类如下。

1. 电子工程图中常见电路符号

在电路设计中，常见电子元件的图形符号及文字符号如图 1-21 所示。

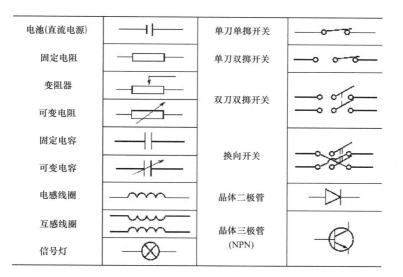

图 1-21　常见电子元件

2．电子符号分类

根据《电气图用图形符号》(GB 4728)的规定，电子元件大致可分为以下几类。

1）无源元件

例如电容、电阻、电感器、铁氧体磁芯、磁存储器矩阵、压电晶体、驻极体和延迟线等。

2）半导体管和电子管

例如二极管、三极管、晶体闸流管、电子管和辐射探测器件等。

3）电能的发生和转换

例如绕组、发电机、发动机、变压器和变流器等。

4）开关、控制和保护装置

例如触点、开关、热敏开关、接触开关、开关装置和控制装置、启动器、测量继电器、熔断器、避雷器等。

1.4　电气工程 CAD 图制图规范

电气工程图主要用来描述电气设备或电气系统的工作原理，其应用非常广泛，几乎遍布于工业生产和日常生活的各个环节。在国家颁布的工程制图标准中，对电气工程图的制图规则作了详细的规定，本节主要介绍电气工程图中的基本概念、分类、绘制原则及注意事项等。

1.4.1　电气工程图的特点

电气工程图的特点如下。

1）图幅尺寸

电气图纸的幅面一般分为 0～5 号共 6 种。各种图纸一般不加宽，只是在必要时可以按照 L/8 的倍数适当加长。常见的是 2 号加长图，规格为 420mm×891mm，0 号图纸一般不加长。

2) 图标

图标相当于电气设备的铭牌。图标一般放在图纸的右下角，主要内容包括：图纸的名称、比例、设计单位、制图人、设计人、校审人、审定人、电气负责人、工程负责人和完成日期等。

3) 图线

图线就是在图纸中使用的各种线条，根据不同的用途可分为以下 8 种。

- 粗实线：用来绘制建筑图的立面线、平面图与剖面图的截面轮廓线、图框线等。
- 中实线：用来绘制电气施工图的干线、支线、电缆线及架空线等。
- 细实线：用来绘制电气施工图的底图线。建筑平面图要用细实线，以便突出中实线绘制的电气线路。
- 粗点划线：通常用在平面图中大型构件的轴线等处。
- 点划线：用来绘制轴线、中心线等，如电气设备安装大样图的中心线。
- 粗虚线：用来绘制地下管道。
- 虚线：用来绘制不可见的轮廓线。
- 折断线：用来绘制被断开部分的边界线。

此外，电气专业常用的线还有电话线、接地母线、电视天线和避雷线等特殊形式。

4) 尺寸标注

工程图纸上标注的尺寸通常以毫米(mm)为单位，只有总平面图或特大设备以米(m)为单位。电气图纸一般不标注单位。

5) 比例和方位标志

电气施工图常用的比例有 1∶200、1∶100、1∶60 和 1∶50 等；大样图的比例可以用 1∶20、1∶10 或 1∶5。外线工程图常用小比例，在做概(预)算统计工程量时就需要用到这个比例。图纸中的方位按照国际惯例通常是上北下南，左西右东。有时为了使图面布局更加合理，也有可能采用其他方位，但必须标明指北针。

6) 标高

建筑图纸中的标高通常是相对标高：一般将±0.00 设定在建筑物首层室内地坪，往上为正值，往下为负值。电气图纸中设备的安装标高是以各层地面为基准的，例如照明配电箱的安装高度中"暗装 1.4m""明装 1.2m"，都是以各层地面为准的；室外电气安装工程常用绝对标高，这是以青岛市外海平面为零点而确定的高度尺寸，又称海拔高度，如山东某室外电力变压器台面绝对标高是 48m。

7) 图例

为了简化作图，国家有关标准和一些设计单位对常见的材料构件、施工方法等规定了一些固定画法式样，有的还附有文字符号标注。要看懂电气安装施工图，就要明白图中这些符号的含义。电气图纸中的图例，如果是国家统一规定的则称为国标符号，由有关部委颁布的电气符号称为部协符号。另外一些大的设计院还有其内部的补充规定，即所谓院标，或称之为习惯标注符号。

电气符号的种类很多，例如与电气设计有关的强电、电信、高压系统和低压系统，等等。国际上通用的图形符号标准是 IEC(国际电工委员会)标准。中国新的国家标准图形符号(GB)和 IEC 标准是一致的，国标序号为 GB 4728。这些通用的电气符号在施工图册内都有，因而电气施工图中就不再介绍其名称含义了。但如果电气设计图纸里采用了非标准符号，那么就应列出图例表。

8）平面图定位轴线

凡是建筑物的承重墙、柱子、主梁及房架等都应设置轴线。纵轴编号是从左起用阿拉伯数字表示，而横轴则是用大写英文字母自下而上标注的。轴线间距是由建筑结构尺寸确定的。在电气平面图中，为了突出电气线路，通常只在外墙外面绘制出横竖轴线，建筑平面内则不绘制轴线。

9）设备材料表

为了便于施工单位计算材料、采购电气设备、编制工程概(预)算及编制施工组织计划等，在电气工程图纸上要列出主要设备材料表。表内应列出全部电气设备材料的规格、型号、数量及有关的重要数据，要求与图纸一致，而且要按照序号编写。

10）设计说明

电气图纸说明是用文字的方式说明一个建筑工程(如建筑用途、结构形式、地面做法及建筑面积等)和电气设备安装的有关内容，主要包括电气设备的规格型号、工程特点、设计指导思想，使用的新材料、新工艺、新技术，对施工的要求等。

1.4.2 电气工程图的分类

电气设备安装工程是建筑工程的有机组成部分。根据建筑物功能的不同，电气设计内容有所不同，通常可以分为内线工程和外线工程两大部分。

内线工程包括：照明系统图、动力系统图、电话工程系统图、共用天线电视系统图、防雷系统图、消防系统图、防盗保安系统图、广播系统图、变配电系统图和空调配电系统图等。外线工程包括：架空线路图、电缆线路图和室外电源配电线路图等。

具体到电气设备安装施工，按其表现内容不同可分为以下几个类型。

1）配电系统图

配电系统图表示整体电力系统的配电关系或配电方案。在三相配电系统中，三相导线是一样的，系统图通常用单线条表示。从配电系统图中可以看出该工程配电的规模、各级控制关系、各级控制设备及保护设备的规格容量、各路负荷用电容量和导线规格等。

2）平面图

平面图表示建筑各层的照明、动力及电话等电气设备的平面位置和线路走向，这是安装电器和敷设支路管线的依据。根据用电负荷的不同，平面图分为照明平面图、动力平面图、防雷平面图和电话平面图等。

3）大样图

大样图表示电气安装工程中的局部做法明细图，例如聚光灯安装大样图、灯头盒安装大样图等。

4）二次接线图

二次接线图表示电气仪表、互感器、继电器及其他控制回路的接线图。例如加工非标准配电箱就需要配电系统图和二次接线图。

此外，电气原理图、设备布置图、安装接线图和剖面图等是用在工程比较复杂或者电气工程施工图册中没有标准图但特别需要表达清楚的地方。在工程中，不一定会同时出现这 4 种图。

1.4.3　绘制电气工程图的规则

绘制电气工程图时，通常应遵循以下规则。

(1) 采用国家规定的统一文字符号标准来绘制，这些标准如下。

- 《电气图用图形符号》(GB 4728)。
- 《电气技术用文件的编制》(GB/T 6988.1)。
- 《电气技术中的文字符号制定通则》(GB 7159)。

(2) 同一电气元件的各个部件可以不绘制在一起。

(3) 触点按没有外力或没有通电时的原始状态绘制。

(4) 按动作顺序依次排列。

(5) 必须给出导线的线号。

(6) 注意导线的颜色。

(7) 横边从左到右用阿拉伯数字分别编号。

(8) 竖边从下到上用英文字母区分。

(9) 分区代号用该区域的字母和数字表示。

1.4.4　绘制电气工程图应注意的事项

1. 电气简图

简图是由图形符号、带注释的框(或简化的外形)和连接线等组成的，用来表示系统、设备中各组成部分之间的相互关系和连接关系。简图不具体反映元件、部件及整件的实际结构和位置，而是从逻辑角度反映它们的内在联系。简图是电气产品极其重要的技术文件，在设计、生产、使用和维修的各个阶段被广泛地使用。

简图应布局合理、排列均匀、画面清晰、便于看图。图的引入线和引出线绘制在图纸边框附近，表示导线、信号线和连接线的图线应尽量减少交叉和弯折。电路或元件应按功能布置，并尽量按工作顺序从上到下、从左到右排列。

简图上采用的图形符号应遵循国家标准 GB 4728《电气图用图形符号》的规定，选取图形符号时要注意以下事项。

(1) 图形符号应按国标列出的符号形状和尺寸绘出，其含义仅与其形式有关，和大小、图线的宽度无关。

(2) 在同一张简图中只能选用一种图形形式。有些符号具有几种图形形式，"优选形"和"简化形"应优先被采用。

(3) 未给出的图形符号，应根据元件、设备的功能，选取《电气图用图形符号》给定的符号要素、一般符号和限定符号，按其规定的组合原则派生出来。

(4) 图形符号的方位一般取标准中示例的方向。为了避免折弯或交叉，在不改变符号含义的前提下，符号的方位可根据布置的需要作旋转或镜像放置，但文字和指示方向应保持不变。

图形符号一般绘制有引线，在不改变其符号含义的前提下，引线可取不同的方向。但当引线取向改变时，符号含义就可能会改变，因此必须按规定方向绘制。如电阻器的引线方向变化后，则表示继电器线圈。

2. 电气原理图

电气原理图是表达电路工作方式的图纸，所以应按照国家标准(简称国标)进行绘制。图纸的尺寸必须符合标准。用图形符号和文字符号绘制出所有的电气元件，而不必绘制元件的外形和结构；同时，也不考虑电气元件的实际位置，而是依据电气绘图标准，按照展开图画法表示元件之间的连接关系。

在电气原理图中，一般将电路分成主电路和辅助电路两部分。主电路控制电路中强电流通过的部分，由电机等负载和其相连的电气元件(如刀开关、熔断器、热继电器的热元件和接触器的主触点等)组成。辅助电路中流过的电流较小，一般包括控制电路、信号电路、照明电路和保护电路等，由控制按钮、接触器和继电器的线圈及辅助触点等电气元件组成。

绘制电气原理图的规则如下。

(1) 所有的元件都按照国标的图形符号和文字符号表示。

(2) 主电路用粗实线绘制在图纸的左部或者上部，辅助电路用细实线绘制在图纸的右部或者下部。电路或者元件按照其功能布置，尽可能按照动作顺序、因果次序排列，布局按从左到右、从上到下的顺序排列。

(3) 同一个元件的不同部分，如接触器的线圈和触点，可以绘制在不同的位置，但必须使用同一文字符号表示。对于多个同类电气元件，可采用文字符号加序号表示，如 K1、K2 等。

(4) 所有电气元件的可动部分(如接触器触点和控制按钮)均按照没有通电或者无外力的状态下绘制。

(5) 尽量减少或避免线条交叉，元件的图形符号可以按照旋转 90°、180° 或 45° 绘制，各导线相连时用实心圆点表示。

(6) 绘制要层次分明，各元件及其触点的安排要合理。在完成功能和性能的前提下，应尽量少用元件，以减少耗能。同时，要保证电路运行的可靠性、施工和维修的方便性。

3. 系统图和框图

框图是用线框、连线和字符构成的一种简图，用来概略地表示系统或分系统的基本组成、功能及其主要特征。框图是对详细简图的概括，在技术交流以及产品的调试、使用和维修时可以提供参考资料。

系统图与框图原则上没有区别，但在实际应用中，系统图通常用于系统或成套装置，框图用于分系统或设备。

绘制框图除应遵循简图的一般原则外，还需注意以下规定。

(1) 线框。在框图、系统图上，设备或系统的基本组成部分是用图形符号或带注释的线框组成的，常以方框为主，框内的注释可以用符号、文字表达或混合表达。

(2) 布局及流向。框图的布局要求清晰、匀称，一目了然。绘图时应根据所绘对象的各组成部分的作用及相互联系的先后顺序，自左向右排成一行或数行，也可以自上而下排成一列或数列。起主干作用的部分位于框图的中心位置，而起辅助作用的部分则位于主干部分的两侧。框与框之间用实线连接，必要时应在连接线上用开口箭头表示过程或信息的流向。

(3) 其他注释。框图上可根据需要加注各种形式的注释和说明，如标注信号名称、电平、频率、波形和去向等。

4. 接线图

电气接线图主要用于线路安装和线路维护，它通常与电气原理图、电气元件布置图一起使用。该图需标明各个项目的相对位置和代号、端子号、导线号与类型及截面面积等内容。图中的各个项目包括元件、部件、组件和配套设备等，均用简化图表示，但在其旁边需标注代号(和原理图一致)。

在电气接线图的绘制中需要注意以下几个方面。

(1) 各元件的位置和实际位置一致，并按照比例进行绘制。

(2) 同一元件的所有部件需绘制在一起(如接触器的线圈和触点)，并且用点划线图框框在一起，当多个元件框在一起时表示这些元件在同一个面板中。

(3) 各元件代号及接线端子序号等须与原理图一致。

(4) 安装板引出线使用接线端子板。

(5) 走向相同的相邻导线可绘制成一股线。

1.4.5　电气符号的分类

在电气工程图中，各元件、设备、线路及其安装方法都是以图形符号、文字符号和项目符号的形式出现的。因此要绘制电气工程图，首先要了解这些符号的形式、内容和含义。

我国于 1985 年发布了第一个电气制图和电气图形符号系列标准，其发布和实施使我国在电气制图和电气图形符号领域的工程语言及规则得到了统一，促进了国内各专业之间的技术交流。但是 20 世纪 90 年代以来，国际上陆续修订了电气制图、电气图形符号标准，我国也根据 IEC(国际电工委员会)修订了相应的国家标准，最新的《电气图用图形符号总则》对各种电气符号的绘制作了详细的规定。按照这个规定，电气图形符号主要由以下 13 个部分组成。

- 总则。
- 符号要素、限定符号和常用的其他符号。
- 导线和连接器件。
- 无源元件。
- 半导体管和电子管。
- 电能的发生和转换。
- 开关、控制和保护装置。
- 测量仪表、灯和信号器件。
- 电信：交换和外围设备。
- 电信：传输。
- 电力、照明和电信布置。
- 二进制逻辑单元。
- 模拟元件。

1.5 AutoCAD 2022 界面结构

双击桌面上的"AutoCAD 2022 - 简体中文 (Simplified Chinese)"快捷图标，启动 AutoCAD 2022 中文版系统。第一次启动 AutoCAD 2022 中文版系统时，会自动弹出如图 1-22 所示的窗口。用户可以直接在该窗口中新建一个文件，也可以打开所需要的已有文件。

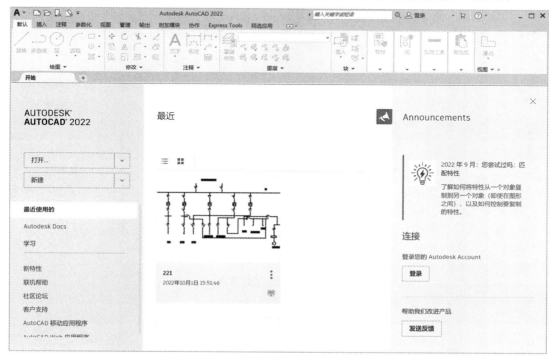

图 1-22 AutoCAD 窗口

新建或打开一个文件后，弹出的就是 AutoCAD 2022 中文版的操作窗口。它是一个标准的 Windows 应用程序窗口，包括标题栏、菜单栏、工具栏、状态栏和绘图窗口等。操作窗口中还包含命令行，用户通过它可以和 AutoCAD 系统进行人机交互。启动 AutoCAD 2022 以后，系统将自动创建一个新的图形文件，并将该图形文件命名为"Drawing1.dwg"。

AutoCAD 2022 中文版为用户提供了"草图与注释""三维基础"和"三维建模"3 种工作空间模式。对于 AutoCAD 一般用户来说，可以使用"草图与注释"工作空间。AutoCAD 2022 二维草图与注释操作界面的主要组成元素有标题栏、菜单浏览器、快速访问工具栏、绘图窗口、选项卡、面板、工具选项板、命令行窗口、工具栏、坐标系图标和状态栏，如图 1-23 所示。

AutoCAD 2022 有两个操作界面，可以通过单击状态栏中的【切换工作空间】按钮 进行这两个操作界面的切换，这两个界面分别是"三维基础"界面和"三维建模"界面，分别如图 1-24 和图 1-25 所示。

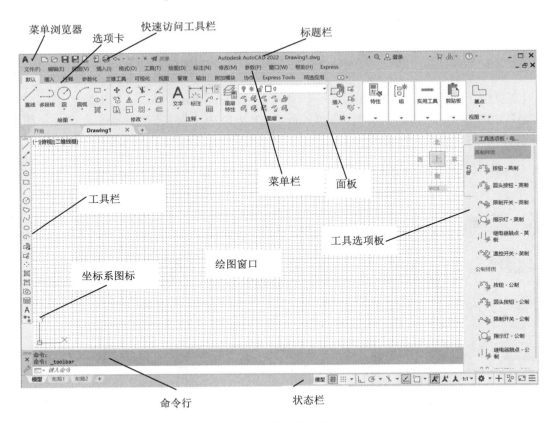

图 1-23　基本操作界面

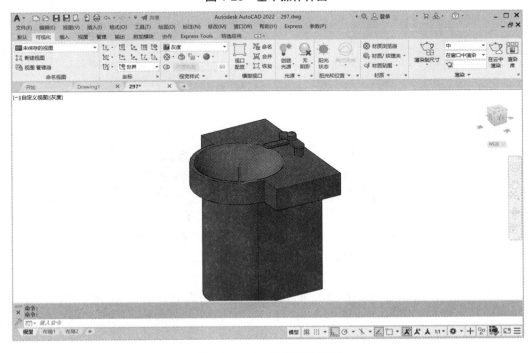

图 1-24　"三维基础"界面

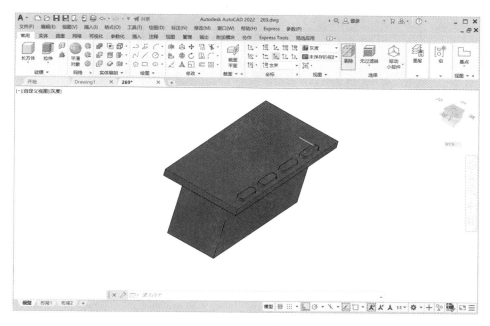

图 1-25　"三维建模"界面

下面详细讲述 AutoCAD 2022 的用户界面。

1.2.1　应用程序窗口

应用程序窗口在 AutoCAD 2022 中已得到增强，用户可以从中轻松地访问常用工具，例如菜单浏览器、快速访问工具栏和信息中心，快速搜索各种信息来源、查看产品更新和通告，以及在信息中心中保存主题。从状态栏中可轻松地访问绘图工具、导航工具、快速查看工具和注释比例工具。

1.2.2　工具提示

在 AutoCAD 2022 的用户界面中，工具提示已得到增强，包括两个级别的内容：基本内容和补充内容。光标最初悬停在命令或控件上时，将显示基本工具提示，其中包含对该命令或控件的概括说明、命令名、快捷键和命令标记。当光标在命令或控件上的悬停时间累计超过某一特定数值时，将显示补充工具提示。用户可以在【选项】对话框中设置累积时间。补充工具提示提供了有关命令或控件的附加信息，并且可以显示图形说明，如图 1-26 所示。

1.2.3　快速访问工具栏

快速访问工具栏(见图 1-27)中包括【新建】、【打开】、【保存】、【另存为】、【打印】、【放弃】和【重做】等命令，还可以存储经常使用的命令。在快速访问工具栏上单击右侧的三角图标，然后选择下拉菜单中的【更多命令】命令，将打开如图 1-28 所示的【自定义用户界面】对话框，并显示可用命令的列表。将想要添加的命令从【自定义用户界面】对话框的【命令】选项列表中拖动到快速访问工具栏、工具栏或者工具选项板中即可。

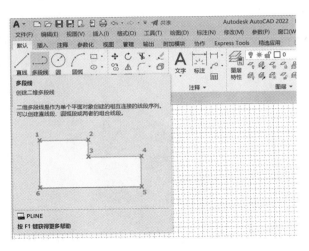

图 1-26　显示基本工具提示和补充工具提示

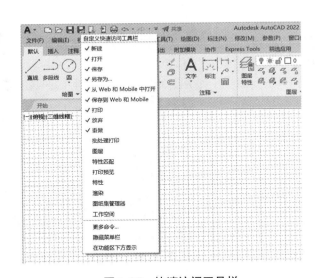

图 1-27　快速访问工具栏

图 1-28　【自定义用户界面】对话框

1.2.4　菜单浏览器与菜单栏

下面介绍菜单浏览器与菜单栏。

1. 菜单浏览器

单击【菜单浏览器】按钮 ，所有可用的菜单命令都将显示在一个位置。用户可以搜索可用的菜单命令，也可以标记常用命令以便日后查找。用户还可以在菜单浏览器中查看最近使用过的文件和菜单命令，以及查看打开文件的列表，如图 1-29 所示。

2. 菜单栏

初次打开 AutoCAD 2022 时，菜单栏并不显示在初始界面中，在快速访问工具栏中单击右侧的三角图标，然后选择下拉菜单中的【显示菜单栏】命令，则菜单栏将显示在操作界面中，如图 1-30 所示。

AutoCAD 2022 使用的大多数命令均可在菜单栏中找到，它包含了文件管理菜单、文件编辑菜单、绘图菜单以及信息帮助菜单等。菜单的配置可通过典型的 Windows 方式实现。用户在命令行中输入 menu(菜单)命令，打开如图 1-31 所示的【选择自定义文件】对话框，从中可以选择一项作为菜单文件进行设置。

图 1-29 菜单浏览器

图 1-30 显示菜单栏的操作界面

图 1-31 【选择自定义文件】对话框

1.2.5 功能区

下面介绍 AutoCAD 2022 中的功能区。

1. 使用功能区组织工具

功能区为当前工作空间的操作提供了一个简洁的放置区域。使用功能区时，无须显示多个工具栏，这使得应用程序窗口变得简洁有序。通过使用简洁的界面，可以将可用的工作区域最大化。

2. 自定义功能区方向

功能区可以水平显示或显示为浮动选项板，分别如图 1-32、图 1-33 所示。创建或打开图形时，默认情况下，在图形窗口的顶部将显示水平的功能区。

图 1-32　功能区水平显示

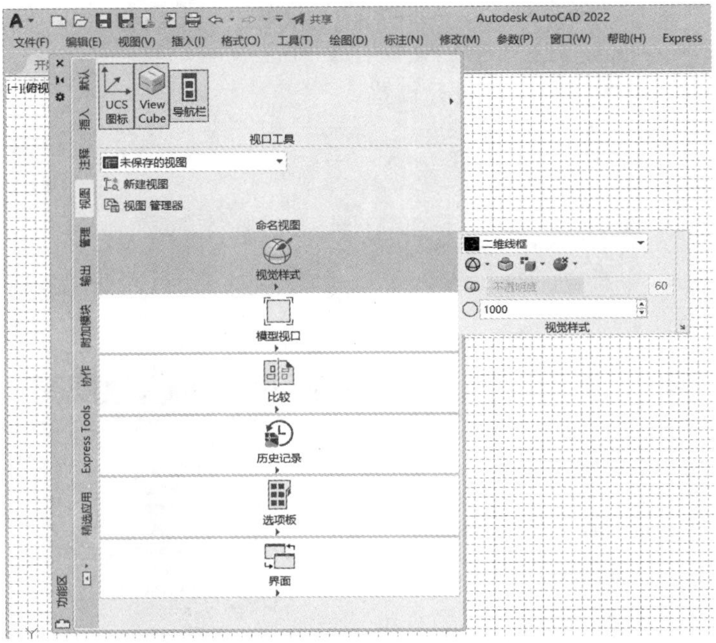

图 1-33　功能区显示为浮动选项板

1.2.6　选项卡和面板

功能区由许多面板组成，这些面板被组织到依任务进行标记的选项卡中。选项卡可控制面板在功能区上的显示和顺序。用户可以在【自定义用户界面】对话框中将选项卡添加至工作空间，以控制在功能区中显示哪些功能区选项卡。

单击不同的选项卡标签可以打开相应的面板，面板中包含的很多工具和控件与工具栏和对话框中的相同。如图 1-34～图 1-40 所示为不同的选项卡及面板。选项卡和面板的运用将在后面相关章节中进行详尽的讲解，在此不再赘述。

图 1-34 【默认】选项卡

图 1-35 【插入】选项卡

图 1-36 【注释】选项卡

图 1-37 【参数化】选项卡

图 1-38 【视图】选项卡

图 1-39 【管理】选项卡

图 1-40 【输出】选项卡

1.2.7 绘图区

绘图区主要是图形绘制和编辑的区域，当光标在这个区域中移动时，便会变成一个十字游标的形式，可用来定位。在某些情况下，光标也会变成方框光标或其他形式的光标。

1.2.8　命令行

　　命令行用来接收用户输入的命令或数据，同时显示命令、系统变量、选项、信息，以引导用户进行下一步操作，如修改或重复命令等。初学者往往忽略命令行中的提示，实际上只有时刻关注命令行中的提示，才能真正实现灵活快速地使用软件。另外，当光标在绘图区中时，用户从键盘输入的字符或数字也会作为命令或数据反映到命令行中，因此需要输入命令或数据时，并不需要刻意地去单击命令行；如果光标既不在绘图区，又不在命令行上，则用户的输入可能不被 AutoCAD 接受，或被理解为其他的用处。如果发现 AutoCAD 对键盘输入没有反应，用鼠标左键单击命令行或绘图区即可。

　　AutoCAD 仅仅是一个辅助设计软件，图纸上的任何图形，都必须由用户发出相应的绘图指令，输入正确的数据，才能绘制出来。在 AutoCAD 中的操作总是按"输入指令→输入数据→产生图形"的顺序不断地循环反复，所以必须切实掌握 AutoCAD 中输入命令的方法。

　　(1) 命令窗口(键盘)输入：当光标位于绘图区或者命令行，且命令行中的提示是"命令:"时，表示 AutoCAD 已经准备好接收命令，这时可以从键盘上输入命令，如 LINE，然后再按 Enter 键。在这里，要切记从键盘上输入任何命令或数据后，一定要按 Enter 键，否则 AutoCAD 会一直处于等待状态。从键盘输入命令是提高绘图速度的一条必经路。另外，在 AutoCAD 中大小写是没有区别的，所以在输入命令时可以不考虑大小写。

　　(2) 从菜单栏或菜单浏览器(鼠标)输入：在菜单栏或菜单浏览器上找到所需要的命令，单击它，便发出了相应的命令。

　　(3) 从面板(鼠标)输入：在面板中找到所需要的命令对应的按钮，单击它，便发出了相应的命令，这是初学 AutoCAD 的一种简单的办法。

　　(4) 从下拉菜单(鼠标)输入：几乎所有的 AutoCAD 命令都可以从菜单中找到。但除非是极不常用的命令，否则每个命令都从菜单中去选择，实在太浪费时间了。

　　(5) 重复命令：如果刚使用过一个命令，接下来要再次执行这个命令，可以直接按 Enter 键，让 AutoCAD 重复执行这个命令。

　　　　直接按 Enter 键仅仅是重复启动了刚才的命令，接下来还是得由用户输入数据进行具体的操作。

　　(6) 中断命令：在命令执行的任何阶段，都可以按 Esc 键中断这个命令的执行。

1.2.9　状态栏

　　状态栏主要显示当前 AutoCAD 2022 所处的状态，左边显示当前光标的三维坐标值，右边为定义绘图时的状态，可以通过单击相关按钮打开或关闭绘图状态，包括应用程序状态栏和图形状态栏。

　　(1) 应用程序状态栏显示光标的坐标值、绘图工具、导航工具以及用于快速查看和注释的工具，如图 1-41 所示。

图 1-41　应用程序状态栏

- 绘图工具：用户可以以图标或文字的形式查看图形工具按钮。通过捕捉工具、极轴工具、对象捕捉工具和对象追踪工具，可以轻松更改这些绘图工具的设置，如图 1-42 所示。
- 快速查看工具：用户可以通过快速查看工具预览打开的图形和图形中的布局，并在其间进行切换。
- 导航工具：用户可以使用导航工具在打开的图形之间进行切换和查看图形中的模型。
- 注释工具：可以显示用于注释的工具。

用户可以通过【切换工作空间】按钮 ⚙ 切换工作空间。通过【解锁】按钮 🔓 和【锁定】按钮 🔒 锁定工具栏和窗口的当前位置，防止它们意外移动。单击【全屏显示】按钮 ⬛ 可以展开图形显示区域。

另外，还可以通过状态栏的下拉菜单向应用程序状态栏添加按钮或从中删除按钮。

图 1-42　查看绘图工具

注意

应用程序状态栏关闭后，屏幕上将不显示【全屏显示】按钮。

(2) 图形状态栏显示注释的若干工具，如图 1-43 所示。

图 1-43　图形状态栏中的工具

图形状态栏打开后，将显示在绘图区域的底部。图形状态栏关闭时，其中的工具将移至应用程序状态栏。

图形状态栏打开后，可以使用图形状态栏菜单选择要显示在状态栏上的工具。

1.2.10　工具选项板

工具选项板是【工具选项板】窗口中的选项卡形式区域，它提供了一种用来组织、共享和放置块、图案填充及其他工具的有效方法。工具选项板还可以包含由第三方开发人员提供的自定义工具。

1.6　本　章　小　结

　　本章在介绍了 AutoCAD 的发展历史、特点、功能和应用范围后，接着介绍了电子电气工程图的基础知识，然后介绍了电子工程和电气工程 CAD 制图规范，最后讲解了 AutoCAD 2022 的新增功能与界面结构，使读者更能详细地了解 AutoCAD 2022 各部分的界面结构，为绘制图形时灵活运用功能按钮提供了方便，为读者使用 AutoCAD 2022 软件进行绘图打下基础。

第 2 章
AutoCAD 2022 电气绘图基础

本章导读

　　在绘制电气图之前，首先要熟悉坐标系统和文件操作方法，同时要设置绘制电气图形的环境。绘图环境包括参数选项、鼠标、线型和线宽、图形单位、图形界限等。在绘制图形的过程中，经常需要对视图进行操作，如放大、缩小、平移，或者将视图调整为在某一特定模式下显示等，这些知识是绘制图形的基础。

2.1 坐标系与坐标

要在 AutoCAD 中准确、高效地绘制图形，必须充分利用坐标系并掌握各坐标系的概念以及输入方法，它是确定对象位置的最基本的手段。

2.1.1 坐标系统

AutoCAD 中的坐标系可分为世界坐标系(WCS)和用户坐标系(UCS)。

1. 世界坐标系(WCS)

根据笛卡儿坐标系的规范，沿 X 轴正方向(向右)为水平距离增加的方向，沿 Y 轴正方向(向上)为竖直距离增加的方向，垂直于 XY 平面且沿 Z 轴正方向(从所视方向向外)为距离增加的方向。这一套坐标轴确定了世界坐标系，简称 WCS。该坐标系的特点是：它总是存在于一个设计图形之中，并且不可更改。

2. 用户坐标系(UCS)

用户坐标系(UCS)是一种可自定义的坐标系，可以修改坐标系的原点和轴方向，即 X、Y、Z 轴以及原点方向都可以移动和旋转，这在绘制三维对象时非常有用。

调用用户坐标，首先需要执行用户坐标命令，其方法有以下几种。

- 在菜单栏中选择【工具】|【新建 UCS】|【三点】命令，即可执行用户坐标命令。
- 调出 UCS 工具栏，单击其中的【三点】按钮，即可执行用户坐标命令。
- 在命令行中输入 UCS 命令，即可执行用户坐标命令。

2.1.2 坐标的表示方法

在使用 AutoCAD 进行绘图时，绘图区中的任何一个图形都有属于自己的坐标位置。当用户在绘图过程中指定点位置时，便需指定点的坐标位置，从而精确、有效地完成绘图。

常用的坐标表示方法有：绝对直角坐标、相对直角坐标、绝对极坐标和相对极坐标。

1. 绝对直角坐标

以坐标原点(0,0,0)为基点定位所有的点。用户可以通过输入(X,Y,Z)坐标的方式来定义一个点的位置。

如图 2-1 所示，O 点绝对坐标为(0,0,0)，A 点绝对坐标为(4,4,0)，B 点绝对坐标为(12,4,0)，C 点绝对坐标为(12,12,0)。

如果 Z 方向坐标为 0，则可省略，则 A 点绝对坐标为(4,4)，B 点绝对坐标为(12,4)，C 点绝对坐标为(12,12)。

2. 相对直角坐标

相对直角坐标是以某点相对于一特定点的相对位置定义一

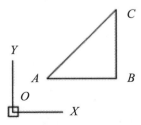

图 2-1 绝对直角坐标

个点的位置。相对特定坐标点 (X,Y,Z) 增量为 (ΔX,ΔY,ΔZ) 的坐标点的输入格式为 "@ΔX,ΔY,ΔZ"。"@"字符相当于输入一个相对坐标值@0,0 或极坐标 "@0<任意角度"，它指定与前一个点的偏移量为 0。

在图 2-1 所示的绝对直角坐标中，O 点绝对坐标为(0,0,0)，A 点相对于 O 点的坐标为 @4,4，B 点相对于 O 点的坐标为@12,4，B 点相对于 A 点的坐标为@8,0，C 点相对于 O 点的坐标为@12,12，C 点相对于 A 点的坐标为@8,8，C 点相对于 B 点的坐标为@0,8。

3. 绝对极坐标

以坐标原点(0,0,0)为极点定位所有的点，通过输入相对于极点的距离和角度的方式来定义一个点的位置。AutoCAD 的默认角度正方向是逆时针方向。起始 0 度为 X 轴的正向轴线，用户输入极线距离再加一个角度即可指明一个点的位置，其使用格式为 "距离<角度"。如要指定一个相对于原点距离为 100、角度为 45° 的点，输入 "100<45" 即可。

其中，角度按逆时针方向增大，按顺时针方向减小。点如果要向顺时针方向移动，应输入负的角度值，如输入 "10<-70" 等价于输入 "10<290"。

4. 相对极坐标

以某一特定点为参考极点，输入相对于极点的距离和角度来定义一个点的位置。其使用格式为 "@距离<角度"。如要指定相对于前一点距离为 60、角度为 45° 的点，输入 "@60<45" 即可。在绘图中，多种坐标输入方式配合使用会使绘图更灵活，再配合目标捕捉和夹点编辑等方式，会使绘图更快捷。

2.2　AutoCAD 2022 基本操作

使用 AutoCAD 2022 绘制图形时，图形文件的管理是一个基本的操作，本节主要介绍图形文件管理操作，包括如何建立新文件、打开文件和保存文件。

2.2.1　建立新文件

在 AutoCAD 2022 中建立新文件，有以下几种方法。
- 在快速访问工具栏中单击【新建】按钮▢。
- 在菜单栏中选择【文件】|【新建】命令。
- 在命令行中直接输入 New 后按 Enter 键。
- 按 Ctrl+N 组合键。
- 调出标准工具栏，单击其中的【新建】按钮▢。

通过使用以上的任意一种方式，系统都会打开如图 2-2 所示的【选择样板】对话框，从其列表中选择一个样板后单击【打开】按钮或直接双击选中的样板，即可建立一个新文件。

另外，如果想不使用样板文件创建新图形文件，可以单击【打开】按钮旁边的箭头，选择其下拉列表中的【无样板打开-公制】选项或【无样板打开-英制】选项。

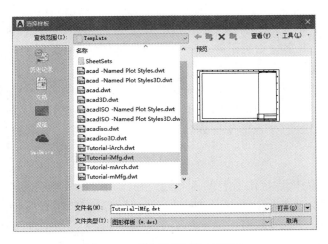

图 2-2 【选择样板】对话框

 　　要打开【选择样板】对话框，需要在进行上述操作前将 STARTUP 系统变量设置为 0(关)，将 FILEDIA 系统变量设置为 1(开)。

2.2.2　打开文件

在 AutoCAD 2022 中打开现有文件，有以下几种方法。
- 单击快速访问工具栏中的【打开】按钮 📁 。
- 在菜单栏中选择【文件】|【打开】命令。
- 在命令行中直接输入 Open 后按 Enter 键。
- 按 Ctrl+O 组合键。
- 调出标准工具栏，单击其中的【打开】按钮 📂 。

通过使用以上的任意一种方式进行操作后，系统会打开如图 2-3 所示的【选择文件】对话框，从其列表中选择一个想要打开的现有文件后单击【打开】按钮或直接双击想要打开的文件。

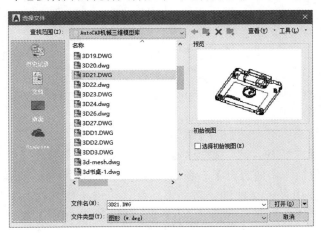

图 2-3 【选择文件】对话框

有时在单个任务中打开多个图形以方便地在它们之间传输信息，这时可以通过水平平铺或垂直平铺的方式来排列图形窗口。

1）水平平铺

以水平、不重叠的方式排列窗口。选择【窗口】|【水平平铺】菜单命令，或者在【视图】选项卡的【窗口】面板中单击【水平平铺】按钮，排列的窗口如图 2-4 所示。

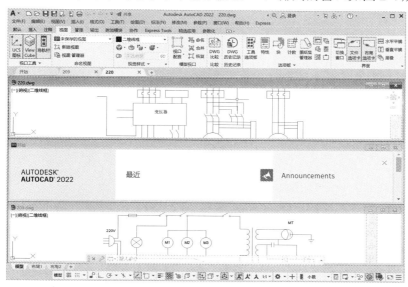

图 2-4　水平平铺的窗口

2）垂直平铺

以垂直、不重叠的方式排列窗口。选择【窗口】|【垂直平铺】菜单命令，或者在【视图】选项卡的【窗口】面板中单击【垂直平铺】按钮，排列的窗口如图 2-5 所示。

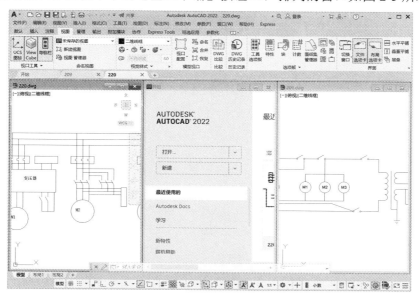

图 2-5　垂直平铺的窗口

2.2.3 保存文件

在 AutoCAD 2022 中保存文件的方法主要有两种：直接保存文件和使用【另存为】命令保存文件。

1. 直接保存文件

在 AutoCAD 2022 中保存文件，有以下几种方法。
- 单击快速访问工具栏中的【保存】按钮圖。
- 在菜单栏中选择【文件】|【保存】命令。
- 在命令行中直接输入 Save 后按 Enter 键。
- 按 Ctrl+S 组合键。
- 调出标准工具栏，单击其中的【保存】按钮圖。

使用以上的任意一种方式进行操作后，系统都会自动对文件进行保存。

2. 使用【另存为】命令保存文件

使用【另存为】命令保存文件，有以下几种方法。
- 单击快速访问工具栏中的【另存为】按钮圖。
- 在菜单栏中选择【文件】|【另存为】命令。
- 在命令行中直接输入 Saves 后按 Enter 键。
- 按 Ctrl+Shift+S 组合键。
- 调出标准工具栏，单击其中的【另存为】按钮圖。

使用以上的任意一种方式进行操作后，系统都会打开如图 2-6 所示的【图形另存为】对话框，在【保存于】下拉列表中选择保存位置后单击【保存】按钮，即可完成保存文件的操作。

图 2-6　【图形另存为】对话框

AutoCAD 中除了使用后缀为 dwg 的图形文件外，还使用了其他一些文件类型，其后缀分别为 dws(图形标准)、dwt(图形样板)、dxf 等。

2.2.4 关闭文件和退出程序

下面介绍文件的关闭以及 AutoCAD 程序的退出方法。

在 AutoCAD 中关闭图形文件，有以下几种方法。

- 在菜单栏中选择【文件】|【关闭】命令。
- 在命令行中直接输入 Close 后按 Enter 键。
- 单击工作窗口右上角的【关闭】按钮▣。

要退出 AutoCAD 系统，直接单击 AutoCAD 系统窗口标题栏上的【关闭】按钮▣即可。如果图形文件没有被保存，系统退出时将提示用户进行保存。如果此时还有命令未执行完毕，系统会要求用户先结束命令。

退出 AutoCAD 2022 有以下几种方法。

- 选择【文件】|【退出】菜单命令。
- 在命令行中直接输入 Quit 后按 Enter 键。
- 单击 AutoCAD 系统窗口右上角的【关闭】按钮▣。
- 按 Ctrl+Q 组合键。

执行以上任意一种操作后，都会退出 AutoCAD，若当前文件未保存，则系统会自动弹出如图 2-7 所示的提示对话框。

图 2-7 AutoCAD 的提示

2.3 视 图 控 制

与其他图形图像软件一样，使用 AutoCAD 绘制图形时，也可以自由地控制视图的显示比例，例如需要对图形进行细微观察时，可适当地放大视图以显示图形中的细节；而需要观察全部图形时，可适当缩小视图以显示图形的全貌。

在绘制较大的图形，或者放大了视图时，还可以移动视图的位置，以显示要查看的部位。本节将对如何进行视图控制做详细的介绍。

2.3.1 平移视图

在编辑图形对象时，如果当前视口不能显示全部图形，可以适当地平移视图，以显示被隐藏部分的图形。就像日常生活中平移相机一样，执行平移操作不会改变图形中对象的位置或视图比例，它只改变当前视图中显示的内容。下面对具体操作进行介绍。

1. 实时平移视图

需要实时平移视图时，可以选择【视图】|【平移】|【实时】菜单命令；可以调出标准工具栏，单击【实时平移】按钮🖐；也可以在【视图】选项卡的【导航】面板(或【二维导航】面板)中单击【平移】按钮🖐；或在命令行中输入 PAN 后按 Enter 键，当十字光标变为手形标志 🖐 后，再按住鼠标左键进行拖动，以显示需要查看的区域，显示图形将随光标向同一方向移动，如图 2-8 所示。

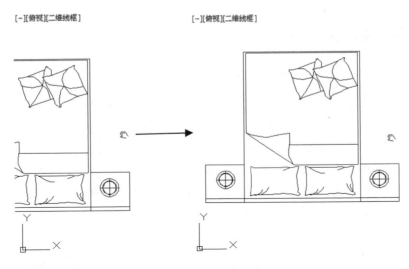

图 2-8　实时平移前后的视图

当释放鼠标按键之后将停止平移操作。如果要结束平移视图的任务，按 Esc 键或按 Enter 键，或者单击鼠标右键，执行快捷菜单中的【退出】命令，光标即可恢复至原来的状态。

提示　　用户也可以在绘图区的任意位置单击鼠标右键，然后执行快捷菜单中的【平移】命令。

2. 定点平移视图

需要通过指定点平移视图时，可以选择【视图】|【平移】|【点】菜单命令，当十字光标中间的正方形消失之后，在绘图区中单击鼠标可指定平移基点位置，再次单击鼠标可指定第二点的位置，即刚才指定的变更点移动后的位置，此时 AutoCAD 将会计算出从第一点至第二点的位移，如图 2-9 所示。

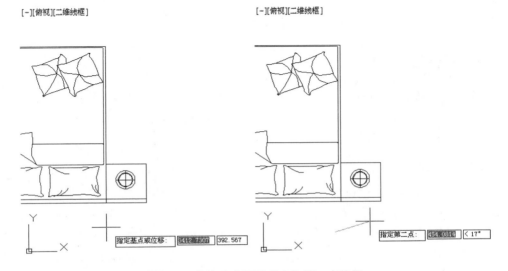

图 2-9　指定定点平移基点和第二点位置

另外，选择【视图】|【平移】|【左】/【右】/【上】/【下】菜单命令，可使视图向左(向右、向上、向下)移动固定的距离。

2.3.2　缩放视图

在绘图时，有时需要放大或缩小视图的显示比例。对视图进行缩放不会改变对象的绝对大小，改变的只是视图的显示比例。

1. 实时缩放视图

实时缩放视图是指向上或向下移动鼠标对视图进行动态的缩放。选择【视图】|【缩放】|【实时】菜单命令，在标准工具栏中单击【实时缩放】按钮 ，或在【视图】选项卡的【导航】面板中单击【实时】按钮，当十字光标变成放大镜标志 之后，按住鼠标左键垂直进行拖动，即可放大或缩小视图，如图 2-10 所示。当缩放到适合的尺寸后，按 Esc 键或按 Enter 键，或者单击鼠标右键，执行快捷菜单中的【退出】命令，光标即可恢复至原来的状态，结束该操作。

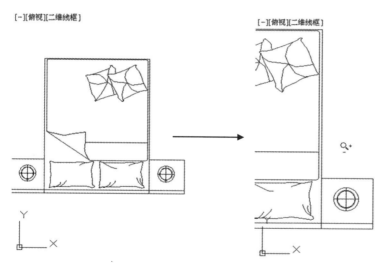

图 2-10　实时缩放前后的视图

用户也可以在绘图区的任意位置单击鼠标右键，然后执行快捷菜单中的【缩放】命令。

2. 上一个缩放视图

当需要恢复到上一次设置的视图比例和位置时，选择【视图】|【缩放】|【上一个】菜单命令，在标准工具栏中单击【缩放上一个】按钮，或在【视图】选项卡的【导航】面板中单击【上一个】按钮。它不能恢复到以前编辑图形的内容。

3．窗口缩放视图

当需要查看特定区域的图形时，可采用窗口缩放的方式，选择【视图】|【缩放】|【窗口】菜单命令，在标准工具栏中单击【窗口缩放】按钮，或在【视图】选项卡的【导航】面板中单击【窗口】按钮，用鼠标在图形中圈定要查看的区域，释放鼠标后在整个绘图区就会显示要查看的内容，如图 2-11 所示。

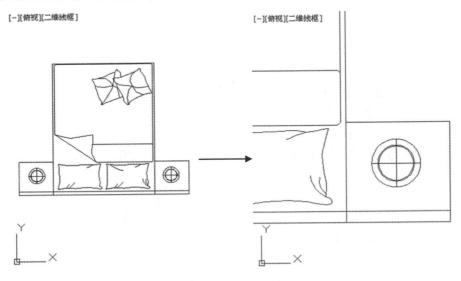

图 2-11　采用窗口缩放前后的视图

> 当采用窗口缩放方式时，指定缩放区域的形状不需要严格符合新视图，但新视图必须符合视口的形状。

4．动态缩放视图

进行动态缩放时，选择【视图】|【缩放】|【动态】菜单命令，或在【视图】选项卡的【导航】面板中单击【动态】按钮，这时绘图区将出现颜色不同的线框，蓝色的虚线框表示图纸的范围，即图形实际占用的区域，黑色的实线框为选取视图框。在执行缩放操作前，视图框中间有一个×型符号，按住鼠标左键拖动视图框，视图框右侧会出现一个箭头。用户可根据需要调整该框至合适的位置后释放鼠标，重新出现×型符号后按 Enter 键，则绘图区只显示视图框的内容。

5．比例缩放视图

选择【视图】|【缩放】|【比例】菜单命令，或在【视图】选项卡的【导航】面板中单击【缩放】按钮，表示以指定的比例缩放视图显示。当输入具体的数值时，图形就会按照该数值实现绝对缩放；当在比例系数后面加 X 时，图形将实现相对缩放；若在数值后面添加 XP，则图形会相对于图纸空间进行缩放。

6. 圆心缩放视图

选择【视图】|【缩放】|【圆心】菜单命令，或在【视图】选项卡的【导航】面板中单击【圆心】按钮🔍，可以将图形中的指定点移动到绘图区的中心。

7. 对象缩放视图

选择【视图】|【缩放】|【对象】菜单命令，或在【视图】选项卡的【导航】面板中单击【对象】按钮🔍，可以尽可能大地显示一个或多个选定的对象并使其位于绘图区域的中心。

8. 放大、缩小视图

选择【视图】|【缩放】|【放大】/【缩小】菜单命令，或在【视图】选项卡的【导航】面板中单击【放大】按钮🔍或【缩小】按钮🔍，可以将视图放大或缩小一定的比例。

9. 全部缩放视图

选择【视图】|【缩放】|【全部】菜单命令，或在【视图】选项卡的【导航】面板中单击【全部】按钮🔍，可以在视图中显示所有的图形。

10. 范围缩放视图

选择【视图】|【缩放】|【范围】菜单命令，或在【视图】选项卡的【导航】面板中单击【范围】按钮🔍，将尽可能放大显示当前绘图区的所有对象，并且仍在当前视口或当前图形区域中全部显示这些对象。

另外，需要缩放视图时，还可以在命令行中输入 ZOOM 后按 Enter 键，则命令行提示如下：

```
命令：zoom
指定窗口的角点，输入比例因子 (nX 或 nXP)，或者[全部(A)/中心(C)/动态(D)/范围(E)/上一个
(P)/比例(S)/窗口(W)/对象(O)] <实时>：
```

用户可以按照提示输入选项后按 Enter 键，完成需要的缩放操作。

2.3.3　命名视图

按一定比例、位置和方向显示的图形称为视图。按名称保存特定视图后，可以在布局和打印或者需要参考特定的细节时恢复它们。在每一个图形任务中，可以恢复每个视口中显示的最后一个视图，最多可恢复前 10 个视图。命名视图随图形一起保存并可以随时使用。在构造布局时，可以将命名视图恢复到布局的视口中。下面具体介绍保存、恢复、删除命名视图的步骤。

1. 保存命名视图

选择【视图】|【命名视图】菜单命令，或者调出【视图】工具栏，在其中单击【命名视图】按钮🔲，打开【视图管理器】对话框，如图 2-12 所示。

在【视图管理器】对话框中单击【新建】按钮，打开如图 2-13 所示的【新建视图/快照特性】对话框。在该对话框中为该视图输入名称，设置视图类别(可选)。

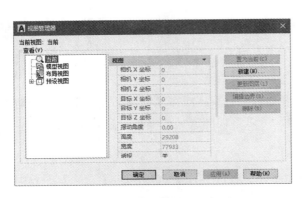

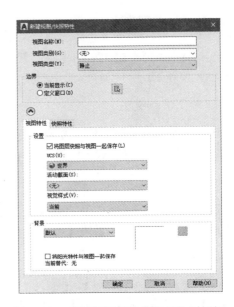

图 2-12　【视图管理器】对话框　　　　图 2-13　【新建视图/快照特性】对话框

以下选项可定义视图区域。

● 　【当前显示】：包括当前可见的所有图形。

● 　【定义窗口】：保存部分当前显示。使用定点设备指定视图的对角点时，该对话框
　　　将关闭。单击【定义视图窗口】按钮，可以重定义该窗口。

2．恢复命名视图

选择【视图】|【命名视图】菜单命令，或者在【视图】工具栏中单击【命名视图】按钮
，将打开保存过的【视图管理器】对话框。

在【视图管理器】对话框中，选择想要恢复的视图，单击【置为当前】按钮，如图 2-14
所示。单击【确定】按钮恢复视图并退出所有对话框。

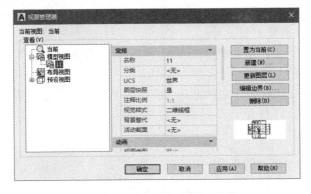

图 2-14　【视图管理器】对话框

3．删除命名视图

选择【视图】|【命名视图】菜单命令，或者在【视图】工具栏中单击【命名视图】按钮
，打开保存过的【视图管理器】对话框。

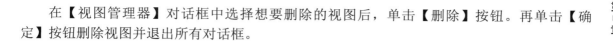

在【视图管理器】对话框中选择想要删除的视图后，单击【删除】按钮。再单击【确定】按钮删除视图并退出所有对话框。

2.4　设置电气绘图环境

用 AutoCAD 绘制电气图形时，需要先定义符合要求的绘图环境，如设置绘图测量单位、绘图区域大小、图形界限、图层、尺寸和文本标注方式、坐标系统、对象捕捉以及极轴跟踪等，这样不仅可以方便修改，还可以实现与团队的沟通和协调。本节将对设置电气绘图环境作具体的介绍。

2.4.1　设置参数选项

要想提高绘图的速度和质量，必须有一个合理的、适合自己绘图习惯的参数配置。

选择【工具】|【选项】菜单命令，或在命令行中输入 options 后按 Enter 键，打开【选项】对话框。在该对话框中包括【文件】、【显示】、【打开和保存】、【打印和发布】、【系统】、【用户系统配置】、【绘图】、【三维建模】、【选择集】和【配置】10 个选项卡，如图 2-15 所示。

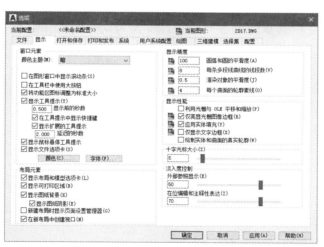

图 2-15　【选项】对话框

2.4.2　鼠标的设置

在绘制图形时，灵活地使用鼠标的右键将使操作更加方便快捷，在【选项】对话框中可以自定义鼠标右键的功能。

在【选项】对话框中单击【用户系统配置】标签，切换到【用户系统配置】选项卡，如图 2-16 所示。

单击【Windows 标准操作】选项组中的【自定义右键单击】按钮，弹出【自定义右键单击】对话框，如图 2-17 所示，用户可以在该对话框中根据需要进行设置。

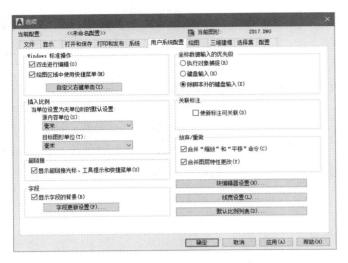 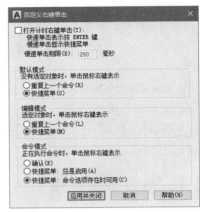

图 2-16 【用户系统配置】选项卡   图 2-17 【自定义右键单击】对话框

- 【打开计时右键单击】复选框：控制右键单击操作。快速单击与按 Enter 键的作用相同，缓慢单击将显示快捷菜单。可以毫秒为单位设置慢速单击的持续时间。
- 【默认模式】选项组：确定未选中对象且没有命令在运行时，在绘图区域中单击右键所产生的结果。其中【重复上一个命令】单选按钮表示禁用"默认"快捷菜单，当没有选择任何对象并且没有任何命令运行时，在绘图区域中单击鼠标右键与按 Enter 键的作用相同，即重复上一次使用的命令；【快捷菜单】单选按钮表示启用"默认"快捷菜单。
- 【编辑模式】选项组：确定当选中了一个或多个对象且没有命令在运行时，在绘图区域中单击鼠标右键所产生的结果。
- 【命令模式】选项组：确定当命令正在运行时，在绘图区域中单击鼠标右键所产生的结果。其中【确认】单选按钮表示禁用"命令"快捷菜单，当某个命令正在运行时，在绘图区域中单击鼠标右键与按 Enter 键的作用相同。【快捷菜单：总是启用】单选按钮表示启用"命令"快捷菜单。【快捷菜单：命令选项存在时可用】单选按钮表示仅当在命令提示选项当前可用时，启用"命令"快捷菜单。

2.4.3 更改图形窗口的颜色

在【选项】对话框中单击【显示】标签，切换到【显示】选项卡，单击【颜色】按钮，将打开【图形窗口颜色】对话框，如图 2-18 所示。

通过【图形窗口颜色】对话框可以方便地更改各种操作环境下各要素的显示颜色，下面介绍其各选项。

- 【上下文】列表：显示程序中所有上下文。上下文是指一种操作环境，例如模型空间。可以根据上下文为界面元素指定不同的颜色。
- 【界面元素】列表：显示选定的上下文中所有界面元素。界面元素是指一个上下文中的可见项，例如背景色。
- 【颜色】下拉列表框：列出应用于选定界面元素的可用颜色。可以从中选择一种颜色，或选择【选择颜色】选项，打开【选择颜色】对话框，如图 2-19 所示。用户可以从【索引颜色】、【真彩色】和【配色系统】等选项卡的颜色中选择用于定义界面元素的颜色。为界面元素选择了新颜色后，新的设置将显示在【预览】区域中。在图 2-19 中，【颜色】设置成了白色，改变了绘图区的背景颜色。

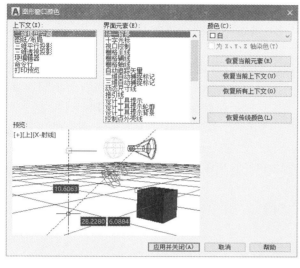

图 2-18　【图形窗口颜色】对话框

图 2-19　【选择颜色】对话框

- 【为 X、Y、Z 轴染色】复选框：控制是否将 X 轴、Y 轴和 Z 轴的染色应用于十字光标指针、自动追踪矢量、地平面栅格线和设计工具提示等元素。
- 【恢复当前元素】按钮：将当前选定的界面元素恢复为其默认颜色。
- 【恢复当前上下文】按钮：将当前选定的上下文中的所有界面元素恢复为其默认颜色。
- 【恢复所有上下文】按钮：将所有界面元素恢复为其默认颜色。
- 【恢复传统颜色】按钮：将所有界面元素恢复为 AutoCAD 2022 经典颜色。

2.4.4　设置绘图单位

在新建文档时，需要进行相应的绘图单位设置，以满足使用的要求。

在菜单栏中选择【格式】|【单位】命令或在命令行中输入 UNITS 后按 Enter 键，将打开【图形单位】对话框，如图 2-20 所示。

(1) 【长度】选项组用来指定测量单位及单位的精度。

在【类型】下拉列表框中有 5 个选项，包括【建筑】、【小数】、【工程】、【分数】和【科学】，用于设置测量单位的当前格式。其中，【工程】和【建筑】选项提供英尺和英寸显示并假定每个图形单

图 2-20　【图形单位】对话框

位表示 1 英寸，【分数】和【科学】选项也不符合我国的制图标准，因此通常情况下选择【小数】选项。

在【精度】下拉列表框中有 9 个选项，用来设置测量值显示的小数位数或分数大小。

(2) 【角度】选项组用来指定角度格式和角度显示的精度。

在【类型】下拉列表框中有 5 个选项，包括【百分度】、【度/分/秒】、【弧度】、【勘测单位】和【十进制度数】，用于设置当前角度格式。通常选择符合我国制图规范的【十进制度数】选项。

在【精度】下拉列表框中有 9 个选项，用来设置角度显示的精度。其中，【十进制度数】以十进制度数表示；【百分度】附带一个小写 g 后缀；【弧度】附带一个小写 r 后缀；【度/分/秒】用 d 表示度，用 ' 表示分，用 " 表示秒，例如：23d45'56.7"；【勘测单位】以方位表示角度，N 表示正北，S 表示正南；【度/分/秒】表示从正北或正南开始的偏角的大小，E 表示正东，W 表示正西，例如：N 45d0'0" E。此形式只使用"度/分/秒"格式来表示角度大小，且角度值始终小于 90 度；如果角度正好是正北、正南、正东或正西，则只显示表示方向的单个字母。

【顺时针】复选框用来确定角度的正方向，当选中该复选框时，就表示角度的正方向为顺时针方向，反之则为逆时针方向。

(3) 【插入时的缩放单位】选项组用来控制插入到当前图形中的块和图形的测量单位，有多个选项可供选择。如果创建块或图形时使用的单位与该选项指定的单位不同，则在插入这些块或图形时对其按比例缩放。插入比例是源块或图形使用的单位与目标图形使用的单位之比。如果插入块时不按指定单位缩放，则选择【无单位】选项。

当源块或目标图形中的【插入时的缩放单位】设置为【无单位】时，将使用【选项】对话框的【用户系统配置】选项卡中的【源内容单位】和【目标图形单位】设置。

(4) 单位设置完成后，【输出样例】文本框中会显示出当前设置下的单位样式。单击【确定】按钮，就设定了这个文件的图形单位。

(5) 单击【方向】按钮，将打开【方向控制】对话框，如图 2-21 所示。

在【基准角度】选项组中选中【东】(默认方向)、【南】、【西】、【北】单选按钮，可以设置角度的零度方向。当选中【其他】单选按钮时，可以通过输入值来指定角度。

【角度】按钮 是基于假想线的角度定义图形区域中的零角度，该假想线连接用户使用定点设备指定的任意两点。只有选中【其他】单选按钮时，此按钮才可用。

图 2-21 【方向控制】对话框

2.4.5 设置图形界限

图形界限是世界坐标系中几个二维点，表示图形范围的左下基准线和右上基准线。如果设置了图形界限，就可以把输入的坐标限制在矩形的区域范围内。图形界限还限制显示网格点的图形范围等，另外还可以指定图形界限作为打印区域，应用到图纸的打印输出中。

选择【格式】|【图形界限】菜单命令，输入图形界限的左下角和右上角位置，命令行提示如下：

```
命令：'_limits
重新设置模型空间界限：
指定左下角点或 [开(ON)/关(OFF)] <0.0000,0.0000>: 0,0    // 输入左下角位置(0,0)后按 Enter 键
指定右上角点 <420.0000,297.0000>: 420,297    // 输入右上角位置(420,297)后按 Enter 键
```

这样，所设置的绘图面积为 420×297，相当于 A3 图纸的大小。

2.4.6　设置线型

选择【格式】|【线型】菜单命令，将打开【线型管理器】对话框，如图 2-22 所示。

单击【加载】按钮，打开【加载或重载线型】对话框，如图 2-23 所示。

图 2-22　【线型管理器】对话框

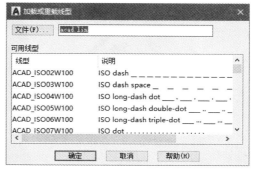

图 2-23　【加载或重载线型】对话框

从中选择绘制图形需要用到的线型，如虚线、中心线等。

本节对基本的设置绘图环境的方法就介绍到此，对于图层、文本和尺寸标注、坐标系统、对象捕捉、极轴跟踪的设置方法将在后面的章节中做详尽的讲解。

　　　　在绘图过程中，用户仍然可以根据需要对图形单位、线型、图层等内容进行重新设置，以免因设置不合理而影响绘图效率。

2.5　实战操作范例

2.5.1　文件和绘图环境操作范例

 本范例完成文件：范例文件\第 2 章\2-1.dwg

 多媒体教学路径：多媒体教学→第 2 章→2.5.1 范例

范例分析

本范例是进行 AutoCAD 软件基本操作的练习，主要熟悉 AutoCAD 2022 软件的打开文件和绘图环境的操作方法，包括打开文件、坐标系操作和设置绘图环境的方法等。

范例操作

01 单击快速访问工具栏中的【打开】按钮，在弹出的【选择文件】对话框中选择 2-1.dwg 文件，如图 2-24 所示，单击【打开】按钮。

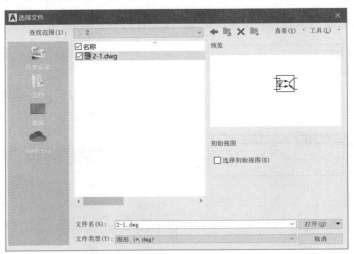

图 2-24　【选择文件】对话框

02 单击 UCS 工具栏中的 UCS 按钮，在绘图区中放置坐标系，如图 2-25 所示。

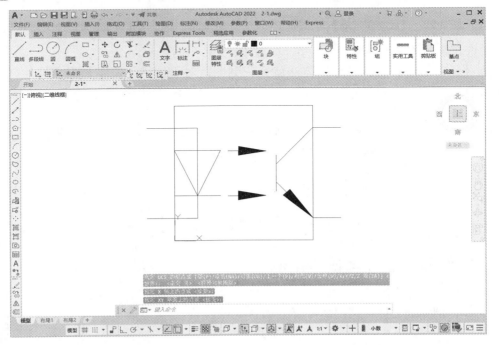

图 2-25　创建 UCS

03 选择【工具】|【选项】菜单命令，打开【选项】对话框，设置其中的参数，单击【确定】按钮，如图 2-26 所示。至此，范例操作完成。

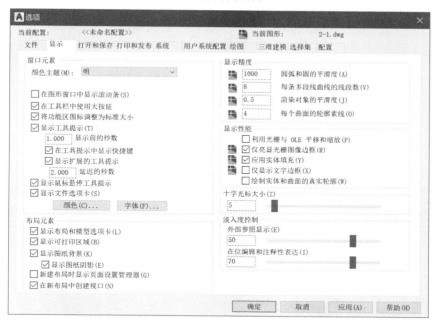

图 2-26　设置绘图环境

2.5.2　文件和视图操作范例

 本范例完成文件： 范例文件\第 2 章\2-2.dwg

 多媒体教学路径： 多媒体教学→第 2 章→2.5.2 范例

范例分析

本范例是进行 AutoCAD 2022 软件的文件和视图操作，包括平移视图、缩放视图和另存文件等。

范例操作

01 打开上一节的范例文件后，单击【视图】工具栏中的【平移】按钮，使用平移工具平移视图，如图 2-27 所示。

02 单击【视图】工具栏中的【实时缩放】按钮，使用实时缩放工具缩放视图，如图 2-28 所示。

03 单击快速访问工具栏中的【另存为】按钮💾，在弹出的【图形另存为】对话框中设置文件名，如图 2-29 所示。

04 在【图形另存为】对话框中单击【保存】按钮，完成范例的制作。最后结果如图 2-30 所示。

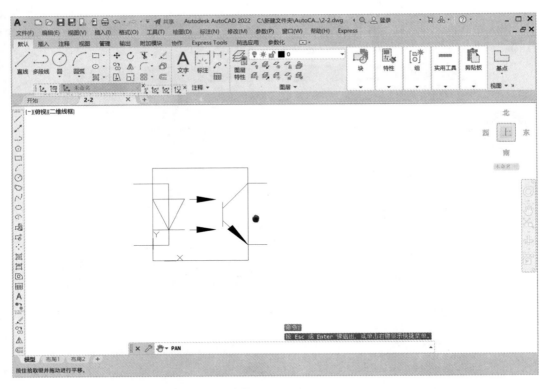

图 2-27 平移视图

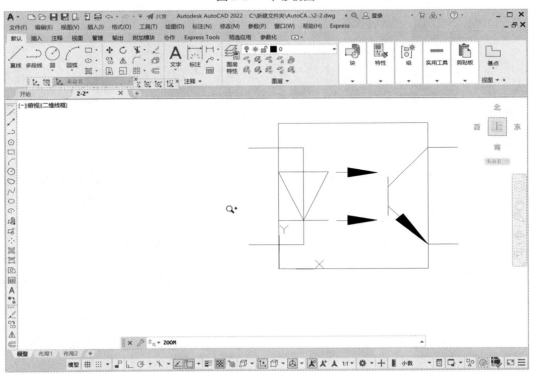

图 2-28 缩放视图

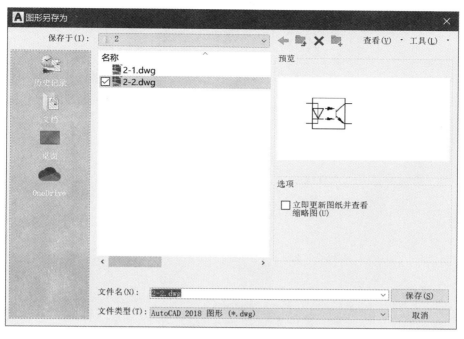

图 2-29 【图形另存为】对话框

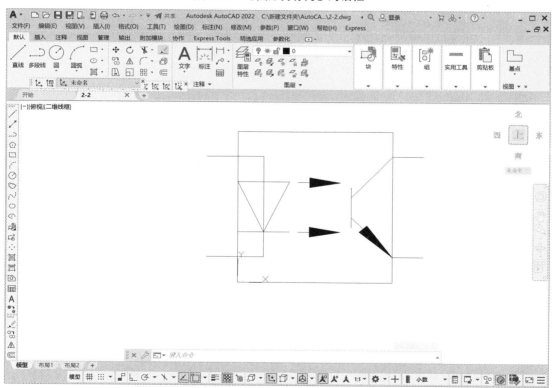

图 2-30 范例最后结果

2.6 本 章 小 结

本章主要介绍了 AutoCAD 2022 的基础知识，包括 AutoCAD 的视图控制和坐标系的概念，图形文件的基本操作方法，操作界面与绘图环境的设置，同时通过两个实际的操作范例，练习了文件操作、坐标系操作、绘图环境设置和视图控制的方法。

第 3 章

绘制基本电气二维图形

本章导读

电气图形是由一些基本的元素组成，如圆、直线和多边形等，而绘制这些图形是绘制复杂图形的基础。本章的目标就是使读者学会绘制一些基本图形并掌握基本的绘图技巧，为以后的绘图打下坚实的基础。

3.1 绘 制 点

点是构成图形最基本的元素之一，下面介绍绘制点的方法。

3.1.1 绘制点的方法

AutoCAD 2022 提供的绘制点的方法有以下几种。

(1) 在菜单栏中，选择【绘图】|【点】命令，打开绘制点的子菜单，从中进行选择。

提示 选择【多点】命令也可进行单点的绘制。

(2) 在命令行中输入 point 后按 Enter 键。

(3) 单击【绘图】面板中的相应按钮 。

3.1.2 绘制点的方式

绘制点的方式有以下几种。

1. 单点

确定了点的位置后，绘图区出现一个点，如图 3-1 所示。

图 3-1 单点命令绘制的图形

2. 多点

用户可以同时画多个点，如图 3-2 所示。

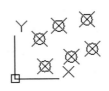

图 3-2 多点命令绘制的图形

提示 可以通过按下 Esc 键结束绘制点的操作。

3. 定数等分画点

用户可以指定一个实体，然后输入该实体被等分的数目，AutoCAD 2022 会自动在相应的位置上画出点，如图 3-3 所示。

图 3-3　定数等分画点绘制的图形

4. 定距等分画点

用户选择一个实体，输入每一段的长度值后，AutoCAD 2022 会自动在相应的位置上画出点，如图 3-4 所示。

图 3-4　定距等分画点绘制的图形

提示

输入的长度值即为点与点之间的距离。

3.1.3　设置点

图 3-5　【点样式】对话框

在用户绘制点的过程中，可以改变点的形状和大小。

选择【格式】|【点样式】菜单命令，打开如图 3-5 所示的【点样式】对话框。在此对话框中，可以先选取点的形状，然后选中【相对于屏幕设置大小】或【按绝对单位设置大小】单选按钮，最后在【点大小】文本框中输入所需的数字。当选中【相对于屏幕设置大小】单选按钮时，在【点大小】文本框中输入的是点的大小相对于屏幕大小的百分比；当选中【按绝对单位设置大小】单选按钮时，在【点大小】文本框中输入的是像素点的绝对大小。

3.2　绘　制　线

AutoCAD 2022 中常用的直线类型有直线、射线、构造线几种，下面分别介绍这几种线条的绘制方法。

3.2.1 绘制直线

下面介绍绘制直线的具体方法。

1. 调用绘制直线的命令

绘制直线命令的调用方法如下。

- 单击【绘图】面板中的【直线】按钮 ／ 。
- 在命令行中输入 line 后按 Enter 键。
- 在菜单栏中，选择【绘图】|【直线】命令。

2. 绘制直线的方法

执行命令后，命令行将提示用户指定第一点的坐标值：

命令：_line 指定第一点：

指定第一点后，绘图区如图 3-6 所示。
输入第一点后，命令行将提示用户指定下一点的坐标值或放弃：

指定下一点或 [放弃(U)]：

指定第二点后，绘图区如图 3-7 所示。

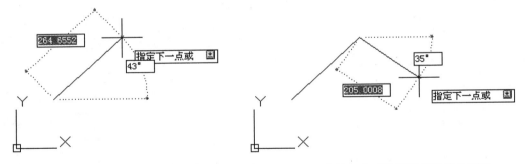

图 3-6 指定第一点后绘图区所显示的图形 图 3-7 指定第二点后绘图区所显示的图形

输入第二点后，命令行将提示用户再次指定下一点的坐标值或放弃：

指定下一点或 [放弃(U)]：

指定第三点后，绘图区如图 3-8 所示。
完成以上操作后，命令行将提示用户指定下一点或闭合/放弃，在此输入 c 后按 Enter 键：

指定下一点或 [闭合(C)/放弃(U)]：c

所绘制图形如图 3-9 所示。
命令行中的提示含义如下。

- 【放弃】：取消最后绘制的直线。
- 【闭合】：由当前点和起始点生成封闭线。

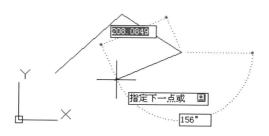

图 3-8　指定第三点后绘图区所显示的图形

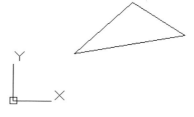

图 3-9　用 line 命令绘制的图形

3.2.2　绘制射线

射线是一种单向无限延伸的直线，在机械图形中常用来绘制辅助线以确定一些特殊点或边界。

1. 调用绘制射线命令

绘制射线命令的调用方法如下。

- 单击【绘图】面板中的【射线】按钮 ↗。
- 在命令行中输入 ray 后按 Enter 键。
- 在菜单栏中，选择【绘图】|【射线】命令。

2. 绘制射线的方法

选择【射线】命令后，命令行将提示用户指定起点，输入射线的起点坐标值：

命令：_ray 指定起点：

指定起点后，绘图区如图 3-10 所示。

图 3-10　指定起点后绘图区所显示的图形

在输入起点之后，命令行将提示用户指定通过点：

指定通过点：

指定通过点后，绘图区如图 3-11 所示。

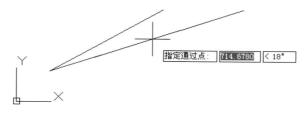

图 3-11　指定通过点后绘图区所显示的图形

在 ray 命令下，AutoCAD 默认用户会画第 2 条射线。在此为了演示，只画一条射线，单击鼠标右键或按 Enter 键结束。从图 3-11 可以看出，射线从起点沿射线方向一直延伸到无限远处。

绘制的图形如图 3-12 所示。

3.2.3 绘制构造线

构造线是一种双向无限延伸的直线，在机械图形中也常用于绘制辅助线以确定一些特殊点或边界。

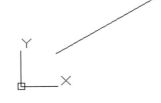

图 3-12　用 ray 命令绘制的射线

1. 调用绘制构造线命令

绘制构造线命令的调用方法如下。

- 单击【绘图】面板中的【构造线】按钮 ✒。
- 在命令行中输入 xline 后按 Enter 键。
- 在菜单栏中，选择【绘图】|【构造线】命令。

2. 绘制构造线的方法

选择【构造线】命令后，命令行将提示用户"指定点或[水平(H)/垂直(V)/角度(A)/二等分(B)/偏移(O)]"：

命令：_xline 指定点或 [水平(H)/垂直(V)/角度(A)/二等分(B)/偏移(O)]：

指定点后，绘图区如图 3-13 所示。

图 3-13　指定点后绘图区所显示的图形

输入第 1 点的坐标值后，命令行将提示用户指定通过点：

指定通过点：

指定通过点后，绘图区如图 3-14 所示。

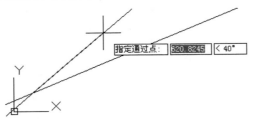

图 3-14　指定通过点后绘图区所显示的图形

输入通过点的坐标值后，命令行将再次提示用户指定通过点：

指定通过点：

单击鼠标右键或按 Enter 键后结束，绘制的图形如
图 3-15 所示。

在执行【构造线】命令时，会显示让用户选择的选项。

- 【水平】：放置水平构造线。
- 【垂直】：放置垂直构造线。
- 【角度】：在某一个角度上放置构造线。
- 【二等分】：用构造线平分一个角度。
- 【偏移】：放置平行于另一个对象的构造线。

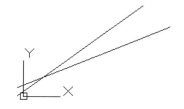

图 3-15　用 xline 命令绘制的构造线

3.3　绘制矩形和正多边形

本节介绍绘制矩形和正多边形的方法。

3.3.1　绘制矩形

绘制矩形时，需要指定矩形的两个对角点。

1. 绘制矩形命令的调用方法

绘制矩形命令的调用方法如下。

- 单击【绘图】面板中的【矩形】按钮 □。
- 在命令行中输入 rectang 后按 Enter 键。
- 在菜单栏中，选择【绘图】|【矩形】命令。

2. 绘制矩形的步骤

选择【矩形】命令后，命令行将提示用户"指定第一个角点或 [倒角(C)/标高(E)/圆角(F)/
厚度(T)/宽度(W)]"：

命令：_rectang
指定第一个角点或 [倒角(C)/标高(E)/圆角(F)/厚度(T)/宽度(W)]：

指定第一个角点后，绘图区如图 3-16 所示。

图 3-16　指定第一个角点后绘图区所显示的图形

输入第一个角点值后，命令行将提示用户"指定另一个角点或[面积(A)/尺寸(D)/旋转(R)]"：

指定另一个角点或 [面积(A)/尺寸(D)/旋转(R)]:

绘制的图形如图 3-17 所示。

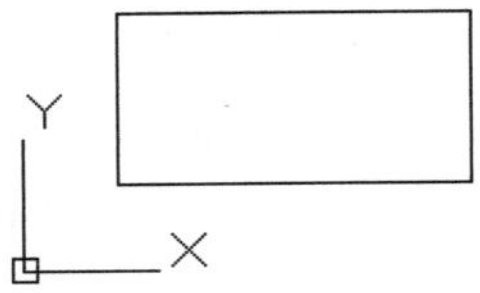

图 3-17　用 rectang 命令绘制的矩形

3.3.2　绘制正多边形

多边形是指有 3～1024 条等长边的闭合多段线，创建多边形是绘制等边三角形、正方形、正六边形等的快速简便方法。

1. 绘制多边形命令的调用方法

绘制多边形命令的调用方法如下。
- 单击【绘图】面板中的【多边形】按钮。
- 在命令行中输入 polygon 后按 Enter 键。
- 在菜单栏中，选择【绘图】|【多边形】命令。

2. 绘制多边形的步骤

选择【多边形】命令后，命令行将提示用户输入侧面数：

命令：_polygon 输入侧面数 <8>: 8

此时绘图区如图 3-18 所示。

输入数目后，命令行将提示用户"指定正多边形的中心点或 [边(E)]"：

指定正多边形的中心点或 [边(E)]:

指定正多边形的中心点后，绘图区如图 3-19 所示。

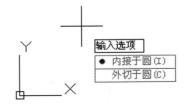

图 3-18　输入边的数目后绘图区所显示的图形　　图 3-19　指定正多边形的中心点后绘图区所显示的图形

输入数值后，命令行将提示用户"输入选项[内接于圆(I)/外切于圆(C)] <I>"：

输入选项 [内接于圆(I)/外切于圆(C)] <I>: I

选择"内接于圆(I)"选项后，绘图区如图 3-20 所示。

选择"内接于圆(I)"选项后，命令行将提示用户指定圆的半径：

指定圆的半径:

绘制的图形如图 3-21 所示。

在执行【多边形】命令时，会显示让用户选择的选项。
- 【内接于圆】：指定外接圆的半径，正多边形的所有顶点都在此圆周上。
- 【外切于圆】：指定内切圆的半径，正多边形与此圆相切。

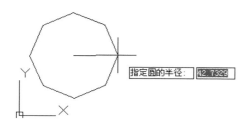

图 3-20　选择"内接于圆(I)"选项后绘图区所显示的图形　　图 3-21　用 polygon 命令绘制的正多边形

3.4　绘　制　圆

圆是构成图形的基本元素之一，它的绘制方法有多种，下面将依次介绍。

3.4.1　绘制圆命令的调用方法

绘制圆命令的调用方法如下。

- 单击【绘图】面板中的【圆】按钮⊙。
- 在命令行中输入 circle 后按 Enter 键。
- 在菜单栏中，选择【绘图】|【圆】命令。

3.4.2　多种绘制圆的方法

绘制圆的方法有多种，下面分别进行介绍。

1. 用圆心、半径画圆

这是 AutoCAD 默认的画圆方式。选择命令后，命令行将提示用户"指定圆的圆心或 [三点(3P)/两点(2P)/切点、切点、半径(T)]"：

命令：_circle 指定圆的圆心或 [三点(3P)/两点(2P)/切点、切点、半径(T)]：

指定圆的圆心后，绘图区如图 3-22 所示。

输入圆心坐标值后，命令行将提示用户"指定圆的半径或 [直径(D)]"：

指定圆的半径或 [直径(D)]：

绘制的图形如图 3-23 所示。

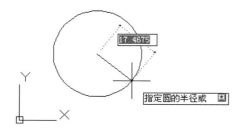

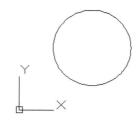

图 3-22　指定圆的圆心后绘图区所显示的图形　　图 3-23　用圆心、半径命令绘制的圆

在执行【圆】命令时，会显示让用户选择的选项。

● 【圆心】：基于圆心和直径(或半径)绘制圆。

● 【三点】：指定圆周上的 3 点绘制圆。

● 【两点】：指定直径的两点绘制圆。

● 【切点、切点、半径】：根据与两个对象相切的指定半径绘制圆。

2. 用圆心、直径画圆

选择命令后，命令行将提示用户"指定圆的圆心或[三点(3P)/两点(2P)/切点、切点、半径(T)]"：

命令：_circle 指定圆的圆心或 [三点(3P)/两点(2P)/切点、切点、半径(T)]:

指定圆的圆心后，绘图区如图 3-24 所示。

输入圆心坐标值后，命令行将提示用户"指定圆的半径或 [直径(D)] <100.0000>: _d 指定圆的直径<200.0000>"：

指定圆的半径或 [直径(D)] <100.0000>: _d 指定圆的直径 <200.0000>: 160

绘制的图形如图 3-25 所示。

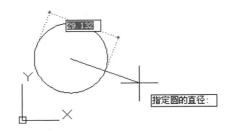 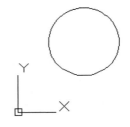

图 3-24 指定圆的圆心后绘图区所显示的图形   图 3-25 用圆心、直径命令绘制的圆

3. 两点画圆

选择命令后，命令行将提示用户"指定圆的圆心或 [三点(3P)/两点(2P)/切点、切点、半径(T)]: _2p 指定圆直径的第一个端点"：

命令：_circle 指定圆的圆心或 [三点(3P)/两点(2P)/切点、切点、半径(T)]: _2p 指定圆直径的第一个端点:

指定圆直径的第一个端点后，绘图区如图 3-26 所示：

输入第一个端点的数值后，命令行将提示用户"指定圆直径的第二个端点(在此 AutoCAD 认为首末两点的距离为直径)"：

指定圆直径的第二个端点:

绘制的图形如图 3-27 所示。

4. 三点画圆

选择命令后，命令行将提示用户"指定圆的圆心或 [三点(3P)/两点(2P)/切点、切点、半径(T)]: _3p 指定圆上的第一个点"：

命令：_circle 指定圆的圆心或 [三点(3P)/两点(2P)/切点、切点、半径(T)]：_3p 指定圆上的第一个点：

指定圆上的第一个点后，绘图区如图 3-28 所示。

指定第一个点的坐标值后，命令行将提示用户指定圆上的第二个点：

指定圆上的第二个点：

指定圆上的第二个点后，绘图区如图 3-29 所示。

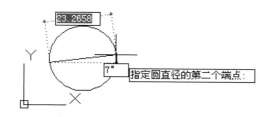

图 3-26 指定圆直径的第一个端点后绘图区所显示的图形

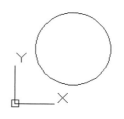

图 3-27 用两点命令绘制的圆

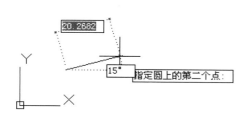

图 3-28 指定圆上的第一个点后绘图区所显示的图形

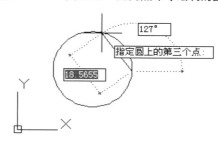

图 3-29 指定圆上的第二个点后绘图区所显示的图形

指定第二个点的坐标值后，命令行将提示用户指定圆上的第三个点：

指定圆上的第三个点：

绘制的图形如图 3-30 所示。

5. 相切、相切、半径画圆

选择命令后，命令行将提示用户"指定圆的圆心或[三点(3P)/两点(2P)/切点、切点、半径(T)]"：

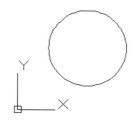

图 3-30 用三点命令绘制的圆

命令：_circle 指定圆的圆心或 [三点(3P)/两点(2P)/切点、切点、半径(T)]：_ttr

选取与之相切的实体。命令行将提示用户指定对象与圆的第一个切点：

指定对象与圆的第一个切点：

指定第一个切点时，绘图区如图 3-31 所示。

指定第一个切点后，命令行提示如下：

指定对象与圆的第二个切点：

指定第二个切点时，绘图区如图 3-32 所示。

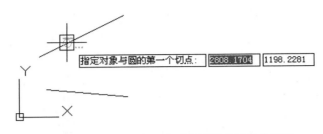

图 3-31　指定第一个切点时绘图区所显示的图形

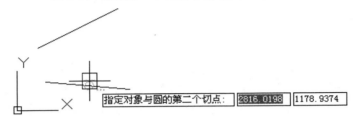

图 3-32　指定第二个切点时绘图区所显示的图形

指定两个切点后，命令行将提示用户"指定圆的半径 <100.0000>"：

指定圆的半径 <100.0000>:

指定圆的半径和第二点时，绘图区如图 3-33 所示，绘制的图形如图 3-34 所示。

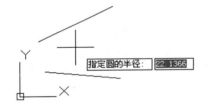 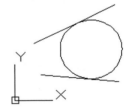

图 3-33　指定圆的半径和第二点时绘图区所显示的图形　　图 3-34　用两个相切、半径命令绘制的圆

6. 相切、相切、相切画圆

选择命令后，选取与之相切的实体，命令行提示如下：

命令：_circle 指定圆的圆心或 [三点(3P)/两点(2P)/切点、切点、半径(T)]：_3p 指定圆上的第一个点：_tan 到

指定圆上的第一个点时，绘图区如图 3-35 所示。

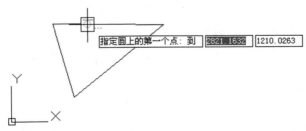

图 3-35　指定圆上的第一个点时绘图区所显示的图形

指定圆上的第一个点后，命令行提示如下：

指定圆上的第二个点：_tan 到

指定圆上的第二个点时，绘图区如图 3-36 所示。

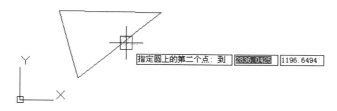

图 3-36　指定圆上的第二个点时绘图区所显示的图形

指定圆上的第二个点后，命令行提示如下：

指定圆上的第三个点：_tan 到

指定圆上的第三个点时，绘图区如图 3-37 所示。

绘制的图形如图 3-38 所示。

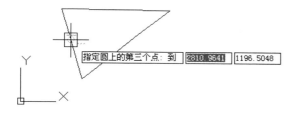
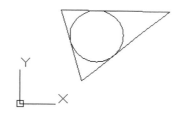

图 3-37　指定圆上的第三个点时绘图区所显示的图形　　　图 3-38　用三个相切命令绘制的圆

3.5　绘　制　圆　弧

圆弧的绘制方法有很多，下面详细介绍。

3.5.1　绘制圆弧命令的调用方法

绘制圆弧命令的调用方法如下。

● 单击【绘图】面板中的【圆弧】按钮。

● 在命令行中输入 arc 后按 Enter 键。

● 在菜单栏中，选择【绘图】|【圆弧】命令。

3.5.2　多种绘制圆弧的方法

绘制圆弧的方法有多种，下面分别介绍。

1. 起点、第二点、端点画弧

AutoCAD 提示用户输入起点、第二点和端点，顺时针或逆时针绘制圆弧，绘图区显示的图形如图 3-39 所示。用此命令绘制的图形如图 3-40 所示。

(a) 指定圆弧的起点时绘图区所显示的图形

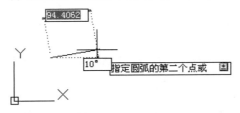

(b) 指定圆弧的第二个点时绘图区所显示的图形

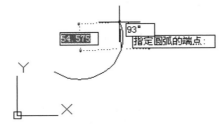

(c) 指定圆弧的端点时绘图区所显示的图形

图 3-39　起点、第二点、端点画弧的绘制步骤

2. 起点、圆心、端点画弧

AutoCAD 提示用户输入起点、圆心、端点，绘图区显示的图形如图 3-41～图 3-43 所示。在给出圆弧的起点和圆心后，弧的半径就确定了，端点只是用来决定弧长，因此圆弧不一定通过终点。用此命令绘制的圆弧如图 3-44 所示。

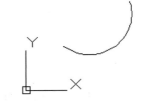

**图 3-40　用起点、第二点、端点
命令绘制的圆弧**

3. 起点、圆心、角度画弧

AutoCAD 提示用户输入起点、圆心、角度(此处的角度为包含角，即为圆弧的中心到两个端点的两条射线之间的夹角。若夹角为正值，按顺时针方向画弧；若夹角为负值，则按逆时针方向画弧)，绘图区显示的图形如图 3-45～图 3-47 所示。用此命令绘制的圆弧如图 3-48 所示。

4. 起点、圆心、长度画弧

AutoCAD 提示用户输入起点、圆心、弦长。绘图区显示的图形如图 3-49～图 3-51 所示。当逆时针画弧时，如果弦长为正值，则绘制的是与给定弦长相对应的最小圆弧；如果弦长为负值，则绘制的是与给定弦长相对应的最大圆弧；顺时针画弧则正好相反。用此命令绘制的图形如图 3-52 所示。

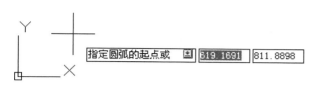

图 3-41 指定圆弧的起点时绘图区所显示的图形

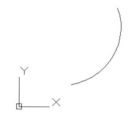

图 3-42 指定圆弧的圆心时绘图区所显示的图形

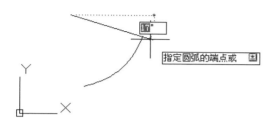

图 3-43 指定圆弧的端点时绘图区所显示的图形

图 3-44 用起点、圆心、端点命令绘制的圆弧

图 3-45 指定圆弧的起点时绘图区所显示的图形

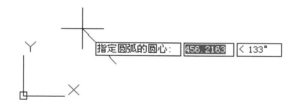

图 3-46 指定圆弧的圆心时绘图区所显示的图形

图 3-47 指定包含角时绘图区所显示的图形

图 3-48 用起点、圆心、角度命令绘制的圆弧

图 3-49 指定圆弧的起点时绘图区所显示的图形

图 3-50　指定圆弧的圆心时绘图区所显示的图形

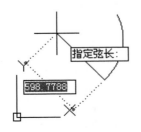 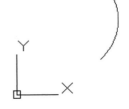

图 3-51　指定弦长时绘图区所显示的图形　　图 3-52　用起点、圆心、长度命令绘制的圆弧

5. 起点、端点、角度画弧

AutoCAD 提示用户输入起点、端点、角度(此角度也为包含角)，绘图区显示的图形如图 3-53～图 3-55 所示。当角度为正值时，按逆时针画弧，否则按顺时针画弧。用此命令绘制的图形如图 3-56 所示。

图 3-53　指定圆弧的起点时绘图区所显示的图形

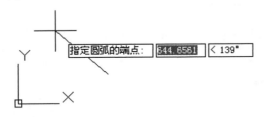

图 3-54　指定圆弧的端点时绘图区所显示的图形

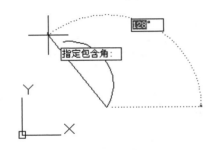 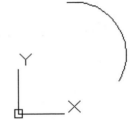

图 3-55　指定包含角时绘图区所显示的图形　　图 3-56　用起点、端点、角度命令绘制的圆弧

6. 起点、端点、方向画弧

AutoCAD 提示用户输入起点、端点、方向(所谓方向,指的是圆弧的起点切线方向,以度数来表示),绘图区显示的图形如图 3-57～图 3-59 所示。用此命令绘制的图形如图 3-60 所示。

图 3-57 指定圆弧的起点时绘图区所显示的图形

图 3-58 指定圆弧的端点时绘图区所显示的图形

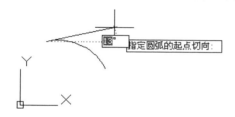 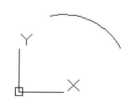

图 3-59 指定圆弧的起点切向时绘图区所显示的图形 图 3-60 用起点、端点、方向命令绘制的圆弧

7. 起点、端点、半径画弧

AutoCAD 提示用户输入起点、端点、半径,绘图区显示的图形如图 3-61～图 3-63 所示。此命令绘制的图形如图 3-64 所示。

图 3-61 指定圆弧的起点时绘图区所显示的图形

图 3-62 指定圆弧的端点时绘图区所显示的图形

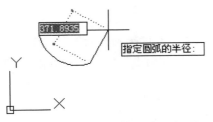
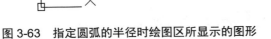
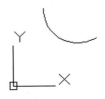

图 3-63　指定圆弧的半径时绘图区所显示的图形　　图 3-64　用起点、端点、半径命令绘制的圆弧

　　在此情况下，用户只能沿逆时针方向画弧。如果半径是正值，则命令绘制的是起点与终点之间的短弧，否则为长弧。

8. 圆心、起点、端点画弧

AutoCAD 提示用户输入圆心、起点、端点，绘图区显示的图形如图 3-65～图 3-67 所示。此命令绘制的图形如图 3-68 所示。

图 3-65　指定圆弧的圆心时绘图区所显示的图形　　图 3-66　指定圆弧的起点时绘图区所显示的图形

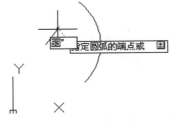

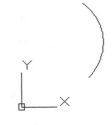

图 3-67　指定圆弧的端点时绘图区所显示的图形　　图 3-68　用圆心、起点、端点命令绘制的圆弧

9. 圆心、起点、角度画弧

AutoCAD 提示用户输入圆心、起点、角度，绘图区显示的图形如图 3-69～图 3-71 所示。此命令绘制的图形如图 3-72 所示。

图 3-69　指定圆弧的圆心时绘图区所显示的图形

图 3-70　指定圆弧的起点时绘图区所显示的图形

图 3-71　指定包含角时绘图区所显示的图形　　　图 3-72　用圆心、起点、角度命令绘制的圆弧

10. 圆心、起点、长度画弧

AutoCAD 提示用户输入圆心、起点、长度(此长度也为弦长)，绘图区显示的图形如图 3-73～图 3-75 所示。此命令绘制的图形如图 3-76 所示。

图 3-73　指定圆弧的圆心时绘图区所显示的图形

图 3-74　指定圆弧的起点时绘图区所显示的图形

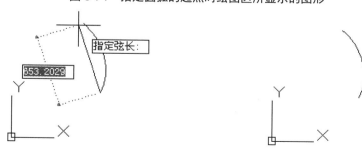

图 3-75　指定弦长时绘图区所显示的图形　　图 3-76　用圆心、起点、长度命令绘制的圆弧

11. 连续方式画弧

在这种方式下，用户可以从上一次绘制的圆弧的终点开始继续下一段圆弧。在此方式下画弧时，每段圆弧都与上一个圆弧相切。上一个圆弧或直线的终点和方向就是此圆弧的起点和方向。

提示 在 AutoCAD 2022 版本的圆弧绘制命令中，通过按住 Ctrl 键可切换所绘制圆弧的方向。

3.6 绘 制 椭 圆

椭圆的形状由长轴和短轴确定，AutoCAD 2022 为绘制椭圆提供了 3 种可直接使用的方法。

3.6.1 绘制椭圆命令的调用方法

绘制椭圆命令的调用方法如下。

- 单击【绘图】面板中的【椭圆】按钮◯。
- 在命令行中输入 ellipse 后按 Enter 键。
- 在菜单栏中，选择【绘图】|【椭圆】命令。

3.6.2 多种绘制椭圆的方法

绘制椭圆的方法有多种，下面分别进行介绍。

1. 中心点画椭圆

选择命令后，命令行将提示用户指定椭圆的中心点：

```
命令: _ellipse
指定椭圆的轴端点或 [圆弧(A)/中心点(C)]: _c
指定椭圆的中心点:
```

指定椭圆的中心点后，绘图区如图 3-77 所示。
指定中心点后，命令行将提示用户指定轴的端点：

```
指定轴的端点:
```

指定轴的端点后，绘图区如图 3-78 所示。

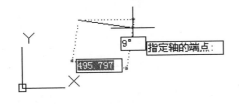

图 3-77 指定椭圆的中心点后绘图区所显示的图形

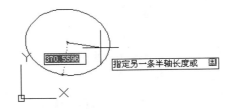

图 3-78 指定轴的端点后绘图区所显示的图形

指定轴的端点后，命令行将提示用户"指定另一条半轴长度或[旋转(R)]"：

指定另一条半轴长度或 [旋转(R)]：

绘制的图形如图 3-79 所示。

2. 轴、端点画椭圆

选择命令后，命令行将提示用户"指定椭圆的轴端点或[圆弧(A)/中心点(C)]"：

命令: _ellipse
指定椭圆的轴端点或 [圆弧(A)/中心点(C)]：

指定椭圆的轴端点后，绘图区如图 3-80 所示。

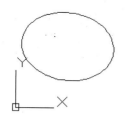

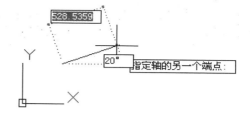

图 3-79　用中心点命令绘制的椭圆　　　图 3-80　指定椭圆的轴端点后绘图区所显示的图形

指定轴端点后，命令行将提示用户指定轴的另一个端点：

指定轴的另一个端点：

指定轴的另一个端点后，绘图区如图 3-81 所示。

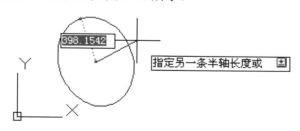

图 3-81　指定轴的另一个端点后绘图区所显示的图形

指定另一个端点后，命令行将提示用户"指定另一条半轴长度或 [旋转(R)]"：

指定另一条半轴长度或 [旋转(R)]：

绘制的图形如图 3-82 所示。

3. 绘制椭圆弧

选择命令后，命令行将提示用户"指定椭圆弧的轴端点或[中心点(C)]"：

命令: _ellipse
指定椭圆的轴端点或 [圆弧(A)/中心点(C)]：_a
指定椭圆弧的轴端点或 [中心点(C)]：

指定椭圆弧的轴端点后，绘图区如图 3-83 所示。

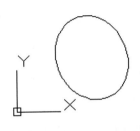
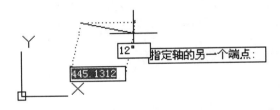

图 3-82　用轴、端点命令绘制的椭圆　　图 3-83　指定椭圆弧的轴端点后绘图区所显示的图形

指定椭圆弧的轴端点后，命令行将提示用户指定轴的另一个端点：

指定轴的另一个端点：

指定轴的另一个端点后，绘图区如图 3-84 所示。

指定轴的另一个端点后，命令行将提示用户"指定另一条半轴长度或[旋转(R)]"：

指定另一条半轴长度或 [旋转(R)]：

指定另一条半轴长度后，绘图区如图 3-85 所示。

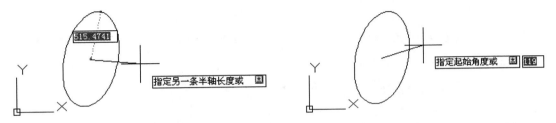

图 3-84　指定轴的另一个端点后绘图区所显示的图形　　图 3-85　指定另一条半轴长度后绘图区所显示的图形

指定另一条半轴长度后，命令行将提示用户"指定起始角度或[参数(P)]"：

指定起始角度或 [参数(P)]：

指定起始角度后，绘图区如图 3-86 所示。

指定起始角度后，命令行将提示用户"指定终止角度或[参数(P)/包含角度(I)]"：

指定终止角度或 [参数(P)/包含角度(I)]：

绘制的图形如图 3-87 所示。

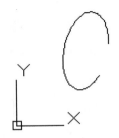

图 3-86　指定起始角度后绘图区所显示的图形　　图 3-87　用椭圆命令绘制的圆弧

3.7　绘　制　圆　环

圆环是经过实体填充的环，要绘制圆环，需要指定圆环的内外直径和圆心。

3.7.1　绘制圆环命令的调用方法

绘制圆环命令的调用方法如下。

- 单击【绘图】面板中的【圆环】按钮◎。
- 在命令行中输入 donut 后按 Enter 键。
- 在菜单栏中，选择【绘图】|【圆环】命令。

3.7.2　绘制圆环的步骤

选择命令后，命令行将提示用户指定圆环的内径：

```
命令：_donut
指定圆环的内径 <50.0000>：
```

指定圆环的内径，绘图区如图 3-88 所示。

图 3-88　指定圆环的内径，绘图区所显示的图形

指定圆环的内径后，命令行将提示用户指定圆环的外径：

```
指定圆环的外径 <60.0000>：
```

指定圆环的外径，绘图区如图 3-89 所示。

图 3-89　指定圆环的外径，绘图区所显示的图形

指定圆环的外径后，命令行将提示用户"指定圆环的中心点或<退出>"：

```
指定圆环的中心点或 <退出>：
```

指定圆环的中心点时绘图区如图 3-90 所示。
绘制的图形如图 3-91 所示。

图 3-90　指定圆环的中心点时绘图区所显示的图形

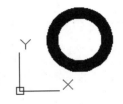

图 3-91　用 donut 命令绘制的圆环

3.8　实战操作范例

3.8.1　绘制喇叭符号范例

本范例完成文件：范例文件\第 3 章\3-1.dwg

多媒体教学路径：多媒体教学→第 3 章→3.8.1 范例

范例分析

本范例是绘制喇叭的二维图形，目的是熟悉使用二维绘制命令绘制基本的二维图形，包括绘制线、矩形、圆弧等操作。

范例操作

01　新建一个文件，单击【默认】选项卡【绘图】面板中的【矩形】按钮□，绘制 4×8 的矩形，如图 3-92 所示。然后使用【倒角】工具创建距离为 0.5 的倒角，如图 3-93 所示。

02　单击【默认】选项卡【绘图】面板中的【直线】按钮／，在矩形右侧绘制竖直直线，长度为 8。然后在两端绘制斜线，角度为 45°，如图 3-94 所示。

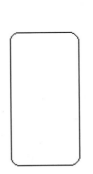
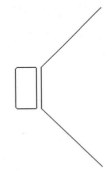

图 3-92　绘制矩形　　　　图 3-93　创建倒角　　　　图 3-94　绘制直线和斜线

03　单击【默认】选项卡【绘图】面板中的【圆弧】按钮／，绘制圆弧，半径为 30，得到喇叭图形，如图 3-95 所示。

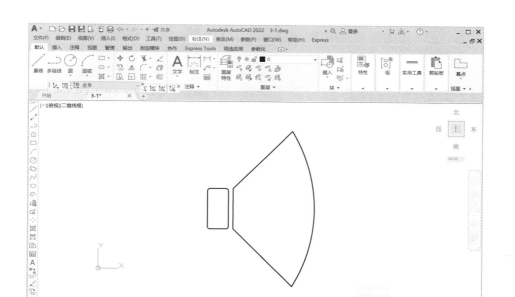

图 3-95　喇叭图形

3.8.2　绘制电源符号范例

 本范例完成文件：范例文件\第 3 章\3-2.dwg

 多媒体教学路径：多媒体教学→第 3 章→3.8.2 范例

📖 范例分析

本范例是使用直线命令绘制电源符号图形，包括绘制直线和角度线并进行编辑等操作。

📖 范例操作

01 新建一个文件，单击【默认】选项卡【绘图】面板中的【直线】按钮 ✏，绘制两条水平直线，长度分别为 2 和 1，如图 3-96 所示。

02 向上复制这两条直线，距离为 1.5，如图 3-97 所示。

03 使用【直线】工具在上方绘制竖直直线，长度为 1；再绘制水平直线，长度为 2，如图 3-98 所示。

04 使用【直线】工具在下方绘制竖直和水平直线，长度分别为 1 和 6，如图 3-99 所示。

05 使用【直线】工具在上方绘制角度线，长度分别为 0.4 和 0.8，角度为 60°，如图 3-100 所示。

06 绘制多条角度线，如图 3-101 所示。

07 在斜线末端绘制水平直线，得到电源符号图形。至此范例制作完成，结果如图 3-102 所示。

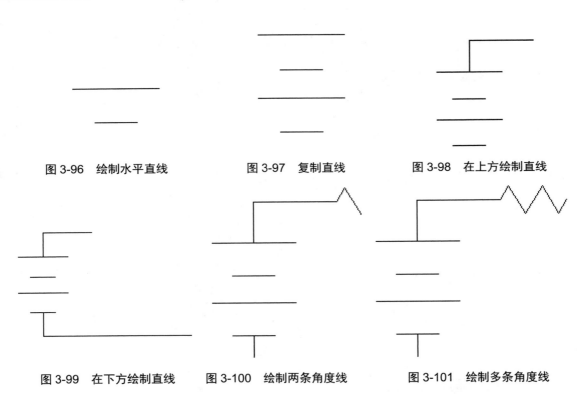

图 3-96　绘制水平直线　　　图 3-97　复制直线　　　图 3-98　在上方绘制直线

图 3-99　在下方绘制直线　　　图 3-100　绘制两条角度线　　　图 3-101　绘制多条角度线

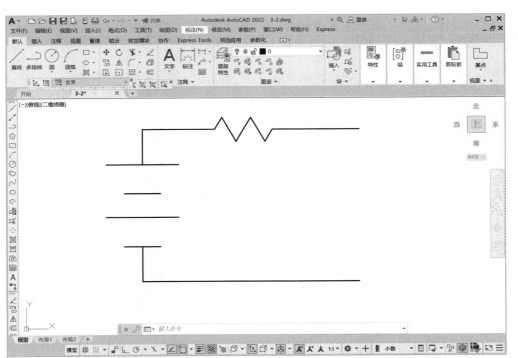

图 3-102　电源符号

3.8.3　绘制整流器框范例

 本范例完成文件：范例文件\第 3 章\3-3.dwg

 多媒体教学路径：多媒体教学→第 3 章→3.8.3 范例

范例分析

本范例是绘制整流器框的二维图形，目的是熟悉使用二维绘制命令绘制基本的二维图形，包括绘制矩形、线和圆形等操作。

范例操作

01 新建一个文件，单击【默认】选项卡【绘图】面板中的【矩形】按钮□，绘制 4×8 的矩形，如图 3-103 所示。

02 使用【直线】工具绘制对角线，并在矩形两侧绘制长度为 4 的直线，如图 3-104 所示。

图 3-103　绘制矩形

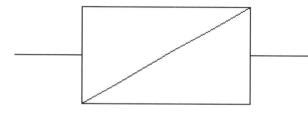

图 3-104　绘制对角线和直线

03 使用【直线】工具在矩形右下角绘制长度为 2 的直线，如图 3-105 所示。

04 单击【圆】按钮⊙，绘制半径为 0.5 的两个圆形，如图 3-106 所示。

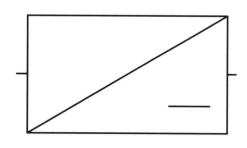

图 3-105　绘制右下角直线

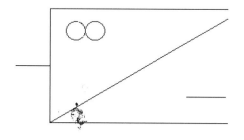

图 3-106　绘制两个圆

05 使用【直线】工具绘制一条穿过两个圆的水平直线，如图 3-107 所示。

06 单击【默认】选项卡【修改】面板中的【修剪】按钮✂ 修剪图形，如图 3-108 所示。

07 修剪完后，得到整流器框的符号图形。至此范例制作完成，结果如图 3-109 所示。

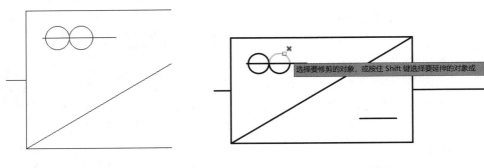

图 3-107　绘制水平直线　　　　　　图 3-108　进行修剪

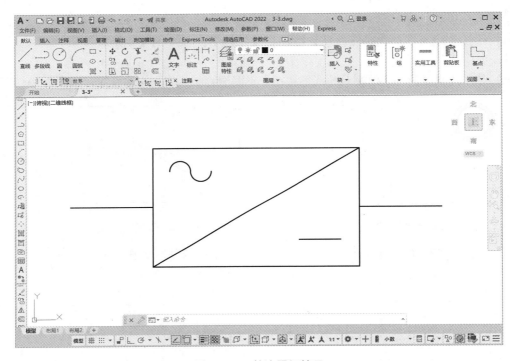

图 3-109　整流器框符号

3.9　本 章 小 结

　　本章主要讲解 AutoCAD 2022 绘制图形的基本命令与概念。通过本章的学习，读者可以绘制简单的图形。这些基本命令在以后的绘图过程中会经常用到，所以要熟悉这些命令的使用方法。

第4章
编辑电气二维图形

本章导读

　　上一章介绍了如何绘制基本电气二维图形。在绘图的过程中，会发现某些图形不是一次就可以绘制出来的，并且不可避免地会出现一些错误操作，这时就要用到编辑命令。本章将介绍一些基本的编辑二维图形的命令，如删除、移动、旋转、拉伸、打断、拉长、修剪和分解等。

4.1 基本编辑工具

AutoCAD 2022 编辑工具包含删除、复制、镜像、偏移、阵列、移动、旋转、拉伸、修剪、延伸、打断、倒角、圆角、分解等。编辑图形对象的【修改】面板和【修改】工具栏如图 4-1 所示。

图 4-1 【修改】面板和【修改】工具栏

【修改】面板中的基本编辑命令功能说明如表 4-1 所示，本节将详细介绍较为常用的几个基本编辑命令。

表 4-1 编辑图形的图标及其功能

图 标	功能说明	图 标	功能说明
	删除图形对象		复制图形对象
	镜像图形对象		偏移图形对象
	阵列图形对象		移动图形对象
	旋转图形对象		缩放图形对象
	拉伸图形对象		修剪图形对象
	延伸图形对象		在一点打断选定的对象
	在两点之间打断选定的对象		合并图形对象
	对某图形对象倒角		对某图形对象倒圆
	分解图形对象		在选定的直线或曲线之间创建光滑的样条曲线

4.1.1 【删除】命令

在绘图的过程中，删除一些多余的图形是常见的，这时就要用到【删除】命令。

执行【删除】命令的三种方法如下。

● 单击【修改】面板中的【删除】按钮 。

● 在命令行中输入 E 后按 Enter 键。

- 在菜单栏中，选择【修改】|【删除】命令。

执行上面的任意一种操作后在编辑区会出现 □ 图标，移动光标到要删除图形对象的位置，单击图形后再单击鼠标右键或按 Enter 键，即可完成删除图形的操作。

4.1.2　【复制】命令

AutoCAD 为用户提供了【复制】命令，能把已绘制好的图形复制到其他的地方。

执行【复制】命令的三种方法如下。

- 单击【修改】面板中的【复制】按钮 ⌨ 。
- 在命令行中输入 Copy 后按 Enter 键。
- 在菜单栏中，选择【修改】|【复制】命令。

选择【复制】命令后，命令行提示如下：

```
命令：_copy
选择对象：
```

在提示下选取实体，如图 4-2 所示，命令行中将提示选中一个物体：

```
选择对象：找到 1 个
```

选取实体后命令行提示如下：

```
选择对象：
```

在 AutoCAD 中，此命令会默认用户继续选择下一个实体，单击鼠标右键或按 Enter 键即可结束选择。

AutoCAD 会提示用户指定基点或位移，在绘图区选择基点。命令行提示如下：

```
当前设置：复制模式 = 多个
指定基点或 [位移(D)/模式(O)] <位移>：
```

指定基点后，绘图区如图 4-3 所示。

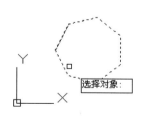

图 4-2　选取实体后绘图区所显示的图形

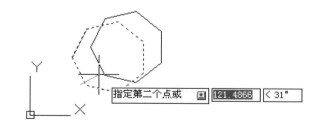

图 4-3　指定基点后绘图区所显示的图形

指定基点后，命令行提示如下：

```
指定第二个点或 [阵列(A)] <使用第一个点作为位移>：
```

指定第二点后，绘图区如图 4-4 所示。

指定完第二点，命令行提示如下：

```
指定第二个点或 [阵列(A)/退出(E)/放弃(U)] <退出>：
```

用此命令绘制的图形如图 4-5 所示。

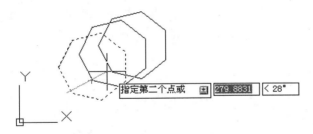

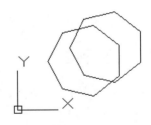

图 4-4　指定第二点后绘图区所显示的图形　　　图 4-5　用【复制】命令绘制的图形

4.1.3　【移动】命令

移动图形对象是使某一图形沿着基点移动一段距离，使对象到达合适的位置。

执行【移动】命令的方法如下。

- 单击【修改】面板中的【移动】按钮✛。
- 在命令行中输入 M 后按下 Enter 键。
- 在菜单栏中，选择【修改】|【移动】命令。

选择【移动】命令后出现 □ 图标，移动光标到需要移动的图形对象之上。单击需要移动的图形对象，然后单击鼠标右键。AutoCAD 提示用户选择基点，选择基点后移动光标至相应的位置，命令行提示如下：

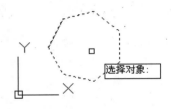

```
命令：_move
选择对象：找到 1 个
```

图 4-6　选取实体后绘图区
所显示的图形

选取实体后，绘图区如图 4-6 所示。

选取实体后，命令行提示如下：

```
选择对象：
指定基点或 [位移(D)] <位移>：              //选择基点后按 Enter 键
指定第二个点或 <使用第一个点作为位移>：
```

指定基点后，绘图区如图 4-7 所示。

最终绘制的图形如图 4-8 所示。

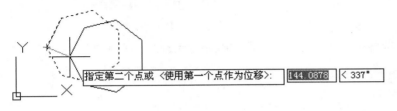

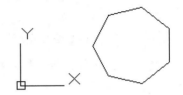

图 4-7　指定基点后绘图区所显示的图形　　　图 4-8　用【移动】命令将图形对象
　　　　　　　　　　　　　　　　　　　　　　　　　由原来位置移动到需要的位置

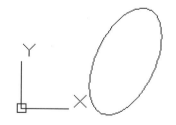

4.1.4　【旋转】命令

旋转对象是指用户将图形对象转一个角度使之符合用户的要求，旋转后的对象与原对象的距离取决于旋转的基点与被旋转对象的距离。

执行【旋转】命令的方法如下。

- 单击【修改】面板中的【旋转】按钮 ↻ 。
- 在命令行中输入 rotate 后按 Enter 键。
- 在菜单栏中，选择【修改】|【旋转】命令。

执行此命令后出现 □ 图标，移动光标到要旋转的图形对象的位置，单击需要移动的图形对象后单击鼠标右键，AutoCAD 提示用户选择基点。选择基点后，移动光标至相应的位置，命令行提示如下：

```
命令：_rotate
UCS 当前的正角方向：ANGDIR=逆时针
ANGBASE=0
选择对象：找到 1 个
```

图 4-9　选取实体后绘图区所显示的图形

此时绘图区如图 4-9 所示。

选取实体后，命令行提示如下：

```
选择对象：
指定基点：
```

指定基点后，绘图区如图 4-10 所示。

指定基点后命令行提示如下：

```
指定旋转角度，或 [复制(C)/参照(R)] <0>：
```

最终绘制的图形如图 4-11 所示。

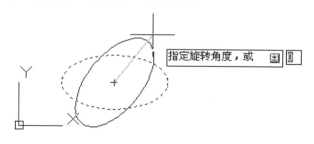

图 4-10　指定基点后绘图区所显示的图形

图 4-11　用【旋转】命令得到的图形

4.1.5　【缩放】命令

在 AutoCAD 中，可以通过【缩放】命令来使实际的图形对象放大或缩小。

执行【缩放】命令的方法如下。

- 单击【修改】面板中的【缩放】按钮 🗖 。
- 在命令行中输入 scale 后按 Enter 键。

● 在菜单栏中，选择【修改】|【缩放】命令。

执行此命令后出现 □ 图标，AutoCAD 提示用户选择需要缩放的图形对象后，移动光标到要缩放的图形对象。单击需要缩放的图形对象后，单击鼠标右键，AutoCAD 提示用户选择基点。选择基点后，在命令行中输入缩放比例并按 Enter 键，缩放完毕。命令行提示如下：

```
命令：_scale
选择对象：找到 1 个
```

选取实体后，绘图区如图 4-12 所示。

选取实体后命令行提示如下：

```
选择对象：
指定基点：
```

指定基点后，绘图区如图 4-13 所示。

指定基点后命令行提示如下：

```
指定比例因子或 [复制(C)/参照(R)]：0.8
```

绘制的图形如图 4-14 所示。

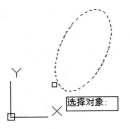

图 4-12　选取实体绘图区所显示的图形

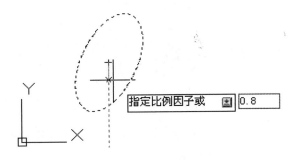

图 4-13　指定基点后绘图区所显示的图形

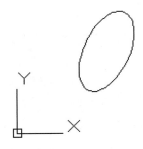

图 4-14　用【缩放】命令将图形对象缩小的最终效果

4.1.6　【镜像】命令

AutoCAD 为用户提供了【镜像】命令，可把已绘制好的图形复制到其他的地方。

执行【镜像】命令的方法如下。

● 单击【修改】面板中的【镜像】按钮 ⚠。

● 在命令行中输入 mirror 后按 Enter 键。

● 在菜单栏中，选择【修改】|【镜像】命令。

命令行提示如下：

```
命令：_mirror
选择对象：找到 1 个
```

选取实体后，绘图区如图 4-15 所示。

选取实体后，命令行提示如下：

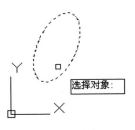

图 4-15　选取实体后绘图区所显示的图形

选择对象：

在 AutoCAD 中，此命令会默认用户继续选择下一个实体，单击鼠标右键或按 Enter 键即可结束选择。然后在提示下选取镜像线的第一点和第二点：

指定镜像线的第一点：指定镜像线的第二点：

指定镜像线的第一点后，绘图区如图 4-16 所示。

指定镜像线的第二点后，AutoCAD 会询问用户是否要删除原图形，输入 N 并按 Enter 键，命令行提示如下：

要删除源对象吗？［是(Y)/否(N)］ <N>：n

用【镜像】命令绘制的图形如图 4-17 所示。

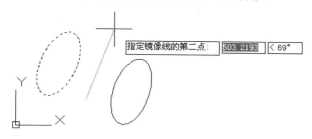
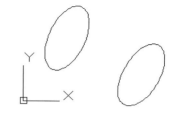

图 4-16 指定镜像线的第一点后绘图区所显示的图形　　图 4-17 用【镜像】命令绘制的图形

4.1.7 【偏移】命令

当两个图形严格相似，只是在位置上有偏差时，可以用【偏移】命令。AutoCAD 提供了【偏移】命令，可以很方便地绘制此类图形，特别是要绘制许多相似的图形时，此命令要比使用【复制】命令更快捷。

执行【偏移】命令的方法如下。

● 单击【修改】面板中的【偏移】按钮 ⊑ 。

● 在命令行中输入 Offset 后按 Enter 键。

● 在菜单栏中，选择【修改】|【偏移】命令。

命令行提示如下：

命令：_offset
当前设置：删除源=否　图层=源　OFFSETGAPTYPE=0
指定偏移距离或 [通过(T)/删除(E)/图层(L)] <通过>：10

指定偏移距离，绘图区如图 4-18 所示。

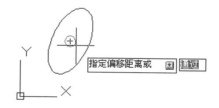

图 4-18 指定偏移距离时绘图区所显示的图形

指定偏移距离后，命令行提示如下：

选择要偏移的对象，或 [退出(E)/放弃(U)] <退出>：

选择要偏移的对象后，绘图区如图 4-19 所示。

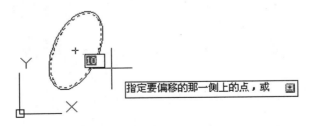

指定要偏移的那一侧上的点，或

图 4-19 选择要偏移的对象后绘图区所显示的图形

选择要偏移的对象后，命令行提示如下：

指定要偏移的那一侧上的点，或 [退出(E)/多个(M)/放弃
(U)] <退出>：

指定要偏移的那一侧上的点后，绘制的图形如图 4-20
所示。

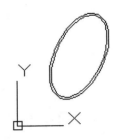

图 4-20 用【偏移】命令绘制的图形

4.1.8 【阵列】命令

AutoCAD 提供了【阵列】命令，可把已绘制的图形
复制到其他的地方，包括矩形阵列、路径阵列和环形阵列。下面分别具体介绍。

1. 【矩形阵列】命令

执行【矩形阵列】命令的方法如下。

● 单击【修改】工具栏或【修改】面板中的【矩形阵列】按钮 品 。
● 在命令行中输入 arrayrect 后按 Enter 键。
● 在菜单栏中，选择【修改】|【阵列】|【矩形阵列】命令。

AutoCAD 要求先选择对象，然后如图 4-21 所示选择夹点，之后移动光标到指定目标点，
如图 4-22 所示；矩形阵列的参数设置如图 4-23 所示；完成设置之后单击鼠标右键，弹出矩形
阵列快捷菜单，如图 4-24 所示，选择新的命令或者退出即可。

选择夹点以编辑阵列或　　　退出

** 移动 **　892.1600　< 311°
指定目标点：

图 4-21 选择夹点 　　　　　　**图 4-22 移动光标到指定目标点**

矩形	列数：	4	行数：	3	级别：	1	关联	基点	关闭阵列
	介于：	30.0000	介于：	30.0000	介于：	1.0000			
	总计：	90.0000	总计：	60.0000	总计：	1.0000			
类型	列		行 ▾		层级		特性		关闭

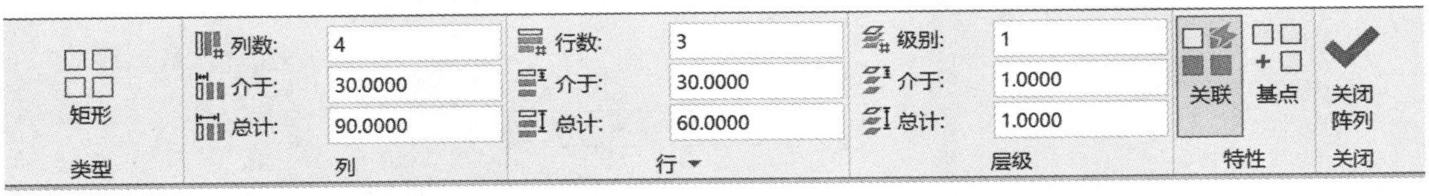

图 4-23 矩形阵列参数设置

快捷菜单中的部分命令含义如下。

● 【行数】：指定行的数量。

● 【列数】：指定列的数量。

【矩形阵列】命令绘制的图形如图 4-25 所示。

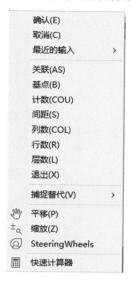

图 4-24　矩形阵列快捷菜单

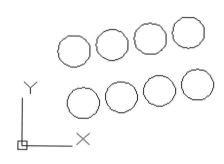

图 4-25　矩形阵列的图形

2. 【路径阵列】命令

执行【路径阵列】命令的三种方法如下。

● 单击【修改】工具栏或【修改】面板中的【路径阵列】按钮 。

● 在命令行中输入 arraypath 后按 Enter 键。

● 在菜单栏中，选择【修改】|【阵列】|【路径阵列】命令。

执行命令之后，系统要求选择路径，如图 4-26 所示；然后选择夹点，如图 4-27 所示；路径阵列参数设置如图 4-28 所示。

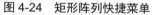

图 4-26　选择路径　　　　　　图 4-27　选择夹点

图 4-28　路径阵列参数设置

设置完成之后，单击鼠标右键，弹出快捷菜单，选择【退出】命令，如图 4-29 所示。绘制的路径阵列图形如图 4-30 所示。

3. 【环形阵列】命令

执行【环形阵列】命令的三种方法如下。

- 单击【修改】工具栏或【修改】面板中的【环形阵列】按钮 ⚬⚬⚬。
- 在命令行中输入 arraypolar 后按 Enter 键。
- 在菜单栏中，选择【修改】|【阵列】|【环形阵列】命令。

执行【环形阵列】命令后，先选择中心点，如图 4-31 所示；然后选择夹点，如图 4-32 所示。环形阵列的参数设置如图 4-33 所示。

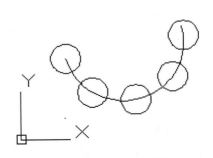

图 4-30　路径阵列的图形

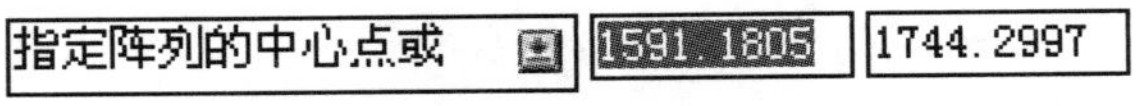

指定阵列的中心点或　　　　1591.1805　　1744.2997

图 4-31　选择中心点

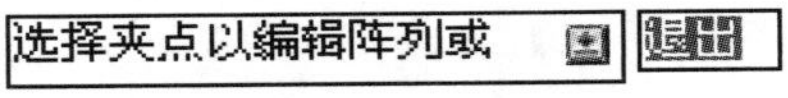

选择夹点以编辑阵列或　　　退出

图 4-32　选择夹点

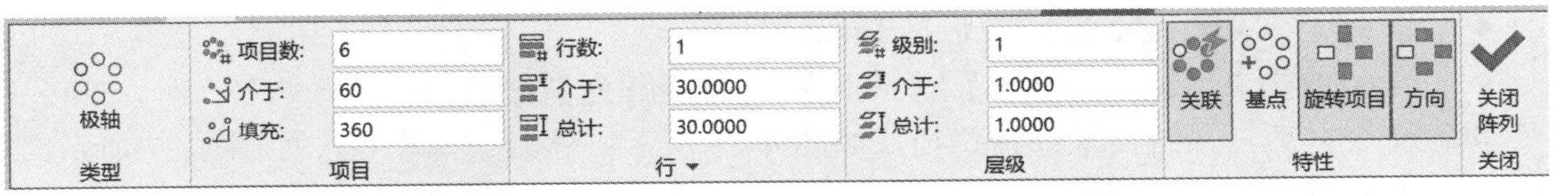

图 4-29　路径阵列快捷菜单

	类型	项目			行 ▼			层级			特性			关闭
极轴		项目数:	6	行数:	1	级别:	1				关联	基点	旋转项目	方向	关闭阵列
		介于:	60	介于:	30.0000	介于:	1.0000								
		填充:	360	总计:	30.0000	总计:	1.0000								

图 4-33　环形阵列参数设置

最后，单击鼠标右键，弹出快捷菜单，选择相应的命令或者退出绘制，如图 4-34 所示。在环形阵列快捷菜单中的部分命令含义如下。

- 【项目】：设置在结果阵列中显示的对象。
- 【填充角度】：通过定义阵列中第一个和最后一个元素的基点之间的包含角来设置阵列大小。正值指定逆时针旋转，负值指定顺时针旋转，默认值为 360，不允许值为 0。
- 【项目间角度】：设置阵列对象的基点和阵列中心之间的包含角。默认方向值为 90。
- 【基点】：设置新的 X 和 Y 基点坐标。选择【拾取基点】选项会临时关闭对话框，并指定一个点，然后【阵列】对话框将重新显示。

环形阵列绘制的图形如图 4-35 所示。

图 4-34　环形阵列快捷菜单

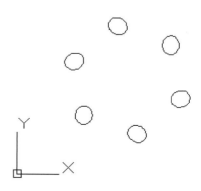

图 4-35　环形阵列的图形

4.2　扩展编辑工具

在 AutoCAD 2022 编辑工具中有一部分属于扩展编辑工具，如拉伸、拉长、修剪、延伸、打断、倒角、圆角、分解。下面将详细介绍这些工具的使用方法。

4.2.1　【拉伸】命令

在 AutoCAD 中，允许将对象端点拉伸到不同的位置。当将对象的端点放在选择框的内部时，可以单方向拉伸图形对象，而新的对象与原对象的关系保持不变。

执行【拉伸】命令的三种方法如下。

- 单击【修改】面板中的【拉伸】按钮 。
- 在命令行中输入 stretch 后按 Enter 键。
- 在菜单栏中，选择【修改】|【拉伸】命令。

执行【拉伸】命令后出现 □ 图标，命令行提示如下：

```
命令: _stretch
以交叉窗口或交叉多边形选择要拉伸的对象...
选择对象:
```

选择对象后，绘图区如图 4-36 所示。

选取实体后，命令行提示如下：

```
指定对角点: 找到 1 个, 总计 1 个
```

指定对角点后，绘图区如图 4-37 所示。

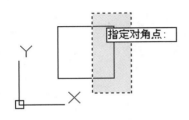

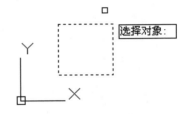

图 4-36　选择对象后绘图区所显示的图形　　图 4-37　指定对角点后绘图区所显示的图形

指定对角点后，命令行提示如下：

选择对象：
指定基点或 [位移(D)] <位移>：

指定基点后，绘图区如图 4-38 所示。

图 4-38　指定基点后绘图区所显示的图形

指定基点后，命令行提示如下：

指定第二个点或 <使用第一个点作为位移>：

指定第二个点后，绘制的图形如图 4-39 所示。

图 4-39　用【拉伸】命令绘制的图形

　　执行【拉伸】命令时，圆、点、块以及文字是特例。当基点在圆心、点的中心、块的插入点或文字行的最左边时只是移动图形对象而不会拉伸；当基点在此中心之外时，不会产生任何影响。

4.2.2　【拉长】命令

对于已绘制好的图形，有时需要将图形的直线、圆弧放大或缩小，或者想知道直线的长度值，这时可以用【拉长】命令来改变长度或读出长度值。

执行【拉长】命令的三种方法如下。

● 单击【修改】面板中的【拉长】按钮 ╱ 。

● 在命令行中输入 lengthen 后按 Enter 键。

- 在菜单栏中，选择【修改】|【拉长】命令。

执行【拉长】命令后出现 ⊡ 图标，这时命令行提示如下：

```
命令: _lengthen
选择对象或 [增量(DE)/百分数(P)/全部(T)/动态(DY)]: DE
输入长度增量或 [角度(A)] <26.7937>: 50
```

输入长度增量后，绘图区如图 4-40 所示。

输入长度增量后，命令行提示如下：

```
选择要修改的对象或 [放弃(U)]:
```

用鼠标单击要修改的对象后，绘制的图形如图 4-41 所示。

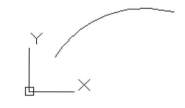

图 4-40　输入长度增量后绘图区所显示的图形　　图 4-41　用【拉长】命令绘制的图形

在执行【拉长】命令时，会显示让用户选择的选项。

- 【增量】：指差值(当前长度与拉长后长度的差值)。
- 【百分数】：选择此项后，在命令行输入大于 100 的数值就会拉长对象，输入小于 100 的数值则会缩短对象。
- 【全部】：指总长(拉长后图形对象的总长)。
- 【动态】：指动态拉长(动态地拉长或缩短图形实体)。

提示

所有被拉长的图形实体的端点是对象上离选择点最近的端点。

4.2.3　【修剪】命令

【修剪】命令的功能是将一个对象以另一个对象或它的投影面作为边界进行精确的修剪编辑。

执行【修剪】命令的三种方法如下。

- 单击【修改】面板中的【修剪】按钮 ✂ 。
- 在命令行中输入 trim 后按 Enter 键。
- 在菜单栏中，选择【修改】|【修剪】命令。

执行【修剪】命令后出现 ⊡ 图标，在命令行中提示用户选择实体作为将要被修剪实体的边界：

```
命令: _trim
当前设置:投影=UCS,边=延伸
```

选择剪切边...
选择对象或 <全部选择>：找到 1 个

选择对象后，绘图区如图 4-42 所示。
选择对象后，命令行提示如下：

选择对象：
选择要修剪的对象，或按住 Shift 键选择要延伸的
对象，或
[栏选(F)/窗交(C)/投影(P)/边(E)/删除(R)/放弃
(U)]：e

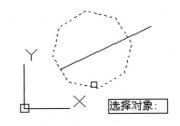

图 4-42　选择对象后绘图区所显示的图形

输入 e 后，绘图区如图 4-43 所示。

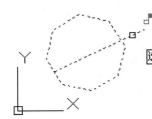

选择要修剪的对象，或按住 Shift 键选择要延伸的对象，或

图 4-43　输入 e 后绘图区所显示的图形

输入 e 后，命令行提示如下：

输入隐含边延伸模式 [延伸(E)/不延伸(N)] <延伸>：N
选择要修剪的对象，或按住 Shift 键选择要延伸的对象，或
[栏选(F)/窗交(C)/投影(P)/边(E)/删除(R)/放弃(U)]：

选择要修剪的对象后绘制出的图形如图 4-44 所示。

提示　在【修剪】命令中，AutoCAD 会一直认为
用户要修剪实体，直至按下空格键或 Enter 键
为止。

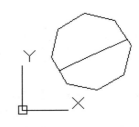

图 4-44　用【修剪】命令绘制的图形

4.2.4　【延伸】命令

AutoCAD 的【延伸】命令正好与【修剪】命令功能相反，它是将一个对象或它的投影面
作为边界进行延长。
执行【延伸】命令的三种方法如下。
● 单击【修改】面板中的【延伸】按钮 。
● 在命令行中输入 extend 后按 Enter 键。
● 在菜单栏中，选择【修改】|【延伸】命令。
执行【延伸】命令后，出现捕捉按钮图标 ，在命令行提示用户选择实体作为将要被延
伸的边界：

命令：_extend
当前设置：投影=视图，边=延伸

选择边界的边...
选择对象或 <全部选择>: 找到 1 个

选择对象后，绘图区如图 4-45 所示。

选取对象后，命令行提示如下：

选择对象:
选择要延伸的对象，或按住 Shift 键选择要修剪的
对象，或
[栏选(F)/窗交(C)/投影(P)/边(E)/放弃(U)]: e

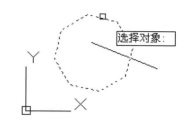

图 4-45 选择对象后绘图区所显示的图形

输入 e 后，绘图区如图 4-46 所示。

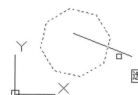

图 4-46 输入 e 后绘图区所显示的图形

输入 e 后，命令行提示如下：

输入隐含边延伸模式 [延伸(E)/不延伸(N)] <延伸>:e
选择要延伸的对象，或按住 Shift 键选择要修剪的对象，或
[栏选(F)/窗交(C)/投影(P)/边(E)/放弃(U)]:

用【延伸】命令绘制的图形如图 4-47 所示。

 提示
在【延伸】命令中，AutoCAD 会认为用户要一直延伸实体，直至用户按空格键或 Enter 键为止。

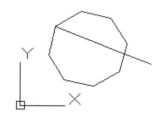

图 4-47 用【延伸】命令绘制的图形

4.2.5 【打断】命令

【打断】命令主要用于删除直线、圆或圆弧等实体的一部分，或将一个图形对象分割为两个同类对象。其中又有两种情况。

1. 打断于点(在某点打断)

执行【打断于点】命令的两种方法如下。

● 单击【修改】面板中的【打断于点】按钮□。
● 在命令行中输入 break 后按 Enter 键。

执行【打断于点】命令后出现 □ 图标，在命令行中提示用户选择一点作为打断的第一点：

命令: _break 选择对象:
指定第二个打断点 或 [第一点(F)]: _f
指定第一个打断点:

指定第一个打断点时，绘图区如图 4-48 所示。

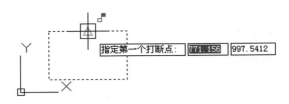

图 4-48　指定第一个打断点时绘图区所显示的图形

指定第一个打断点后，命令行提示如下：

指定第二个打断点：@

用【打断于点】命令绘制的图形如图 4-49 所示。

2. 打断(打断并把两点之间的图形对象删除)

执行【打断】命令的三种方法如下。

- 单击【修改】面板中的【打断】按钮 □ 。
- 在命令行中输入 break 后按 Enter 键。
- 在菜单栏中，选择【修改】|【打断】命令。

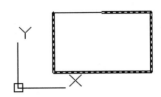

图 4-49　用【打断于点】命令绘制的图形

执行【打断】命令后出现 □ 图标，命令行提示

如下：

命令：_break 选择对象：
指定第二个打断点 或 [第一点(F)]：f
指定第一个打断点：

指定第一个打断点时，绘图区如图 4-50 所示。

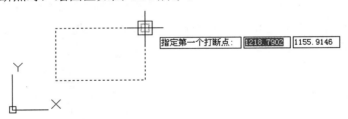

图 4-50　指定第一个打断点时绘图区所显示的图形

指定第一个打断点后，命令行提示如下：

指定第二个打断点：

指定第二个打断点时，绘图区如图 4-51 所示。

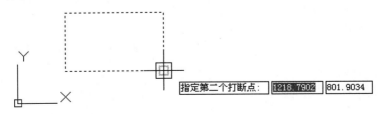

图 4-51　指定第二个打断点时绘图区所显示的图形

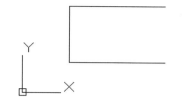

用【打断】命令绘制的图形如图 4-52 所示。

 提示　　打断的结果对于不同的图形对象来说是不相同的。对于直线和圆弧等轨迹线而言，将按照用户所指定的两个分点打断；而对于圆而言，将按照第一点到第二点的逆时针方向截去这两点之间的一段圆弧，从而将圆打断为一段圆弧。

图 4-52　用【打断】命令绘制的图形

4.2.6　【倒角】命令

【倒角】命令主要用于对两条非平行直线或多段线进行的编辑，或将两条非平行直线进行相交连接。

执行【倒角】命令的三种方法如下。

● 　单击【修改】面板中的【倒角】按钮 ◺ 。

● 　在命令行中输入 chamfer 后按 Enter 键。

● 　在菜单栏中，选择【修改】|【倒角】命令。

执行【倒角】命令后出现 ▫ 图标，命令行提示如下：

```
命令: _chamfer
("修剪"模式) 当前倒角距离 1 = 30.0000，距离 2 = 30.0000
选择第一条直线或 [放弃(U)/多段线(P)/距离(D)/角度(A)/修剪(T)/方式(E)/多个(M)]: t
输入修剪模式选项 [修剪(T)/不修剪(N)] <修剪>: t
选择第一条直线或 [放弃(U)/多段线(P)/距离(D)/角度(A)/修剪(T)/方式(E)/多个(M)]: d
指定第一个倒角距离 <40.0000>:
指定第二个倒角距离 <40.0000>:
选择第一条直线或 [放弃(U)/多段线(P)/距离(D)/角度(A)/修剪(T)/方式(E)/多个(M)]:
```

选择第一条直线后，绘图区如图 4-53 所示。

图 4-53　选择第一条直线后绘图区所显示的图形

选择第一条直线后，命令行提示如下：

选择第二条直线，或按住 Shift 键选择要应用角点的直线：

用【倒角】命令绘制的图形如图 4-54 所示。

在执行【倒角】命令时，会显示让用户选择的选项。

● 　【多段线】：表示将要被倒角的线为多段线，用户可以在命令行中输入 P 后按 Enter 键选择此项。

● 　【距离】：设置倒角顶点到倒角线的距离，用户

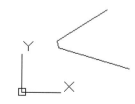

图 4-54　用【倒角】命令绘制的图形

可以在命令行中输入 D 后按 Enter 键选择此项，然后在命令行中输入距离的数值。

- 【角度】：若选择角度，则在命令行中输入 A 后按 Enter 键。
- 【修剪】：选择此项时，用户可以在命令行输入 T 后按 Enter 键，可以设置倒角的位置是否要将多余的线条修剪掉。
- 【方式】：此项的意义是控制 AutoCAD 是采用两边均为距离的方式倒角，还是采用一边为距离一边为角度的方式倒角。两边均采用距离的方式与【距离】选项的含义一样，一边为距离一边为角度的方式与【角度】选项的含义相同。默认为上一次操作所定义的方式。
- 【多个】：选择此项，用户可以选择多个非平行直线或多段线进行倒角。

4.2.7 【圆角】命令

【圆角】命令主要用于使两条相交的圆、弧、线或样条线等形成倒圆角。

执行圆角命令的三种方法如下。

- 单击【修改】面板中的【圆角】按钮 。
- 在命令行中输入 fillet 后按 Enter 键。
- 在菜单栏中，选择【修改】|【圆角】命令。

执行【圆角】命令后出现 □ 图标。命令行提示如下：

```
命令: _fillet
当前设置: 模式 = 修剪，半径 = 0.0000
选择第一个对象或 [放弃(U)/多段线(P)/半径(R)/修剪(T)/多个(M)]: r
指定圆角半径 <0.0000>: 30
选择第一个对象或 [放弃(U)/多段线(P)/半径(R)/修剪(T)/多个(M)]:
```

选择第一个对象后，绘图区如图 4-55 所示。

图 4-55 选择第一个对象后绘图区所显示的图形

选择第一个对象后，命令行提示如下：

选择第二个对象，或按住 Shift 键选择要应用角点的对象：

用【圆角】命令绘制的图形如图 4-56 所示。

在执行【圆角】命令时，会显示让用户选择的选项。

- 【多段线】：表示将要被倒圆的线为多段线，用户可以在命令行中输入 P 后按 Enter 键选择此项。
- 【半径】：若用户在命令行中输入 R，则表示用

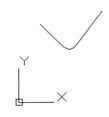

图 4-56 用【圆角】命令绘制的图形

户需要设置倒角的半径。

- 【修剪】：选择此项时，用户可以设置被倒角的位置是否要将多余的线条修剪掉。
- 【多个】：选择此项，用户可以为多个相交的线段做圆角。

4.2.8 【分解】命令

图形块是作为一个整体插入到图形中的，用户不能对它的单个图形对象进行编辑。当用户需要对它进行单个编辑时，就需要用到【分解】命令。【分解】命令用于将块打碎，把块分解为原始的图形对象，这样用户就可以方便地进行编辑。

执行【分解】命令的三种方法如下。

- 单击【修改】面板中的【分解】按钮 ⬚。
- 在命令行中输入 explode 后按 Enter 键。
- 在菜单栏中，选择【修改】|【分解】命令。

执行【分解】命令后，命令行提示如下：

选择对象：

选择对象后，绘图区如图 4-57 所示。

选择对象后，命令行提示如下：

```
命令：_explode
选择对象：找到 1 个
```

用【分解】命令绘制的图形如图 4-58 所示：

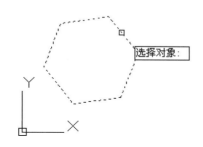

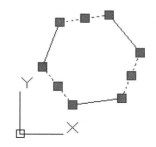

图 4-57　选择对象后绘图区所显示的图形　　　图 4-58　用【分解】命令绘制的图形

　　严格来说，【分解】命令并不是一个基本的编辑命令，但是在绘制复杂图形时它的确给用户带来极大的方便。

4.3 实战操作范例

4.3.1 绘制电机符号范例

 本范例完成文件：范例文件\第 4 章\4-1.dwg

多媒体教学路径：多媒体教学→第 4 章→4.3.1 范例

范例分析

本范例是绘制电机符号的二维图形，其中会使用一些图形编辑操作，主要包括旋转、复制和修剪等。

范例操作

01 新建一个文件后，单击【默认】选项卡【绘图】面板中的【圆】按钮 ，绘制半径为 1 的圆。单击【绘图】面板中的【直线】按钮 ，在圆的右侧绘制直线，长度为 10，如图 4-59 所示。

图 4-59　绘制圆和直线

02 单击【默认】选项卡【修改】面板中的【复制】按钮 ，复制上一步绘制的这组图形，向上的距离为 6；再次复制这组图形，向上的距离为 12，如图 4-60 所示。

03 单击【默认】选项卡【修改】面板中的【复制】按钮 ，复制多个圆形，如图 4-61 所示。

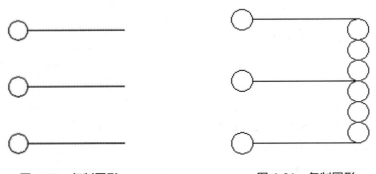

图 4-60　复制图形　　　　　　　　图 4-61　复制圆形

04 单击【默认】选项卡【修改】面板中的【修剪】按钮 ，修剪刚复制的圆形，如图 4-62 所示。

05 单击【默认】选项卡【绘图】面板中的【圆】按钮 ，在右侧绘制半径为 10 的圆形，如图 4-63 所示。

06 单击【默认】选项卡【修改】面板中的【复制】按钮 ，复制左侧图形，然后单击【旋转】按钮 ，将图形旋转 90°，如图 4-64 所示。

至此得到电机符号图形，这样就完成了范例制作，结果如图 4-65 所示。

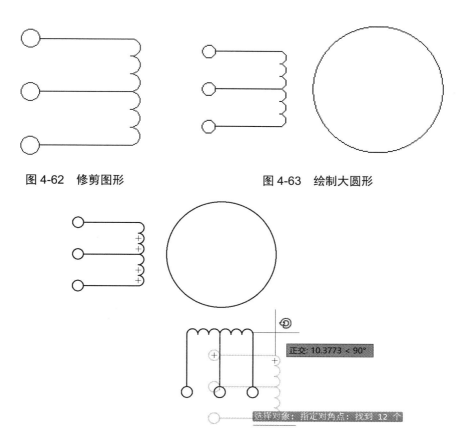

图 4-62　修剪图形　　　　　　　　　　图 4-63　绘制大圆形

正交：10.3773 < 90°

选择对象：指定对角点：找到 12 个

图 4-64　复制并旋转图形

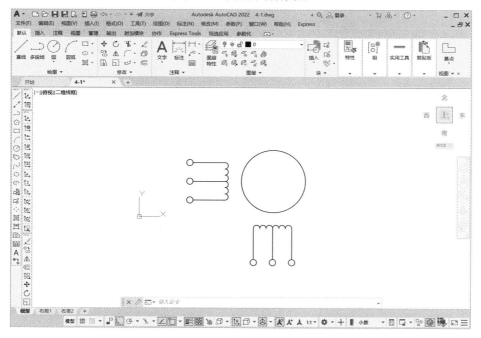

图 4-65　电机符号图形结果

4.3.2 绘制桥式电路范例

 本范例完成文件：范例文件\第 4 章\4-2.dwg

 多媒体教学路径：多媒体教学→第 4 章→4.3.2 范例

范例分析

本范例是桥式电路的绘制，是在二维图形绘制的基础上，进行图形编辑，包括旋转、复制、镜像和修剪等操作。

范例操作

01 新建一个文件后，单击【默认】选项卡【绘图】组中的【矩形】按钮，绘制 10×10 的矩形，如图 4-66 所示。

02 单击【默认】选项卡【绘图】面板中的【直线】按钮，绘制长度为 1 的两条斜线，角度分别为 60°和 120°，然后将其封闭成为三角形，如图 4-67 所示。

图 4-66 绘制矩形

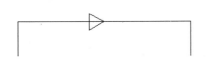

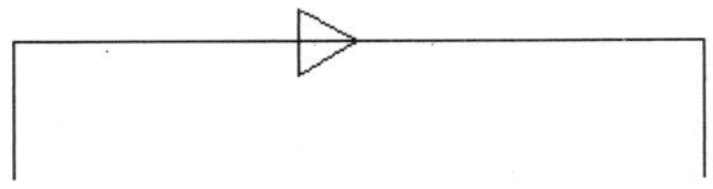

图 4-67 绘制三角形

03 使用【直线】工具，在三角形端头绘制直线，如图 4-68 所示。

04 使用【复制】工具和【旋转】工具，将三角形和直线进行复制并旋转，如图 4-69 所示。

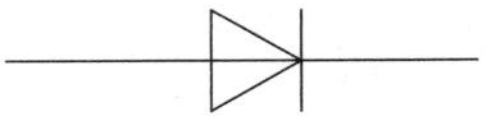

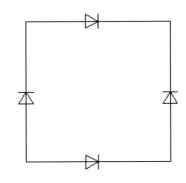

图 4-68 绘制直线

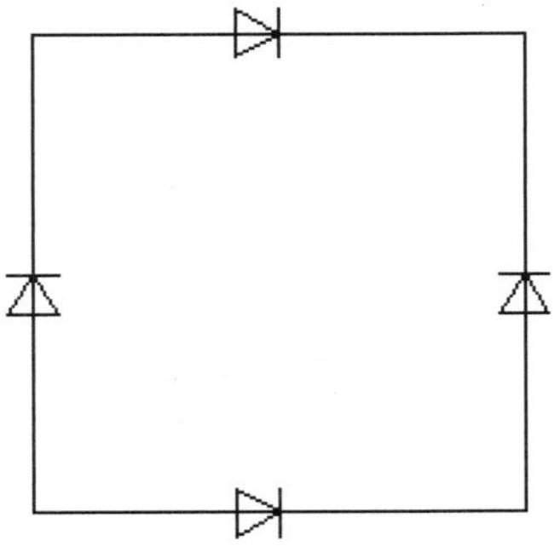

图 4-69 复制并旋转图形

05 单击【修改】面板中的【旋转】按钮，将整个图形旋转-45°，如图 4-70 所示。

06 单击【默认】选项卡【绘图】面板中的【直线】按钮，绘制直线图形，如图 4-71 所示。

第
4
章

编
辑
电
气
二
维
图
形

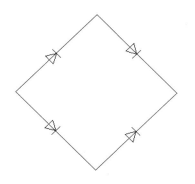

图 4-70　旋转整个图形

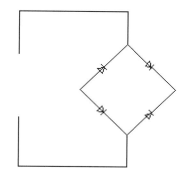

图 4-71　绘制直线图形

07 单击【默认】选项卡【绘图】面板中的【圆弧】按钮，绘制圆弧，如图 4-72 所示。

08 单击【默认】选项卡【修改】面板中的【镜像】按钮，镜像图形，如图 4-73 所示。

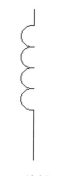

图 4-72　绘制圆弧

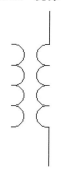

图 4-73　镜像图形

09 单击【默认】选项卡【绘图】面板中的【直线】按钮，绘制竖直直线，如图 4-74 所示。

10 单击【默认】选项卡【绘图】面板中的【圆】按钮，在左侧绘制半径为 0.2 的圆形，如图 4-75 所示。

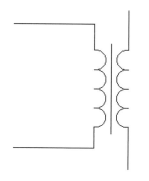

图 4-74　绘制竖直直线

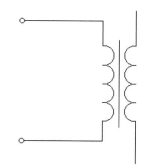

图 4-75　绘制小圆

11 单击【默认】选项卡【绘图】面板中的【直线】按钮，绘制直线图形，如图 4-76 所示。

12 单击【默认】选项卡【绘图】面板中的【矩形】按钮，绘制 1.6×4 的矩形，如

103

图 4-77 所示。

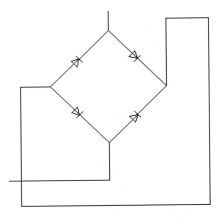

图 4-76　绘制直线图形

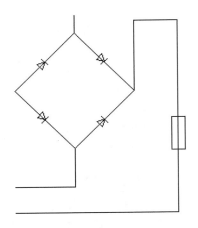

图 4-77　绘制矩形

13 单击【默认】选项卡【修改】面板中的【修剪】按钮　，修剪图形，得到桥式电路图形。至此范例制作完成，结果如图 4-78 所示。

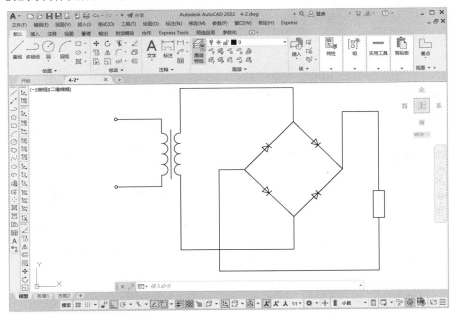

图 4-78　桥式电路图形

4.3.3　绘制自动电路范例

 本范例完成文件： 范例文件\第 4 章\4-3.dwg

 多媒体教学路径： 多媒体教学→第 4 章→4.3.3 范例

范例分析

本范例是绘制自动电路的二维图形，其中会使用一些二维图形编辑操作，主要包括复制和修剪等。

 范例操作

`01` 新建一个文件，单击【默认】选项卡【绘图】面板中的【直线】按钮，绘制水平直线，长度为6。然后使用【圆】工具，绘制半径为0.4的两个圆形，如图4-79所示。

`02` 使用【直线】工具，在上方绘制两条分别为水平和竖直的直线，长度为1，如图4-80所示。

图 4-79　绘制直线和圆形　　　　图 4-80　绘制直线图形

`03` 继续绘制直线图形，然后绘制斜线，角度为60°，如图4-81所示。

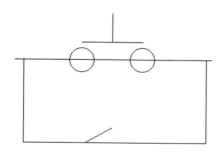

图 4-81　绘制直线和角度线

`04` 单击【默认】选项卡【修改】面板中的【复制】按钮，向右侧复制图形，如图4-82所示。

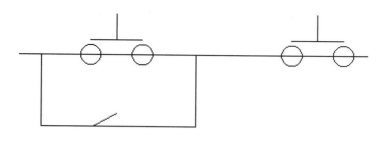

图 4-82　复制图形

`05` 单击【默认】选项卡【修改】面板中的【修剪】按钮，修剪图形，如图4-83所示。

`06` 单击【默认】选项卡【修改】面板中的【移动】按钮，移动图形，如图4-84所示。

`07` 单击【默认】选项卡【绘图】面板中的【直线】按钮，绘制直线图形，如图4-85所示。

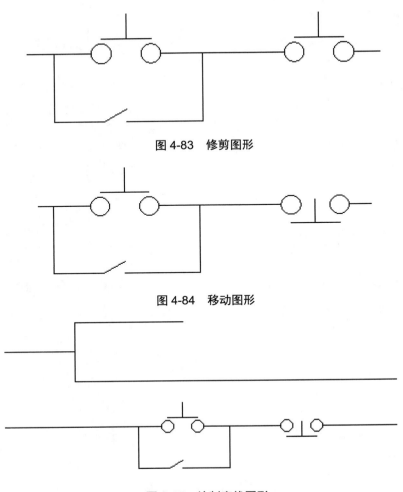

图 4-83　修剪图形

图 4-84　移动图形

图 4-85　绘制直线图形

08　单击【默认】选项卡【修改】面板中的【复制】按钮 ，复制图形，如图 4-86 所示。

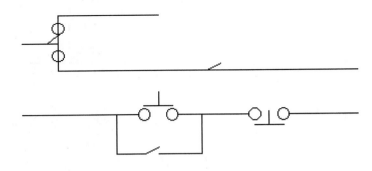

图 4-86　复制图形

09　使用【矩形】工具，绘制一个 3×2 的矩形，如图 4-87 所示。

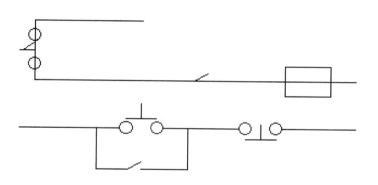

图 4-87　绘制矩形

10 单击【默认】选项卡【修改】面板中的【修剪】按钮，修剪图形，如图 4-88 所示。

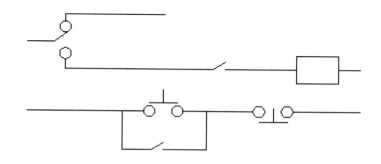

图 4-88　修剪图形

11 使用【直线】工具，绘制连接线图形，如图 4-89 所示。

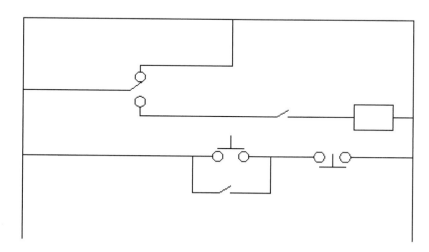

图 4-89　绘制连接线

12 单击【默认】选项卡【修改】面板中的【复制】按钮，复制多个图形，如图 4-90 所示。

107

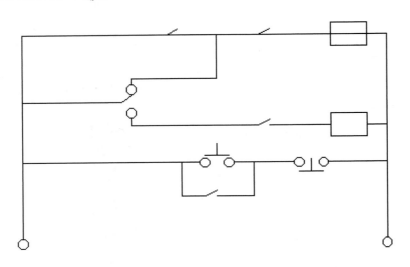

图 4-90　复制多个图形

13 单击【默认】选项卡【修改】面板中的【修剪】按钮 ✂ ，修剪图形，得到自动电路图。至此范例制作完成，结果如图 4-91 所示。

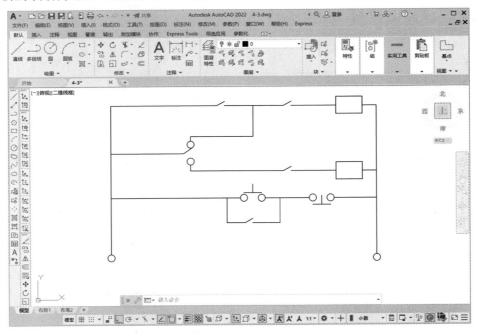

图 4-91　自动电路图

4.4　本章小结

本章主要介绍了 AutoCAD 2022 编辑电气基本图形的一些方法，包括删除、移动、旋转、拉伸、修剪和分解等命令。通过本章学习，读者可以对电气二维图形进行编辑，从而绘制较为复杂的二维图形，进一步提高绘图的效率与准确度。

第5章
复杂电气二维图形

本章导读

　　在绘图时，往往会遇到一些比较复杂的二维曲线，如一些电气元件的流线型外形，这些图形需要通过拟合样条曲线来实现。本章将介绍复杂二维曲线的绘制以及它们的编辑方法。通过本章的学习，读者可以学会如何绘制一些复杂的二维曲线，如多线、多段线和曲线等，以及一些曲线图形的编辑方法。

5.1 创建和编辑多线

多线是工程绘图中常用的一个对象。多线对象由 1～16 条平行线组成，这些平行线称为元素。绘制多线时，可以使用包含两个元素的 STANDARD 样式，也可以指定一个以前创建的样式。开始绘制多线之前，可以修改对正和比例。要修改多线及其元素，可以使用通用编辑命令、多线编辑命令和多线样式。

5.1.1 绘制多线

绘制多线的命令可以同时绘制若干条平行线，大大减轻了用绘制直线的命令绘制平行线的工作量。在机械图形绘制中，该命令常用于绘制厚度均匀零件的剖切面轮廓线或它在某视图上的轮廓线。

1. 绘制多线命令的调用方法

● 在命令行中输入 mline 后按 Enter 键。

● 在菜单栏中，选择【绘图】|【多线】命令。

2. 绘制多线的具体方法

执行【多线】命令后，命令行提示如下：

```
命令: mline
当前设置: 对正 = 上，比例 = 20.00，样式 = STANDARD
```

然后命令行将提示用户"指定起点或 [对正(J)/比例(S)/样式(ST)]"：

```
指定起点或 [对正(J)/比例(S)/样式(ST)]:
```

指定起点后，绘图区如图 5-1 所示。

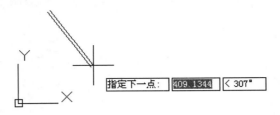

图 5-1 指定起点后绘图区所显示的图形

输入第一点的坐标值后，命令行将提示用户指定下一点：

```
指定下一点:
```

指定下一点时，绘图区如图 5-2 所示。

在 mline 命令下，AutoCAD 默认用户会画第 2 条多线，因此命令行将提示用户"指定下一点或[放弃(U)]"：

```
指定下一点或 [放弃(U)]:
```

第 2 条多线以第 1 条多线的终点为起点，以刚指定的点坐标为终点，画完后单击鼠标右键或按 Enter 键结束。绘制的图形如图 5-3 所示。

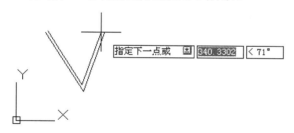

图 5-2　指定下一点时绘图区所显示的图形

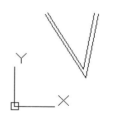

图 5-3　用 mline 命令绘制的多线

在执行【多线】命令时，会显示让用户选择的选项。

- 　【对正】：指定多线的对齐方式。
- 　【比例】：指定多线宽度缩放比例系数。
- 　【样式】：指定多线样式名。

5.1.2　编辑多线

用户可以通过增加、删除顶点或者控制角点连接的显示等来编辑多线，还可以通过编辑多线的样式来改变各个直线元素的属性。

1. 增加或删除多线的顶点

用户可以在多线的任何一处增加或删除顶点。

在命令行中输入 mledit 后按 Enter 键，或者选择【修改】|【对象】|【多线】菜单命令，AutoCAD 将打开如图 5-4 所示的【多线编辑工具】对话框。

图 5-4　【多线编辑工具】对话框

单击如图 5-5 所示的【删除顶点】按钮，选择多线中将要删除的顶点，绘制的图形如图 5-6 和图 5-7 所示。

图 5-5 【删除顶点】按钮

图 5-6 多线中要删除的顶点

2. 编辑相交的多线

如果在图形中有相交的多线，用户能够通过编辑线脚的多线来控制它们相交的方式。多线可以相交成十字形或 T 字形，并且十字形或 T 字形可以闭合、打开或合并。

在命令行中输入 mledit 后按 Enter 键，或者选择【修改】|【对象】|【多线】菜单命令，将打开【多线编辑工具】对话框，单击如图 5-8 所示的【十字合并】按钮。

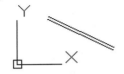

图 5-7 删除顶点后的多线

图 5-8 【十字合并】按钮

此时 AutoCAD 会提示用户选择第一条多线，命令行提示如下：

```
命令: _mledit
选择第一条多线:
```

选择第一条多线时，绘图区如图 5-9 所示。

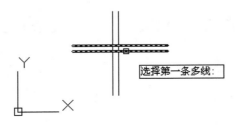

图 5-9 选择第一条多线时绘图区所显示的图形

选择第一条多线后，命令行将提示用户选择第二条多线：

```
选择第二条多线:
```

选择第二条多线时绘图区如图 5-10 所示，绘制的图形如图 5-11 所示。

在【多线编辑工具】对话框中单击如图 5-12 所示的【T 形闭合】按钮，此时 AutoCAD 会提示用户选择第一条多线，命令行提示如下：

```
命令: _mledit
选择第一条多线:
```

选择第一条多线时，绘图区如图 5-13 所示。

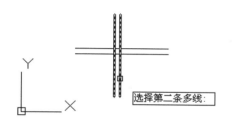

图 5-10　选择第二条多线时绘图区所显示的图形

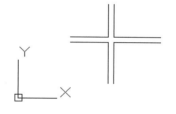

图 5-11　用【十字合并】编辑的相交多线

图 5-12　【T 形闭合】按钮

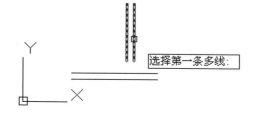

图 5-13　选择第一条多线时绘图区所显示的图形

选择第一条多线后，命令行将提示用户选择第二条多线：

选择第二条多线：

选择第二条多线时绘图区如图 5-14 所示，绘制的图形如图 5-15 所示。

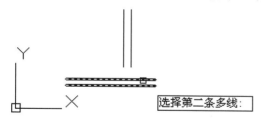

图 5-14　选择第二条多线时绘图区所显示的图形

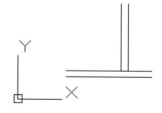

图 5-15　用【T 形闭合】编辑的多线

5.1.3　编辑多线的样式

多线的样式用于控制多线中直线元素的数目、颜色、线型、线宽以及每个元素的偏移量。

1. 编辑多线样式的方法

在命令行中输入 mlstyle 后按 Enter 键，或者选择【格式】|【多线样式】菜单命令，打开如图 5-16 所示的【多线样式】对话框。在此对话框中，可以对多线进行编辑，如新建、修改、重命名、删除、加载、保存。

2. 【多线样式】对话框中的主要参数

1) 【样式】列表框

显示当前多线样式的名称，该样式将在后续创建的多线中用到。【样式】列表框中显示

图 5-16　【多线样式】对话框

已加载到图形中的多线样式。【样式】列表框中还可以包含外部参照的多线样式，即存在于外部参照图形中的多线样式。

不能将外部参照中的多线样式设置为当前样式。

2）【重命名】按钮

该按钮用来重命名当前选定的多线样式。注意，不能重命名 STANDARD 多线样式。

3）【删除】按钮

该按钮用来从【样式】列表框中删除当前选定的多线样式。此操作并不会删除 MLN(多线库)文件中的样式，也不能删除 STANDARD 多线样式、当前多线样式或正在使用的多线样式。

4）【加载】按钮

单击【加载】按钮会显示如图 5-17 所示的【加载多线样式】对话框，可以从指定的 MLN 文件加载多线样式。

5）【保存】按钮

该按钮用来将多线样式保存或复制到 MLN 文件中。如果指定了一个已存在的 MLN 文件，新样式定义将添加到此文件中，并且不会删除其中已有的样式。

图 5-17　【加载多线样式】对话框

5.2　创建和编辑二维多段线

多段线是作为单个对象创建的相互连接的序列线段。它可以创建直线段、弧线段或两者的组合线段，还可以使用其他编辑工具修改多段线对象的形状，也可以合并多个独立的多段线。

5.2.1　创建多段线

多段线是指由相互连接的直线段或直线段与圆弧的组合作为单一对象使用。可以一次性编辑多段线，也可以分别编辑各线段。用【多段线】命令可以生成任意宽度的直线，任意形状、任意宽度的曲线，或者二者的结合体。机械图形绘制中如果已知零件复杂轮廓(直线、曲线混合)的具体尺寸，可方便地用一条【多段线】命令绘制该轮廓，而避免交叉使用直线命令和曲线命令。

1. 绘制多段线命令的调用方法

● 单击【绘图】面板或【绘图】工具栏中的【多段线】按钮。
● 在命令行中输入 pline 后按 Enter 键。
● 在菜单栏中，选择【绘图】|【多段线】命令。

2. 绘制多段线的具体方法

选择【多段线】命令后，命令行将提示用户"指定起点"，命令行提示如下：

```
命令：_pline
指定起点：
当前线宽为 0.0000
```

指定起点后绘图区如图 5-18 所示。

在输入起点坐标值后，命令行将提示用户"指定下一个点或 [圆弧(A)/半宽(H)/长度(L)/放弃(U)/宽度(W)]"，命令行的提示如下：

```
指定下一个点或 [圆弧(A)/半宽(H)/长度(L)/放弃(U)/宽度(W)]：A
```

指定圆弧后，绘图区如图 5-19 所示。

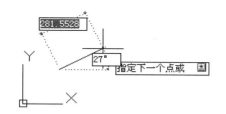

图 5-18　指定起点后绘图区所显示的图形　　　图 5-19　指定圆弧后绘图区所显示的图形

指定圆弧后，命令行将提示用户"指定圆弧的端点或[角度(A)/圆心(CE)/方向(D)/半宽(H)/直线(L)/半径(R)/第二个点(S)/放弃(U)/宽度(W)]"：

```
指定圆弧的端点或
[角度(A)/圆心(CE)/方向(D)/半宽(H)/直线(L)/半径(R)/第二个点(S)/放弃(U)/宽度(W)]：
ce
```

指定圆心时，绘图区如图 5-20 所示。

指定圆心后，命令行将提示用户"指定圆弧的圆心"：

```
指定圆弧的圆心：
```

指定圆弧的圆心后，绘图区如图 5-21 所示。

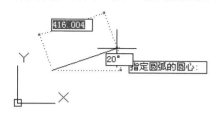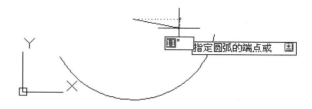

图 5-20　指定圆心时绘图区所显示的图形　　　图 5-21　指定圆弧的圆心后绘图区所显示的图形

指定圆心后，命令行将提示用户"指定圆弧的端点或 [角度(A)/长度(L)]"：

```
指定圆弧的端点或 [角度(A)/长度(L)]：
```

指定圆弧的端点时，绘图区如图 5-22 所示。

输入数值后，命令行提示用户"指定圆弧的端点或[角度(A)/圆心(CE)/闭合(CL)/方向(D)/半宽(H)/直线(L)/半径(R)/第二个点(S)/放弃(U)/宽度(W)]"：

> 指定圆弧的端点或
> [角度(A)/圆心(CE)/闭合(CL)/方向(D)/半宽(H)/直线(L)/半径(R)/第二个点(S)/放弃(U)/宽度(W)]：

最后绘制的图形如图 5-23 所示。

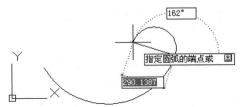

图 5-22 指定圆弧的端点时绘图区所显示的图形　　　图 5-23 用 pline 命令绘制的图形

在执行【多段线】命令时，会显示让用户选择的选项。

- 　【圆弧的端点】：绘制弧线段。弧线段从多段线上一段的最后一点开始并与多段线相切。
- 　【角度】：指定弧线段从起点开始的包含角。输入正数将按逆时针方向创建弧线段，输入负数将按顺时针方向创建弧线段。
- 　【圆心】：指定弧线段的圆心。
- 　【闭合】：用弧线段将多段线闭合。
- 　【方向】：指定弧线段的起始方向。
- 　【半宽】：指定从具有一定宽度的多段线线段的中心到其一边的宽度。
- 　【直线】：退出圆弧选项并返回 pline 命令的初始提示。
- 　【半径】：指定弧线段的半径。
- 　【第二个点】：指定三点圆弧的第二点和端点。
- 　【放弃】：删除最近一次添加到多段线上的弧线段。
- 　【宽度】：指定下一直线段或弧线段的起始宽度。

5.2.2 编辑多段线

AutoCAD 可以通过闭合和打开多段线，以及移动、添加或删除单个顶点来编辑多段线；可以在任何两个顶点之间拉直多段线，也可以切换线型以便在每个顶点前或后显示虚线；可以为整个多段线设置统一的宽度，也可以分别控制各个线段的宽度；还可以通过多段线创建线性近似样条曲线。

1. 多段线的标准编辑

以下两种方式可以实现编辑多段线的操作。

- 　在命令行中输入 pedit 后按 Enter 键。
- 　在菜单栏中，选择【修改】|【对象】|【多段线】命令。

执行【多段线】命令后，在命令行中出现如下信息提示用户选择多段线：

```
选择多段线或 [多条(M)]：
```

选择多段线后，AutoCAD 会出现以下信息提示用户选择编辑方式：

```
输入选项
输入选项 [闭合(C)/合并(J)/宽度(W)/编辑顶点(E)/拟合(F)/样条曲线(S)/非曲线化(D)/线型生成(L)/反转(R)/放弃(U)]：
```

以上这些编辑方式的含义分别如下。

- 【闭合】：创建闭合的多段线，连接最后一条线段与第一条线段。除非使用【闭合】选项闭合多段线，否则将会认为多段线是开放的。
- 【合并】：将直线、圆弧或多段线添加到开放的多段线的端点，并从曲线拟合多段线中删除曲线拟合。要将对象合并至多段线，其端点必须接触。
- 【宽度】：为整个多段线指定新的统一宽度。可使用【编辑顶点】选项中的【宽度】选项修改线段的起点宽度和端点宽度，前后效果如图 5-24 和图 5-25 所示。

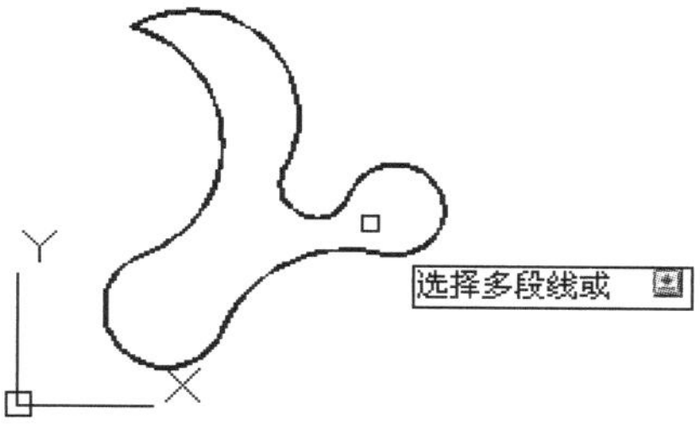

图 5-24　选定的多段线

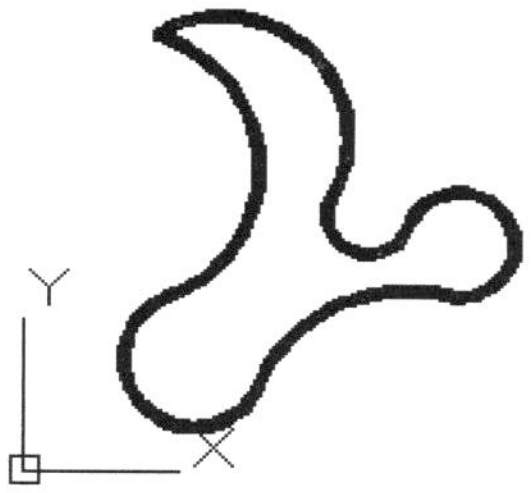

图 5-25　为整个多段线指定新的统一宽度后的图形

- 【编辑顶点】：通过在屏幕上绘制 *X* 来标记多段线的第一个顶点。如果已指定此顶点的切线方向，则在此方向上绘制箭头。
- 【拟合】：创建连接每一对顶点的平滑圆弧曲线。曲线经过多段线的所有顶点并使用指定的切线方向。
- 【样条曲线】：将选定多段线的顶点用作样条曲线拟合多段线的控制点或边框。除非原始多段线闭合，否则曲线经过第一个和最后一个控制点，前后效果如图 5-26 和图 5-27 所示。

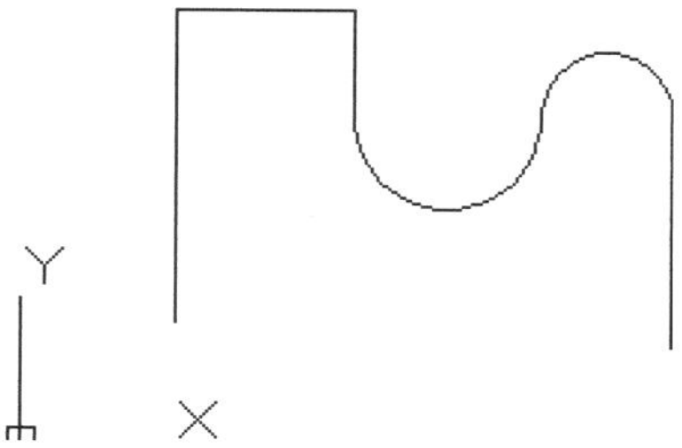

图 5-26　多段线

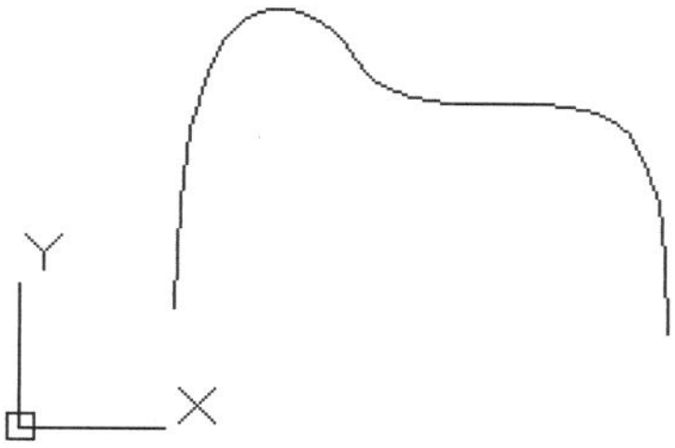

图 5-27　将多段线编辑为样条曲线后的图形

- 【非曲线化】：删除圆弧拟合或样条曲线拟合多段线插入的其他顶点并拉直多段线的所有线段。
- 【线型生成】：生成通过多段线顶点的连续图案的线型。此选项关闭时，将生成开始和末端的顶点处为虚线的线型。

2. 多段线的倒角

除了以上的标准编辑外，还可以对多段线进行倒角处理。倒角处理基本上与相交直线的倒角相同。

用【多段线】命令绘制出图形，如图 5-28 所示。

选择【倒角】命令。可以单击【修改】面板中的【倒角】按钮，也可以在命令行中输入 chamfer 后按 Enter 键，还可以选择【修改】|【倒角】菜单命令。执行【倒角】命令后，命令行的提示如下：

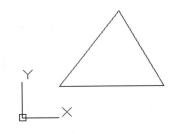

图 5-28　用【多段线】命令绘制的图形

```
命令：_chamfer
（"修剪"模式）当前倒角距离 1 = 0.0000，距离 2 = 0.0000
选择第一条直线或 [放弃(U)/多段线(P)/距离(D)/角度(A)/修剪(T)/方式(E)/多个(M)]：a
指定第一条直线的倒角长度 <0.0000>：30
指定第一条直线的倒角角度 <0>：30
选择第一条直线或 [放弃(U)/多段线(P)/距离(D)/角度(A)/修剪(T)/方式(E)/多个(M)]：p
选择二维多段线：
3 条直线已被倒角
```

倒角后的多段线如图 5-29 所示。

3. 多段线的倒圆角

多段线的倒圆角处理与一般的倒圆角处理基本相同。

用【多段线】命令绘制出图形，如图 5-30 所示。

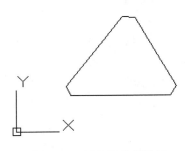

图 5-29　倒角后的多段线

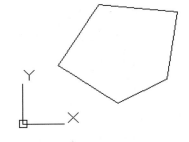

图 5-30　倒圆角前的多段线

选择【圆角】命令，可以单击【修改】面板中的【圆角】按钮，也可以在命令行中输入 fillet 后按 Enter 键，还可以选择【修改】|【圆角】菜单命令。执行【圆角】命令后，命令行的提示如下：

```
命令：_fillet
当前设置：模式 = 修剪，半径 = 0.0000
选择第一个对象或 [放弃(U)/多段线(P)/半径(R)/修剪(T)/多个(M)]：r
指定圆角半径 <0.0000>：40
选择第一个对象或 [放弃(U)/多段线(P)/半径(R)/修剪(T)/多个(M)]：p
选择二维多段线：
5 条直线已被圆角
```

倒圆角后的多段线如图 5-31 所示。

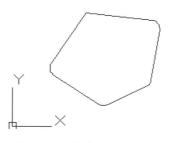

图 5-31　倒圆角后的多段线

5.3　创建修订云线

修订云线是由连续圆弧组成的多段线，用于在检查阶段提醒用户注意图形的某个部分。

在检查或用红线圈阅图形时，可以使用修订云线功能亮显标记以提高工作效率。用户可以选择修订云线类型，如【矩形】、【多边形】或【徒手画】。如果选择【徒手画】类型，修订云线看起来像是用画笔绘制的。

可以从头开始创建修订云线，也可以将对象(例如圆、椭圆、多段线或样条曲线)转换为修订云线。将对象转换为修订云线时，如果 DELOBJ 设置为 1(默认值)，原始对象将被删除。

可以为修订云线的弧长设置默认的最小值和最大值。绘制修订云线时，可以用拾取点选择较短的弧线段来更改圆弧的大小，也可以通过调整拾取点来编辑修订云线的单个弧长和弦长。

修订云线会存储上一次使用的圆弧长度作为多个 DIMSCALE 系统变量的值，这样，就可以统一使用不同比例因子的图形。

在执行此命令之前，要能看见需使用修订云线添加轮廓的整个区域。修订云线不支持透明以及实时平移和缩放。

下面介绍几种创建修订云线的方法。

5.3.1　使用【矩形】或【多边形】类型创建修订云线

首先使用下面 3 种方法以【矩形】或【多边形】类型创建修订云线。

- 单击【绘图】面板中的【矩形修订云线】按钮或【多边形修订云线】按钮。
- 在命令行中输入 revcloud 后按 Enter 键。
- 在菜单栏中，选择【绘图】|【修订云线】命令。

下面以【矩形】类型为例介绍创建修订云线的具体方法。

执行【修订云线】命令后，命令行的提示如下：

```
命令：_revcloud
最小弧长：217.6955　最大弧长：435.3909　样式：普通　类型：矩形
指定第一个角点或 [弧长(A)/对象(O)/矩形(R)/多边形(P)/徒手画(F)/样式(S)/修改(M)] <对象>：_R
指定第一个角点或 [弧长(A)/对象(O)/矩形(R)/多边形(P)/徒手画(F)/样式(S)/修改(M)] <对象>：
```

使用【矩形】类型创建的修订云线如图 5-32 所示。

图 5-32　使用【矩形】类型创建的修订云线

提示　　默认的弧长最小值和最大值为 0.5000 个单位。弧长的最大值不能超过最小值的三倍。可以随时按 Enter 键停止绘制修订云线。要闭合修订云线，可返回到它的起点。

5.3.2　使用【徒手画】类型创建修订云线

首先使用下面 3 种方法以【徒手画】类型创建修订云线。

● 单击【绘图】面板中的【徒手画修订云线】按钮☁。
● 在命令行中输入 revcloud 后按 Enter 键。
● 在菜单栏中，选择【绘图】|【修订云线】命令。

下面介绍创建修订云线的具体方法。

执行【修订云线】命令后，命令行的提示如下：

```
命令：_revcloud
最小弧长：15　最大弧长：15　样式：普通　类型：徒手画
指定第一个点或 [弧长(A)/对象(O)/矩形(R)/多边形(P)/徒手画(F)/样式(S)/修改(M)] <对象>：a
指定最小弧长 <0.5>：1
指定最大弧长 <1>：
指定第一个点或 [弧长(A)/对象(O)/矩形(R)/多边形(P)/徒手画(F)/样式(S)/修改(M)] <对象>：s
选择圆弧样式 [普通(N)/手绘(C)] <普通>：n
普通
指定第一个点或 [弧长(A)/对象(O)/矩形(R)/多边形(P)/徒手画(F)/样式(S)/修改(M)] <对象>：
沿云线路径引导十字光标....
修订云线完成。
```

使用【徒手画】类型创建的修订云线如图 5-33 所示。

5.3.3 将对象转换为修订云线

首先绘制一个要转换为修订云线的圆、椭圆、多段线或样条曲线，然后使用下面 3 种方法将对象转换为修订云线。

- 单击【绘图】面板中的【徒手画修订云线】按钮🜄。
- 在命令行中输入 revcloud 后按 Enter 键。
- 在菜单栏中，选择【绘图】|【修订云线】命令。

图 5-33　使用【徒手画】类型创建的修订云线

下面介绍将对象转换为修订云线的具体方法。

在这里我们绘制一个圆形并转换为修订云线，如图 5-34 所示。

执行【修订云线】命令后，命令行的提示如下：

```
命令：_revcloud
最小弧长：30　最大弧长：30　样式：普通　类型：徒手画
指定第一个点或 [弧长(A)/对象(O)/矩形(R)/多边形(P)/徒手画(F)/样式(S)/修改(M)] <对象>：a
指定最小弧长 <30>：60
指定最大弧长 <60>：60
指定第一个点或 [弧长(A)/对象(O)/矩形(R)/多边形(P)/徒手画(F)/样式(S)/修改(M)] <对象>：o
选择对象：
选择对象：
反转方向 [是(Y)/否(N)] <否>：N
修订云线完成。
```

这样即可将圆转换为修订云线，如图 5-35 所示。

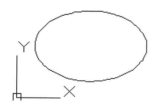

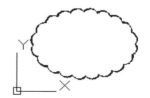

图 5-34　将要转换为修订云线的圆

图 5-35　将圆转换为修订云线

将多段线转换为修订云线，如图 5-36 和图 5-37 所示。

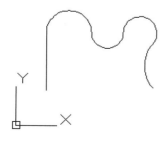

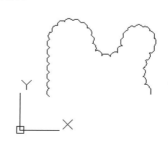

图 5-36　多段线

图 5-37　多段线转换为修订云线

5.4 创建与编辑样条曲线

样条曲线是经过或接近一系列给定点的光滑曲线，它可以控制曲线与点的拟合程度，可以通过指定点来创建样条曲线；也可以封闭样条曲线，使起点和端点重合。附加编辑选项可用于修改样条曲线对象的形状。除了在大多数对象上使用的一般编辑操作外，编辑样条曲线时还可以使用更多选项。

5.4.1 创建样条曲线

样条曲线适合制作不规则的曲线，如汽车、飞机设计或地理信息系统所涉及的曲线。虽然用户可以通过进行多段线的平滑处理来绘制近似于样条曲线的线条，但是真正的样条曲线与之相比具有更多的优点。

用户可以通过以下几种方法绘制样条曲线。

- 单击【绘图】面板中的【样条曲线拟合】按钮 ∿ 或【样条曲线控制点】按钮 ∿。
- 单击【绘图】工具栏中的【样条曲线】按钮 ∿。
- 在命令行中输入 spline 后按 Enter 键。
- 在菜单栏中，选择【绘图】|【样条曲线】命令。

执行【样条曲线】命令后，AutoCAD 提示用户指定第一个点：

```
命令: _spline
当前设置: 方式=拟合   节点=弦
指定第一个点或 [方式(M)/节点(K)/对象(O)]:
```

指定第一个点后，绘图区如图 5-38 所示。

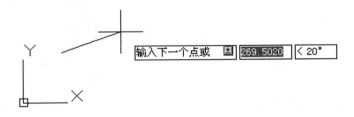

图 5-38   指定第一个点后绘图区所显示的图形

指定第一个点后 AutoCAD 提示用户指定下一点：

```
输入下一个点或 [起点切向(T)/公差(L)]:
```

指定下一点时，绘图区如图 5-39 所示。

图 5-39   指定下一点时绘图区所显示的图形

指定下一点后，AutoCAD 提示用户指定下一点：

输入下一个点或 [端点相切(T)/公差(L)/放弃(U)/闭合(C)]：

指定下一点后，绘图区如图 5-40 所示。

图 5-40　指定下一点后绘图区所显示的图形

指定下一点后 AutoCAD 再次提示用户指定下一点：

输入下一个点或 [端点相切(T)/公差(L)/放弃(U)/闭合(C)]：

指定下一点后，绘图区如图 5-41 所示。

图 5-41　指定下一点后绘图区所显示的图形

单击鼠标右键或按 Enter 键，用【样条曲线】命令绘制的图形如图 5-42 所示。

下面将对命令行中的其他选项进行介绍。

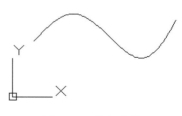

图 5-42　样条曲线

- 【闭合】：在命令行中输入 C 后，AutoCAD 会自动将最后一点定义为与第一点一致，并且使它们在连接处相切。输入 C 后，在命令行中会要求用户选择切线方向，如图 5-43 所示。拖动鼠标，确定切线方向，在达到合适的位置时单击鼠标左键或者按 Enter 键，绘制的闭合样条曲线如图 5-44 所示。

- 【公差】：在命令行中输入 L 后，AutoCAD 会提示用户确定拟合公差的大小。用户可以在命令行中输入一定的数值来定义拟合公差的大小。如图 5-45 和图 5-46 所示即为拟合公差分别为 0 和 15 时的不同样条曲线。

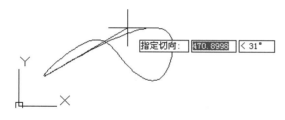

图 5-43　选择【闭合】选项后绘图区所显示的图形

图 5-44　绘制的闭合样条曲线

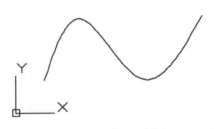

图 5-45　拟合公差为 0 时的样条曲线

图 5-46　拟合公差为 15 时的样条曲线

5.4.2　编辑样条曲线

用户能够删除样条曲线的拟合点，也可以为提高精度增加拟合点或改变样条曲线的形状。这里所说的精确度是指样条曲线和拟合点的允差。允差越小，精确度越高。用户还能够将样条曲线封闭或打开，以及编辑起点和终点的切线方向。样条曲线的方向是双向的，其切向是可以改变的。

通过在一段样条曲线中增加控制点的数目或改变指定的控制点的密度可以提高样条曲线的精确度。

可以通过以下 3 种方式执行【编辑样条曲线】命令。

● 单击【修改】面板中的【编辑样条曲线】按钮。

● 在命令行中输入 splinedit 后按 Enter 键。

● 在菜单栏中，选择【修改】|【对象】|【样条曲线】命令。

执行【编辑样条曲线】命令后，命令行提示用户选择样条曲线：

```
命令：_splinedit
选择样条曲线：
```

选择样条曲线后，AutoCAD 会提示用户选择下面的一个选项作为用户下一步的操作，命令行提示如下：

```
输入选项 [闭合(C)/合并(J)/拟合数据(F)/编辑顶点(E)/转换为多段线(P)/反转(R)/放弃(U)/退出
(X)] <退出>：
```

下面介绍以上部分选项的含义。

● 【拟合数据】：编辑定义样条曲线的拟合点数据，包括修改公差。在命令行中输入
F 后，按 Enter 键选择此项，会提示用户选择某一项操作，然后绘图区中绘制此样条
曲线的插值点会自动高亮显示：

```
输入拟合数据选项
[添加(A)/闭合(C)/删除(D)/扭折(K)/移动(M)/清理(P)/切线(T)/公差(L)/退出(X)] <退出>：
```

上面选项的说明如表 5-1 所示。

● 【闭合】：使样条曲线的始末闭合，闭合的切线方向由 AutoCAD 根据始末的切线方
向自定。

● 【转换为多段线】：将样条曲线转换为多线段。

● 【编辑顶点】：在命令行中输入 E 后，按 Enter 键，命令行会提示用户选择某一项
操作：

输入顶点编辑选项 [添加(A)/删除(D)/提高阶数(E)/添加折点(K)/移动(M)/权值(W)/退出(X)] <退出>：

表 5-1　拟合数据选项及其说明

选　项	说　明
添加	在样条曲线外部增加插值点
闭合	闭合样条曲线
删除	从外至内删除插值点
扭折	在样条曲线上添加点
移动	移动插值点
清理	清除拟合数据
切线	调整起点和终点切线方向
公差	调整插值的公差
退出	退出此操作(默认选项)

如表 5-2 所示为部分选项的含义。

表 5-2　顶点编辑的部分选项及其含义

选　项	含　义
添加折点	增加插值点
提高阶数	更改插值次数(如该二次插值为三次插值等)
权值	更改样条曲线的磅值(磅值越大，越接近插值点)
退出	退出此操作

- 【反转】：主要是为第三方应用程序使用的，用来转换样条曲线的方向。
- 【放弃】：取消最后一步操作。

5.5　图　案　填　充

许多绘图软件都可以用一个图案填充图形的某些区域。AutoCAD 也不例外，它常用不同填充图案来区分工程的部件或表现组成对象的材质。例如，对建筑装潢制图中的地面或建筑断层面用特定的图案来表现。

5.5.1　建立图案填充

在对图形进行图案填充时，可以使用预定义的填充图案，也可以使用当前线型定义简单的填充图案，还可以创建复杂的填充图案。另外，也可以创建渐变填充(渐变是指在一种颜色的不同灰度之间或两种颜色之间进行过渡)。

执行【图案填充】命令的方法如下。

- 单击【绘图】面板或【绘图】工具栏中的【图案填充】按钮 。
- 在命令行中输入 bhatch 后按 Enter 键。

- 在菜单栏中，选择【绘图】|【图案填充】命令。

5.5.2　图案填充的参数设置

执行【图案填充】命令后，将打开如图 5-47 所示的【图案填充创建】选项设置面板。用户可以在该选项设置面板中进行参数的快捷设置，也可单击【选项】面板中的【图案填充设置】按钮，打开如图 5-48 所示的【图案填充和渐变色】对话框进行参数设置。下面介绍【图案填充和渐变色】对话框中的主要参数。

图 5-47　【图案填充创建】选项设置面板

图 5-48　【图案填充和渐变色】对话框

1．【图案填充】选项卡

此选项卡用来定义要应用的填充图案的外观，其中主要参数介绍如下。

1)【类型和图案】选项组

【类型和图案】选项组用来指定图案填充的类型和图案，主要包括以下内容。

- 【类型】：该下拉列表框用来设置图案类型。其中自定义图案是在 PAT 文件中定义的图案，这些文件已添加到搜索路径中。如图 5-49 所示为【类型】下拉列表。

图 5-49　【类型】下拉列表

- 【图案】：该下拉列表框列出了可用的预定义图案。最近使用的六个用户预定义图案出现在列表的顶部。HATCH 将选定的图案存储在 HPNAME 系统变量中。只有将【类型】下拉列表框设置为【预定义】，【图案】下拉列表框才可用。单击后面的按钮，会弹出【填充图案选项板】对话框，从中可以同时查看所有预定义图案的预览图像，这将有助于用户做出更合适的选择，如图 5-50 所示。

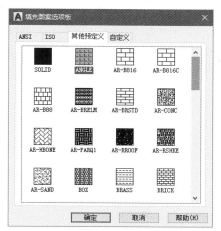

图 5-50　【填充图案选项板】对话框

- 【颜色】：该下拉列表框使用填充图案和实体填充的指定颜色替代当前颜色，选定的颜色存储在 HPCOLOR 系统变量中。
- 【样例】：显示选定图案的预览图像。单击【样例】框将弹出【填充图案选项板】对话框。
- 【自定义图案】：该下拉列表框列出了可用的自定义图案，只有在【类型】下拉列表框中选择【自定义】选项才可用。单击后面的 按钮可以打开【填充图案选项板】对话框，从中可以查看所有自定义图案的预览图像，这将有助于用户做出更合适的选择。

2) 【角度和比例】选项组

【角度和比例】选项组用来指定选定填充图案的角度和比例，主要包括以下参数。

- 【角度】：该下拉列表框用来指定填充图案的角度(相对当前 UCS 坐标系的 X 轴)。
- 【比例】：该下拉列表框用来放大或缩小预定义或自定义图案。只有将【类型】下拉列表框设置为【预定义】或【自定义】，此下拉列表框才可用。
- 【双向】：对于用户定义的图案，将绘制第二组直线，这些直线与原来的直线成 90 度角，从而构成交叉线。只有将【类型】下拉列表框设置为【用户定义】时，该复选框才可用。
- 【相对图纸空间】：相对于图纸空间按比例缩放填充图案。选中此复选框，可很容易地以适合于布局的比例显示填充图案。该复选框仅适用于布局。
- 【间距】：该文本框指定用户定义图案中的直线间距。只有将【类型】下拉列表框设置为【用户定义】，该文本框才可用。
- 【ISO 笔宽】：基于选定笔宽缩放 ISO 预定义图案。只有将【类型】下拉列表框设置为【预定义】，并将【图案】下拉列表框设置为可用的 ISO 图案，此选项才可用。

3) 【图案填充原点】选项组

该选项组用来控制填充图案生成的起始位置。默认情况下，所有图案填充原点都对应于当前的 UCS 原点，主要包括以下参数。

- 【使用当前原点】：使用存储在 HPORIGINMODE 系统变量中的参数进行设置，默认情况下，原点设置为(0,0)。
- 【指定的原点】：指定新的图案填充原点，选中该单选按钮，可用选项如下。
  - ◆ 【单击以设置新原点】：该图标用来直接指定新的图案填充原点。
  - ◆ 【默认为边界范围】：该复选框用来基于图案填充的矩形范围计算出新原点。
  - ◆ 【存储为默认原点】：该复选框用来将新图案填充原点的值存储在 HPORIGIN 系统变量中。

4) 【边界】选项组

该选项组用来确定对象的边界，主要包括以下参数。

- 【添加:拾取点】：该图标根据围绕指定点构成封闭区域的现有对象确定边界。单击该按钮后，对话框将暂时关闭，系统将提示用户拾取一个点。如图 5-51 所示为使用【添加:拾取点】图标完成的图案填充。

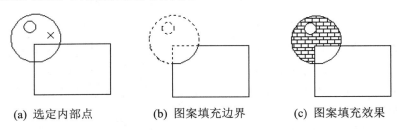

(a) 选定内部点　　　　(b) 图案填充边界　　　　(c) 图案填充效果

图 5-51　使用【添加:拾取点】图标完成的图案填充

- 【添加:选择对象】：该图标根据构成封闭区域的选定对象确定边界。单击该按钮后，对话框将暂时关闭，系统将提示用户选择对象。如图 5-52 所示为使用【添加:选择对象】图标完成的图案填充。如图 5-53 所示为选定边界内的对象后的图案填充效果。

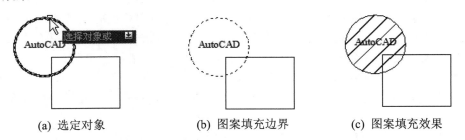

(a) 选定对象　　　　(b) 图案填充边界　　　　(c) 图案填充效果

图 5-52　使用【添加:选择对象】图标完成的图案填充

- 【删除边界】：从边界定义中删除以前添加的对象。
- 【重新创建边界】：围绕选定的图案填充或其他填充对象创建多段线或面域，并使其与图案填充对象相关联。
- 【查看选择集】：单击该图标后，暂时关闭对话框，并使用当前的图案填充或填充设置显示当前定义的边界。如果未定义边界，则此图标不可用。

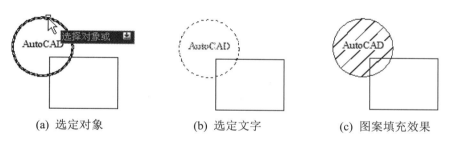

| (a) 选定对象 | (b) 选定文字 | (c) 图案填充效果 |

图 5-53　选定边界内对象后的图案填充效果

5)【选项】选项组

该选项组用来控制几个常用的图案填充或其他填充选项，主要包括以下内容。

● 【注释性】：该复选框控制图形注释的特性。

● 【关联】：该复选框控制图案填充或其他填充的关联。关联的图案填充或其他填充
在用户修改其边界时将会更新。

● 【创建独立的图案填充】：该复选框控制当指定了几个独立的闭合边界时，是创建
单个图案填充对象，还是创建多个图案填充对象。

● 【绘图次序】：该下拉列表框为图案填充或其他填
充指定绘图次序。图案填充可以放在所有其他对象
之后、所有其他对象之前、图案填充边界之后或图
案填充边界之前。如图 5-54 所示为【绘图次序】下
拉列表。

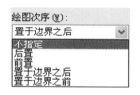

图 5-54　【绘图次序】下拉列表

● 【图层】：该下拉列表框为指定的图层指定新图案
填充对象，替代当前图层。选择【使用当前项】选项可使用当前图层。

● 【透明度】：该下拉列表框设定新图案填充或其他填充的透明度，替代当前对象的
透明度。选择【使用当前项】可使用当前对象的透明度进行设置。

● 【继承特性】：该图标使用选定对象的图案填充或填充特性对指定的边界进行图案
填充或其他填充。

6)【预览】按钮

单击该按钮后将关闭对话框，并使用当前图案填充设置显示当前定义的边界。如果没有
指定用于定义边界的点，或没有选择用于定义边界的对象，则此按钮不可用。

2.【渐变色】选项卡

下面介绍【渐变色】选项卡中的参数设置，如图 5-55 所示，该选项卡主要用来定义要应
用的渐变填充的外观。

1)【颜色】选项组

该选项组主要包括单色和双色渐变，主要参数设置如下。

● 【单色】：指定使用从较深着色到较浅色调平滑过渡的单色填充。选中【单色】单
选按钮时，对话框将显示带有【着色】与【渐浅】滑块的颜色样本。

● 【双色】：指定在两种颜色之间平滑过渡的双色渐变填充。选中【双色】单选按钮
时，对话框将分别显示颜色 1 和颜色 2 带有浏览按钮的颜色样本。颜色样本用来指
定渐变填充的颜色。单击色块后的[...]按钮可以显示【选择颜色】对话框，如图 5-56

所示，从中可以选择 AutoCAD 颜色索引(ACI)颜色、真彩色或配色系统颜色，显示的默认颜色为图形的当前颜色。

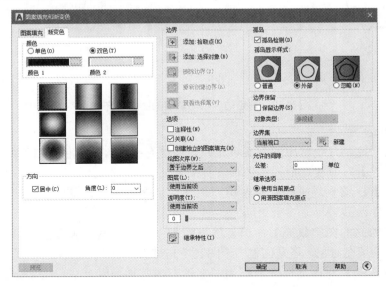

图 5-55 【渐变色】选项卡

 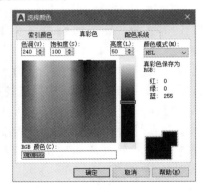

图 5-56 【选择颜色】对话框

2) 渐变图案

显示用于渐变填充的九种固定图案，这些图案包括线性扫掠状、球状和抛物面状图案。

3) 【方向】选项组

该选项组用来指定渐变色的角度以及其是否对称，主要参数设置如下。

● 【居中】：该复选框用来指定对称的渐变配置，如果取消选中此复选框，渐变填充将朝左上方变化。

● 【角度】：该下拉列表框用来指定渐变填充的角度，它相对当前 UCS 指定角度。此选项与指定给图案填充的角度互不影响。

5.5.3 修改图案填充

修改图案填充有以下三种方法。

- 单击【修改】面板中的【修改图案填充】按钮 。
- 在命令行中输入 hatchedit 后按 Enter 键。
- 在菜单栏中，选择【修改】|【对象】|【图案填充】命令。

它可以修改填充图案和填充边界；可以修改实体填充区域，使用的方法取决于实体填充区域是实体图案、二维实面，还是宽多段线或圆环；还可以修改图案填充的绘制顺序。

1. 控制填充图案密度

图案填充可以生成大量的线和点对象。存储为图案填充对象后，这些线和点会占用磁盘空间并要花费一定时间才能生成。如果在填充区域时使用很小的比例因子，图案填充需要成千上万的线和点，因此要花很长时间完成并且很可能耗尽可用资源。通过限定单个 HATCH 命令创建的对象数，可以避免此问题。如果特定图案填充所需对象的大概数量(考虑边界范围、图案和比例)超过了此界限，HATCH 会显示一条信息，指明由于填充比例太小或虚线太短，此图案填充要求被拒绝。如果出现这种情况，应仔细检查图案填充设置，比例因子可能不合理，需要调整。

填充对象限制由存储在系统注册表中的 MaxHatch 环境变量来设置，其默认值是 10000。

2. 更改现有图案填充的特性

可以修改特定图案填充的特性，例如现有图案填充的图案、比例和角度，其方法如下。

- 【图案填充编辑】对话框(建议) 。
- 【特性】选项板。

使用【图案填充编辑】对话框中的【继承特性】按钮，可以将所有特定图案填充的特性(包括图案填充原点)从一个图案填充复制到另一个图案填充。使用【特性】选项板可将基本特性和特定图案填充的特性(除了图案填充原点之外)从一个图案填充复制到另一个图案填充。

还可以使用 EXPLODE 命令将图案填充分解为其部件对象。

3. 修改填充边界

图案填充边界可以被复制、移动、拉伸和修剪等。像处理其他对象一样，使用夹点可以拉伸、移动、旋转、缩放和镜像填充边界以及和它们关联的填充图案。如果所做的编辑保持边界闭合，关联填充会自动更新。如果编辑中生成了开放边界，图案填充将失去边界关联性并保持不变。如果填充图案文件在编辑时不可用，则在编辑填充边界的过程中可能会失去关联性。

可以随时删除图案填充的关联，但一旦删除了现有图案填充的关联，就不能再重建。要恢复关联性，必须重新创建图案填充或者必须创建新的图案填充边界并且边界与此图案填充关联。

如果修剪填充区域并在其中创建一个孔，则该孔与填充区域内的孤岛不同，且填充图案失去关联性。而要创建孤岛，要删除现有填充区域，并用新的边界创建一个新的填充区域。此外，如果修剪填充区域后填充图案文件(PAT)不再可用，则填充区域将消失。

图案填充的关联性取决于是否在【图案填充和渐变色】和【图案填充编辑】对话框中选中【关联】复选框。当原边界被修改时，非关联图案填充将不被更新。

要在非关联或无限图案填充周围创建边界，要在【图案填充和渐变色】对话框中使用【重新创建边界】图标。也可以使用此选项指定新的边界与此图案填充关联。

4．修改实体填充区域

实体填充区域可以表示为：图案填充(使用实体填充图案)，二维实体，渐变填充，宽多段线或圆环。

修改这些实体填充对象的方式与修改任何其他图案填充、二维实面、宽多段线或圆环的方式相同。除了 PROPERTIES 命令外，还可以使用 HATCHEDIT 命令进行实体填充和渐变填充、为二维实面编辑夹点，以及使用 PEDIT 命令编辑宽多段线和圆环。

5．修改图案填充的绘制顺序

编辑图案填充时，可以更改其绘制顺序，使其显示在图案填充边界后面、图案填充边界前面、所有其他对象后面或所有其他对象前面。

5.6　设　计　范　例

5.6.1　绘制高压柜范例

本范例完成文件：范例文件\第 5 章\5-1.dwg

多媒体教学路径：多媒体教学→第 5 章→5.6.1 范例

 范例分析

本范例将介绍高压柜电路图形的绘制方法。其中主要使用矩形和直线等命令绘制图形，然后再进行图案填充，最后绘制连接线路完成范例绘制。熟悉这些命令对绘制电气图形很有帮助。

 范例操作

01 新建一个文件，使用【直线】工具绘制直线图形，如图 5-57 所示。

02 单击【默认】选项卡【绘图】面板中的【矩形】按钮口，绘制两个尺寸均为 0.2×0.4 的矩形，如图 5-58 所示。

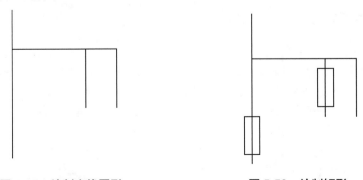

图 5-57　绘制直线图形　　　　图 5-58　绘制矩形

03 单击【默认】选项卡【绘图】组中的【图案填充】按钮 ⧉ ，打开【图案填充和渐变色】对话框，设置相关参数，如图 5-59 所示。然后单击【确定】按钮，填充矩形，如图 5-60 所示。

04 使用【圆】工具，绘制半径为 0.2 的三个圆形，如图 5-61 所示。

图 5-59 【图案填充和渐变色】对话框

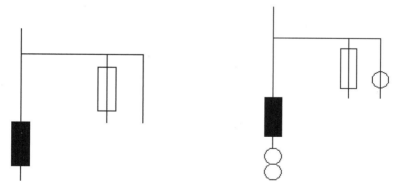

图 5-60 填充图形　　　　图 5-61 绘制圆形

05 使用【直线】工具，绘制直线图形，如图 5-62 所示。

06 单击【默认】选项卡【修改】面板中的【修剪】按钮 ✂ ，修剪图形，如图 5-63 所示。

07 单击【默认】选项卡【注释】面板中的【引线】按钮 ↗ ，添加箭头，如图 5-64 所示。

08 使用【直线】工具，绘制直线图形，如图 5-65 所示。

09 使用【直线】工具绘制斜线，角度为 60°，如图 5-66 所示。

10 单击【默认】选项卡【修改】面板中的【复制】按钮 ⊙⊘ ，复制图形，如图 5-67 所示。

11 绘制并复制圆形，如图 5-68 所示。

12 绘制直线图形，如图 5-69 所示。

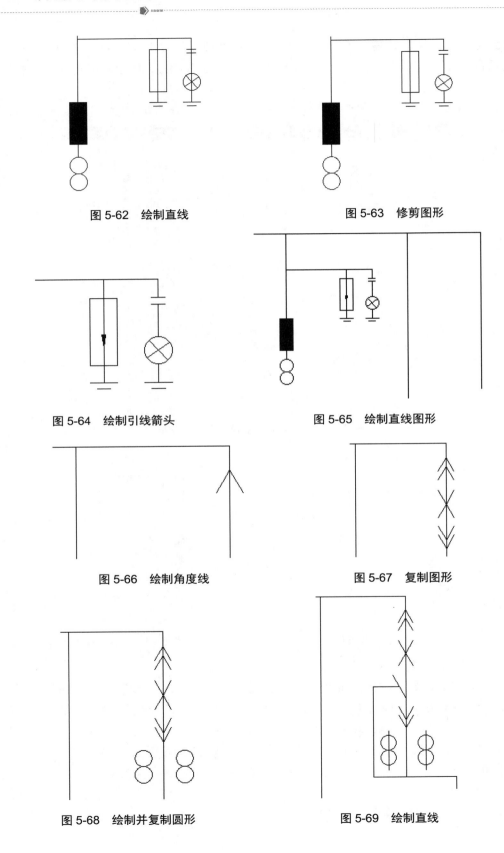

图 5-62　绘制直线　　　　　　　　　　图 5-63　修剪图形

图 5-64　绘制引线箭头　　　　　　　　图 5-65　绘制直线图形

图 5-66　绘制角度线　　　　　　　　　图 5-67　复制图形

图 5-68　绘制并复制圆形　　　　　　　图 5-69　绘制直线

13 单击【默认】选项卡【修改】面板中的【修剪】按钮 ✂，修剪图形，如图 5-70 所示。

14 使用【引线】工具再次添加箭头，如图 5-71 所示。

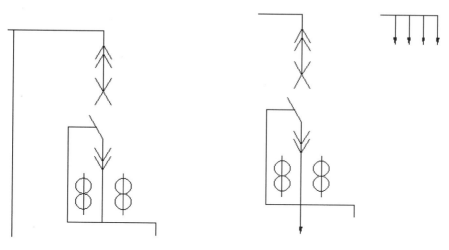

图 5-70　修剪图形　　　　　　　　　　图 5-71　绘制引线箭头

15 使用【直线】工具绘制其余连接直线，得到高压柜图形。至此范例制作完成，结果如图 5-72 所示。

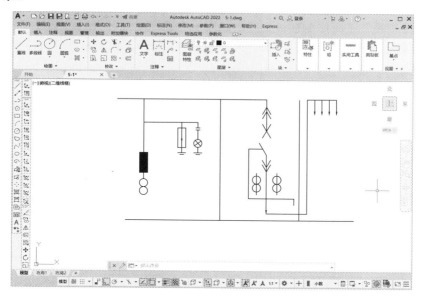

图 5-72　高压柜图形

5.6.2　绘制稳压器范例

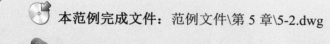 本范例完成文件：范例文件\第 5 章\5-2.dwg

多媒体教学路径：多媒体教学→第 5 章→5.6.2 范例

范例分析

本范例进行稳压器电路的绘制，主要使用矩形、多边形和圆形命令绘制图形，再进行剖面线的图案填充，从而完成范例绘制。

 范例操作

01 使用【矩形】工具绘制一个 3×2 的矩形；然后使用【多边形】工具，绘制三角形，内接圆形半径为 1，如图 5-73 所示。

02 单击【默认】选项卡【注释】面板中的【引线】按钮，添加箭头，如图 5-74 所示。

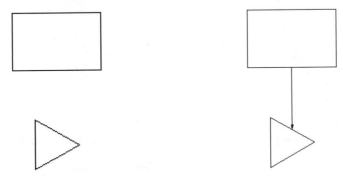

图 5-73　绘制矩形和三角形　　　　图 5-74　绘制引线箭头

03 使用【直线】工具绘制连接直线，如图 5-75 所示。

04 使用【圆】工具在左侧端头绘制半径为 0.2 的圆形，如图 5-76 所示。

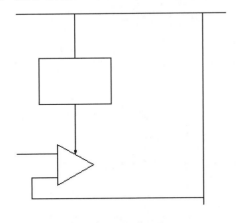
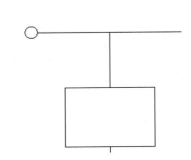

图 5-75　绘制连接直线　　　　　　图 5-76　绘制圆形

05 单击【默认】选项卡【修改】面板中的【复制】按钮，复制圆形，如图 5-77 所示。

06 单击【默认】选项卡【绘图】面板中的【图案填充】按钮，打开【图案填充创建】选项设置面板，设置其中的参数，如图 5-78 所示。然后选择圆形，填充圆形，如图 5-79 所示。

07 使用【直线】工具绘制直线图形，长度分别为 0.5 和 0.2，如图 5-80 所示。

08 单击【默认】选项卡【修改】面板中的【复制】按钮，复制图形，间距为 0.5，如图 5-81 所示。

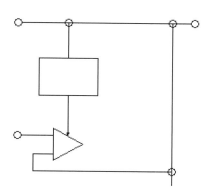

图 5-77　复制圆形

图 5-78　【图案填充创建】选项设置面板

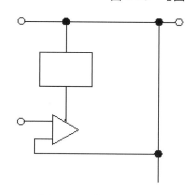

图 5-79　填充圆形

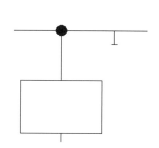

图 5-80　绘制直线图形

09 使用【直线】工具绘制连接直线图形，如图 5-82 所示。

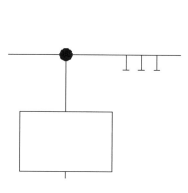

图 5-81　复制图形

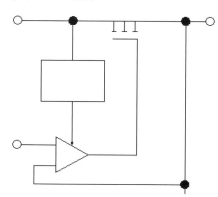

图 5-82　绘制连接直线

10 使用【矩形】工具绘制矩形，如图 5-83 所示。

11 单击【默认】选项卡【修改】面板中的【修剪】按钮 ✂，修剪图形，如图 5-84 所示。

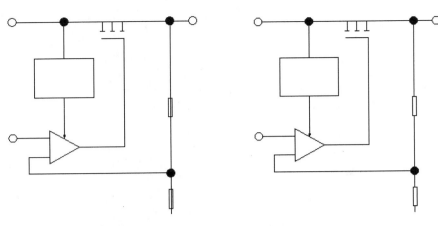

图 5-83　绘制矩形　　　　　　　　　图 5-84　修剪图形

⑫　使用【直线】工具绘制其余直线图形，得到稳压器图形。至此范例制作完成，结果如图 5-85 所示。

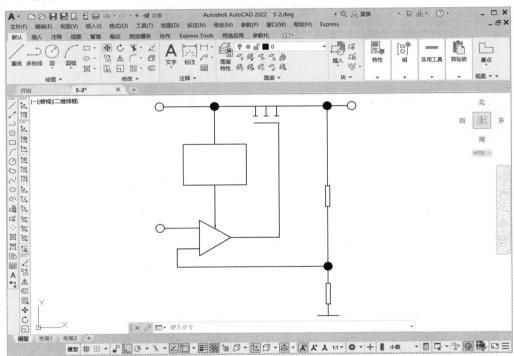

图 5-85　稳压器图形

5.6.3　绘制电缆线路范例

本范例完成文件：范例文件\第 5 章\5-3.dwg

多媒体教学路径：多媒体教学→第 5 章→5.6.3 范例

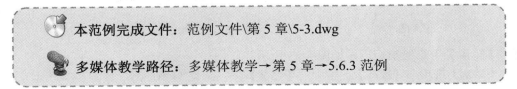

范例分析

本范例进行电缆线路的绘制，主要使用矩形和直线命令绘制图形，再使用样条曲线命令进行截断线的绘制，从而完成范例绘制。

范例操作

01　首先绘制一个 3×8 的矩形，然后绘制一个 2×3 的矩形，如图 5-86 所示。

02　复制右侧小矩形，如图 5-87 所示。

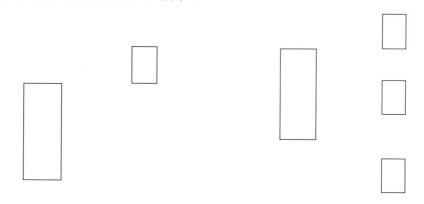

图 5-86　绘制矩形　　　　　　　　　　图 5-87　复制矩形

03　继续绘制两个 8×16 的矩形，然后在其中绘制两个 1×1 的小矩形，如图 5-88 所示。

04　复制其中的小矩形，结果如图 5-89 所示。

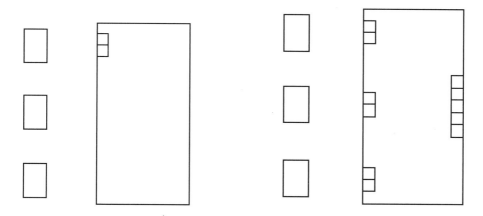

图 5-88　继续绘制小矩形　　　　　　　图 5-89　复制小矩形

05　绘制直线作为连接线路，如图 5-90 所示。

06　绘制一个 10×1 的水平矩形，然后绘制一个 4×10 的竖直矩形，如图 5-91 所示。

07　将小矩形复制到竖直矩形中，如图 5-92 所示。

08　单击【绘图】工具栏中的【样条曲线】按钮，绘制两条样条曲线，如图 5-93 所示。

09　单击【默认】选项卡【修改】面板中的【修剪】按钮，修剪图形，如图 5-94 所示。

10　绘制水平直线图形作为线束，间距为 0.1，如图 5-95 所示。

11　绘制直线进行连接，如图 5-96 所示。

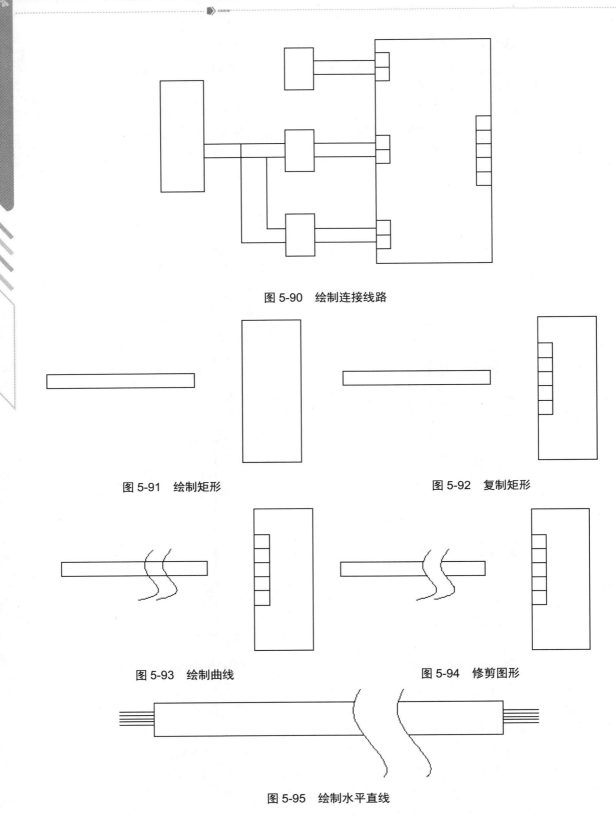

图 5-90　绘制连接线路

图 5-91　绘制矩形

图 5-92　复制矩形

图 5-93　绘制曲线

图 5-94　修剪图形

图 5-95　绘制水平直线

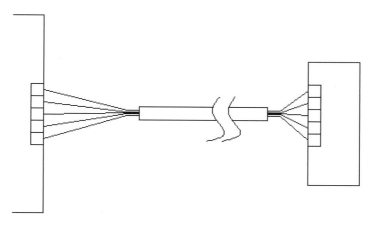

图 5-96　绘制连接线路

12 添加文字，完成范例制作，得到电缆线路工程图，结果如图 5-97 所示。

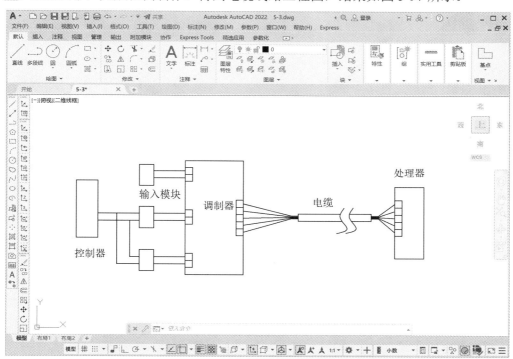

图 5-97　电缆线路工程图

5.7　本 章 小 结

本章主要介绍了如何绘制与编辑复杂的二维图形，包括创建和编辑多线，创建和编辑二维多段线，创建修订云线，创建和编辑样条曲线，以及图案填充。这些命令在绘制复杂电气图形的过程中会经常用到，需要读者熟练掌握。

第 6 章
电气图尺寸标注

本章导读

　　尺寸标注是电气图形绘制的一个重要部分，它是图形的注释，可以测量和显示对象的长度、角度等。AutoCAD 提供了多种标注样式和设置标注格式的方法，可以满足电气制图大多数应用领域的要求。在绘图时使用尺寸标注，能够为图形的各个部分添加提示和解释等辅助信息，既方便用户绘制，又方便使用者阅读。本章将讲述设置尺寸标注样式的方法以及对图形进行尺寸标注的方法。

6.1　尺寸标注的概念

尺寸标注是一种通用的图形注释，用来描述图形对象的几何尺寸、实体间的角度和距离等。在 AutoCAD 2022 中，对绘制的图形进行尺寸标注时应遵循以下规则。

- 物体的真实大小应以图样上所标注的尺寸数值为依据，与图形的大小及绘图的准确度无关。
- 图样中的尺寸以毫米为单位时，不需要标注计量单位的代号或名称。如采用其他单位，则必须注明相应计量单位的代号或名称，如度、厘米及米等。
- 图样中所标注的尺寸为该图样所表示的物体的最终完工尺寸，否则应另加说明。
- 一般物体的每一尺寸只标注一次，并应标注在最终反映该结构最清晰的图形上。

6.1.1　尺寸标注的元素

尽管 AutoCAD 2022 提供了多种类型的尺寸标注方式，但通常都是由几种基本元素所构成的，下面对尺寸标注的组成元素进行介绍。

一个完整的尺寸标注包括尺寸线、尺寸界线、尺寸箭头和标注文字 4 个组成元素，如图 6-1 所示。

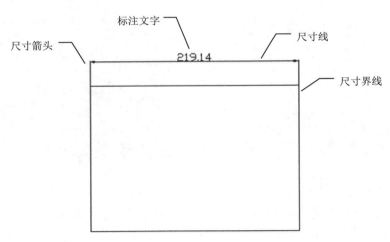

图 6-1　完整的尺寸标注示意图

(1) 尺寸线：用于指示标注的方向和范围，通常使用箭头来指出尺寸线的起点和端点。AutoCAD 将尺寸线放置在测量区域中，而且通常被分割成两条线，标注文字沿尺寸线放置。角度标注的尺寸线是一条圆弧。

(2) 尺寸界线：从被标注的对象延伸到尺寸线，又称为投影线或延伸线，一般垂直于尺寸线。但在特殊情况下用户也可以根据需要将尺寸界线倾斜一定的角度。

(3) 尺寸箭头：显示在尺寸线的两端，表明测量的开始和结束位置。AutoCAD 默认使用闭合的填充箭头符号，同时 AutoCAD 还提供了多种箭头符号供选择，用户也可以自定义箭头符号。

（4）标注文字：用于表明图形的实际测量值。用户可以使用由 AutoCAD 自动计算出的测量值，并可附加公差、前缀和后缀等也可以自行指定文字或取消文字。

6.1.2　尺寸标注的过程

AutoCAD 提供了多种类型的尺寸标注，但是尺寸标注的过程是一致的。

（1）单击【标注】菜单。

（2）在打开的下拉菜单中选择标注类型。

（3）选择标注对象进行标注。

在进行尺寸标注以后，有时会发现看不到所标注的尺寸文本，这是因为尺寸标注的整体比例因子设置得太小，解决方法是，打开尺寸标注方式对话框，修改其数值即可。

6.2　尺寸标注的样式

在 AutoCAD 中，要使标注的尺寸符合要求，就必须先设置尺寸样式，即确定 4 个基本元素的大小及相互之间的基本关系。本节将对尺寸标注的样式管理、创建及其具体设置进行详尽的讲解。

6.2.1　标注样式的管理

下面介绍标注样式的管理。

1）设置尺寸标注样式

设置尺寸标注样式有以下几种方法。

● 　在菜单栏中，选择【标注】|【标注样式】命令。

● 　在命令行中输入 Ddim 后按 Enter 键。

执行【标注样式】命令后，AutoCAD 会打开如图 6-2 所示的【标注样式管理器】对话框，该对话框中显示了当前可以选择的尺寸样式名，还可以查看所选择样式的预览图。

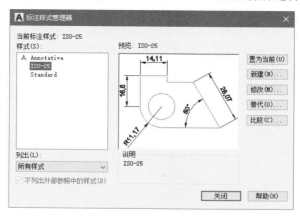

图 6-2　【标注样式管理器】对话框

2) 【标注样式管理器】对话框

下面对【标注样式管理器】对话框中各项参数的功能进行具体介绍。

- 【置为当前】按钮：用于确定当前尺寸标注类型。
- 【新建】按钮：用于新建尺寸标注类型。单击该按钮，将打开【创建新标注样式】对话框，其具体应用将在后面进行介绍。
- 【修改】按钮：用于修改尺寸标注类型。单击该按钮，将打开如图 6-3 所示的【修改标注样式】对话框，此图显示的是对话框中【线】选项卡的内容。
- 【替代】按钮：替代当前尺寸标注类型。单击该按钮，将打开【替代当前样式】对话框，该对话框中的参数与【修改标注样式】对话框中的参数相同。
- 【比较】按钮：比较尺寸标注样式。单击该按钮，将打开如图 6-4 所示的【比较标注样式】对话框。比较功能可以帮助用户快速地比较几个标注样式在参数上的不同。

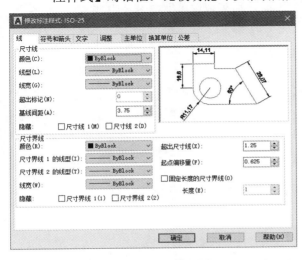

图 6-3　【修改标注样式】对话框中的【线】选项卡　　　图 6-4　【比较标注样式】对话框

6.2.2　创建新标注样式

单击【标注样式管理器】对话框中的【新建】按钮，弹出如图 6-5 所示的【创建新标注样式】对话框。

在【创建新标注样式】对话框中，可以进行以下设置。

- 在【新样式名】文本框中输入新的尺寸样式名。
- 在【基础样式】下拉列表框中选择相应的标准。
- 在【用于】下拉列表框中选择需要将此尺寸样式应用到哪些尺寸标注上。

图 6-5　【创建新标注样式】对话框

设置完毕后单击【继续】按钮即可进入【新建标注样式】对话框，其参数与【修改标注样式】对话框中的参数相同。

AutoCAD 提供了标注样式的导入、导出功能，可以用标注样式的导入、导出功能在新建图形中引用当前图形的标注样式或者导入样式应用标注(后缀名为.dim)。

6.2.3　标注样式的设置

【修改标注样式】对话框、【新建标注样式】对话框与【替代当前样式】对话框中的内容是一致的，均包括 7 个选项卡，下面对其设置进行详细的讲解。

1) 【线】选项卡

【线】选项卡用来设置尺寸线和尺寸界线的格式和特性。

单击【修改标注样式】对话框中的【线】标签，打开【线】选项卡，如图 6-3 所示。在此选项卡中，用户可以设置尺寸的几何变量。

【线】选项卡中各选项介绍如下。

(1) 【尺寸线】选项组。

该选项组用来设置尺寸线的特性。在此选项组中，AutoCAD 为用户提供了以下 6 项参数供用户设置。

- 【颜色】：显示并设置尺寸线的颜色。用户可以选择该下拉列表框中的某种颜色作为尺寸线的颜色，或在该下拉列表框中直接输入颜色名来获得尺寸线的颜色。如果选择【选择颜色】选项，则会打开【选择颜色】对话框，用户可以从 288 种 AutoCAD 颜色索引(ACI)、真彩色和配色系统中选择颜色。

- 【线型】：设置尺寸线的线型。用户可以选择该下拉列表框中的某种线型作为尺寸线的线型。

- 【线宽】：设置尺寸线的线宽。用户可以选择该下拉列表框中的选项来设置线宽，如 ByLayer(随层)、ByBlock(随块)、默认或一些固定的线宽等。

- 【超出标记】：表示当用短斜线代替尺寸箭头标注倾斜、建筑标记、积分和无标记时尺寸线超过尺寸界线的距离，用户可以在该微调框中输入自己的预定值，默认为 0。如图 6-6 所示为输入【超出标记】预定值的前后对比。

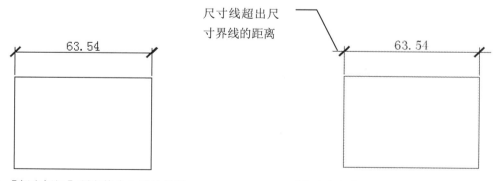

(a) 【超出标记】预定值为 0 时的效果　　(b) 【超出标记】预定值为 3 时的效果

图 6-6　输入【超出标记】预定值的前后对比

- 【基线间距】：表示两尺寸线之间的距离，用户可以在该微调框中输入自己的预定值。该值将在进行连续和基线尺寸标注时用到。

- 【隐藏】：不显示尺寸线。当标注文字在尺寸线中间时，如果选中【尺寸线 1】复选框，将隐藏前半部分尺寸线；如果选中【尺寸线 2】复选框，则隐藏后半部分尺寸线；如果同时选中两个复选框，则尺寸线将被全部隐藏。效果如图 6-7 所示。

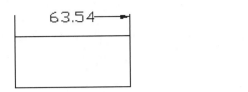

(a) 隐藏前半部分尺寸线的尺寸标注　　　　(b) 隐藏后半部分尺寸线的尺寸标注

图 6-7　隐藏部分尺寸线的尺寸标注

(2)【尺寸界线】选项组。

【尺寸界线】选项组用来控制尺寸界线的外观。在此选项组中，AutoCAD 提供了以下参数供用户设置。

- 【颜色】：显示并设置尺寸界线的颜色。用户可以选择该下拉列表框中的某种颜色作为尺寸界线的颜色，或在该下拉列表框中直接输入颜色名来获得尺寸界线的颜色。如果选择该下拉列表框中的【选择颜色】选项，则会打开【选择颜色】对话框，用户可以从 288 种 AutoCAD 颜色索引(ACI)、真彩色和配色系统中选择颜色。
- 【尺寸界线 1 的线型】及【尺寸界线 2 的线型】：设置尺寸界线的线型。用户可以选择该下拉列表框中的某种线型作为尺寸界线的线型。
- 【线宽】：设置尺寸界线的线宽。用户可以选择该下拉列表框中的选项来设置线宽，如 ByLayer(随层)、ByBlock(随块)、默认或一些固定的线宽等。
- 【隐藏】：不显示尺寸界线。如果选中【尺寸界线 1】复选框，将隐藏第一条尺寸界线；如果选中【尺寸界线 2】复选框，则隐藏第二条尺寸界线；如果同时选中这两个复选框，则尺寸界线将被全部隐藏。效果如图 6-8 所示。

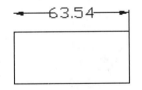 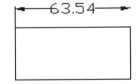

(a) 隐藏第一条尺寸界线的尺寸标注　　　　(b)　隐藏第二条尺寸界线的尺寸标注

图 6-8　隐藏部分尺寸界线的尺寸标注

- 【超出尺寸线】：表示尺寸界线超过尺寸线的距离。用户可以在该微调框中输入自己的预定值。如图 6-9 所示为输入【超出尺寸线】预定值的前后对比。
- 【起点偏移量】：用于设置图形中自定义标注的点到尺寸界线的偏移距离。一般来说，尺寸界线与所标注的图形之间有间隙，该间隙即为起点偏移量，即在该微调框中所显示的数值。
- 【固定长度的尺寸界线】：用于设置尺寸界线从尺寸线开始到标注原点的总长度。如图 6-10 所示为设定固定长度的尺寸界线前后的对比。无论是否设置了固定长度的尺寸界线，尺寸界线偏移都将设置为从尺寸界线原点开始的最小偏移距离。

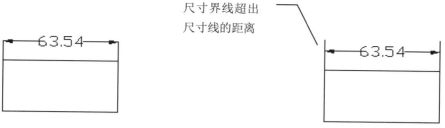

(a)【超出尺寸线】预定值为 0 时的效果   (b)【超出尺寸线】预定值为 3 时的效果

图 6-9   输入【超出尺寸线】预定值的前后对比

(a) 设定固定长度的尺寸界线前   (b) 设定固定长度的尺寸界线后

图 6-10   设定固定长度的尺寸界线前后

2)【符号和箭头】选项卡

【符号和箭头】选项卡用来设置箭头、圆心标记、弧长符号、半径折弯标注和线性折弯标注的格式和位置。

单击【新建标注样式】对话框中的【符号和箭头】标签，打开【符号和箭头】选项卡，如图 6-11 所示。

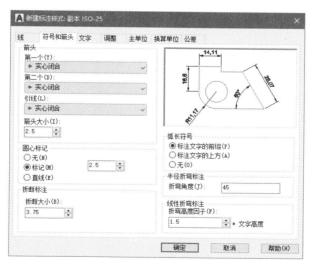

图 6-11   【符号和箭头】选项卡

【符号和箭头】选项卡中各选项介绍如下。

(1)【箭头】选项组。

【箭头】选项组用来控制标注箭头的外观。该选项组提供了以下参数供用户设置。

- 【第一个】：用于设置第一条尺寸线的箭头。当改变第一个箭头的类型时，第二个箭头将自动改变，以便同第一个箭头相匹配。
- 【第二个】：用于设置第二条尺寸线的箭头。
- 【引线】：用于设置引线尺寸标注的指引箭头类型。

若用户要指定自定义的箭头块，可分别选择上述下拉列表框中的【用户箭头】选项，打开【选择自定义箭头块】对话框，选择自定义的箭头块的名称(该块必须在图形中)。

- 【箭头大小】：在此微调框中显示的是箭头的大小值，用户可以选择相应的大小值，或直接在该微调框中输入数值以确定箭头的大小值。

(2) 【圆心标记】选项组。

控制直径标注和半径标注的圆心标记和中心线的外观。在此选项组中，AutoCAD 提供了以下参数供用户设置。

- 【无】：不创建圆心标记或中心线，其值为 0。
- 【标记】：创建圆心标记，其值为正值。
- 【直线】：创建中心线，其值为负值。

(3) 【折断标注】选项组。

用户可以在【折断大小】微调框中通过微调按钮选择一个数值或直接在微调框中输入相应的数值来表示折断的大小。

(4) 【弧长符号】选项组。

该选项组用来控制弧长标注中圆弧符号的显示。在此选项组中，AutoCAD 2022 为用户提供了以下参数供用户设置。

- 【标注文字的前缀】：将弧长符号放置在标注文字的前面。
- 【标注文字的上方】：将弧长符号放置在标注文字的上方。
- 【无】：不显示弧长符号。

(5) 【半径折弯标注】选项组。

该选项组用来控制折弯(Z 字型)半径标注的显示。折弯半径标注通常在中心点位于页面外部时创建，其中【折弯角度】文本框主要用于确定连接半径标注的尺寸界线和尺寸线的横向直线的角度，如图 6-12 所示。

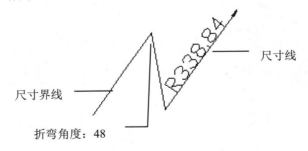

图 6-12　折弯角度

(6) 【线性折弯标注】选项组。

该选项组用来控制线性折弯标注的显示。用户可以在【折弯高度因子】微调框中通过微调按钮选择一个数值或直接在该微调框中输入相应的数值来表示文字高度的大小。

3)　【文字】选项卡

【文字】选项卡用来设置标注文字的外观、位置和对齐。

单击【新建标注样式】对话框中的【文字】标签，打开【文字】选项卡，如图 6-13 所示。

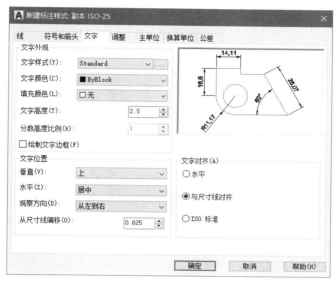

图 6-13　【文字】选项卡

【文字】选项卡中各选项介绍如下。

(1)　【文字外观】选项组。

该选项组用于设置标注文字的样式、颜色和大小等属性。在此选项组中，AutoCAD 提供了以下参数供用户设置。

- 　【文字样式】：用于显示和设置当前标注文字的样式。用户可以从该下拉列表框中选择一种样式。若要创建和修改标注文字样式，可以单击该下拉列表框右侧的 按钮，打开【文字样式】对话框，如图 6-14 所示，在该对话框中可以进行标注文字样式的创建和修改。

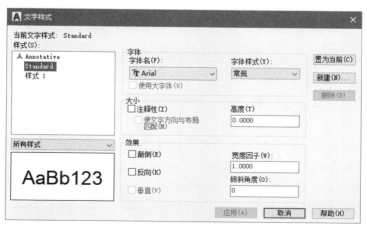

图 6-14　【文字样式】对话框

- 【文字颜色】：用于设置标注文字的颜色。用户可以在该下拉列表框中选择某种颜色作为标注文字的颜色，或在该下拉列表框中直接输入颜色名称来获得标注文字的颜色。如果选择【选择颜色】选项，则会打开【选择颜色】对话框，用户可以从 288 种 AutoCAD 颜色索引(ACI)、真彩色和配色系统颜色中选择颜色。

- 【填充颜色】：用于设置标注文字的背景颜色。用户可以选择该下拉列表框中的某种颜色作为标注文字背景的颜色，或在该下拉列表框中直接输入颜色名称来获得标注文字的背景颜色。如选择【选择颜色】选项，则会打开【选择颜色】对话框，用户可以从 288 种 AutoCAD 颜色索引(ACI)、真彩色和配色系统颜色中选择颜色。

- 【文字高度】：用于设置当前标注文字样式的高度。用户可以直接在该微调框中输入需要的数值。如果用户在【文字样式】下拉列表框中将文字高度设置为固定值(即文字样式高度大于 0)，则该高度将替代此处设置的文字高度。如果要使用在【文字高度】中设置的高度，必须确保将【文字样式】下拉列表框设置为 0。

- 【分数高度比例】：用于设置相对于标注文字的分数比例。在公差标注中，当公差样式有效时，可以设置公差的上下偏差文字与公差的尺寸高度的比例值。另外，只有在【主单位】选项卡中选择【分数】作为【单位格式】时，此微调框才可应用。将该微调框中输入的值乘以文字高度，可确定标注分数相对于标注文字的高度。

- 【绘制文字边框】：某种特殊的尺寸需要使用文字边框，例如基本公差，如果选中此复选框，将在标注文字周围绘制一个边框。如图 6-15 所示为有文字边框和无文字边框的尺寸标注效果。

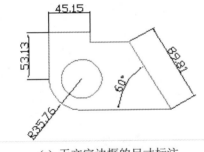

(a) 无文字边框的尺寸标注

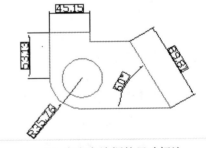

(b) 有文字边框的尺寸标注

图 6-15　有无文字边框尺寸标注的比较

(2) 【文字位置】选项组。

该选项组用于设置标注文字的位置。在此选项组中，AutoCAD 提供了以下参数供用户设置。

- 【垂直】：该下拉列表框用来调整标注文字与尺寸线在垂直方向的位置。用户可以在此下拉列表框中选择当前的垂直对齐位置，选择【居中】选项，将文本置于尺寸线的中间；选择【上】选项，将文本置于尺寸线的上方；选择【外部】选项，将文本置于尺寸线上远离第一个定义点的一边；选择 JIS 选项，将文本按日本工业的标准放置；选择【下】选项，将文本置于尺寸线的下方。

- 【水平】：该下拉列表框用来调整标注文字与尺寸线在平行方向的位置。用户可以在此下拉列表框中选择当前的水平对齐位置，选择【居中】选项，将文本置于尺寸界线的中间；选择【第一条尺寸界线】选项，将标注文字沿尺寸线与第一条尺寸界线左对正；选择【第二条尺寸界线】选项，将标注文字沿尺寸线与第二条尺寸界线右对正；选择【第一条尺寸界线上方】选项，沿第一条尺寸界线放置标注文字或将标注文字放置在第一条尺寸界线之上；选择【第二条尺寸界线上方】选项，沿第二条尺寸界线放置标注文字或将标注文字放置在第二条尺寸界线之上。

- 【观察方向】：该下拉列表框用于控制标注文字的观察方向，选择【从左到右】选项，按从左到右阅读的方式放置文字；选择【从右到左】选项，按从右到左阅读的方式放置文字。
- 【从尺寸线偏移】：该微调框用于调整标注文字与尺寸线之间的距离，即文字间距。此值也可用作尺寸线段所需的最小长度。

另外，只有当生成的线段至少与文字间隔同样长时，才会将文字放置在尺寸界线内侧。当箭头、标注文字以及页边距有足够的空间容纳文字间距时，才会将尺寸线上方或下方的文字置于内侧。

(3) 【文字对齐】选项组。

该选项组用于控制标注文字放在尺寸界线外边或里边时的方向是保持水平还是与尺寸界线平行。在此选项组中，AutoCAD 为用户提供了以下参数供用户设置。

- 【水平】：选中此单选按钮，表示无论尺寸标注为何种角度时，它的标注文字总是水平的。
- 【与尺寸线对齐】：选中此单选按钮，表示尺寸标注为何种角度时，它的标注文字即为何种角度，文字方向总是与尺寸线平行。
- 【ISO 标准】：选中此单选按钮，表示标注文字方向遵循 ISO 标准。当文字在尺寸界线内时，文字与尺寸线对齐；当文字在尺寸界线外时，文字水平排列。

国家制图标准专门对文字标注做出了规定，其主要内容如下。

字体的号数有 20、14、10、7、8、3.8、2.8 七种，其号数即为字的高度(单位为 mm)。字的宽度约等于字体高度的三分之二。对于汉字，因其笔画较多，不宜采用 2.8 号字。

文字中的汉字应采用长仿宋体；拉丁字母分大写和小写两种，而这两种字母又可分别写成直体(正体)和斜体形式，斜体字的字头向右侧倾斜，与水平线约成 78°；阿拉伯数字也有直体和斜体两种形式，斜体数字与水平线也成 78°。实际标注中，有时需要将汉字、字母和数字组合起来使用。例如，标注 "4-M8 深 18" 时，就用到了汉字、字母和数字。

以上简要介绍了国家制图标准中对文字标注的要求，其详细要求请参考相应的国家制图标准。下面介绍如何用 AutoCAD 创建符合国标要求的文字样式。

要创建符合国家制图标准要求的文字样式，关键是要有相应的字库。AutoCAD 支持 TRUETYPE 字体，如果用户的计算机中已安装 TRUETYPE 形式的长仿宋字体。此外，用户也可以采用宋体或仿宋体字体作为近似字体，但此时要设置合适的宽度比例。

4) 【调整】选项卡

此选项卡用来设置标注文字、箭头、引线和尺寸线的放置位置。

单击【新建标注样式】对话框中的【调整】标签，打开【调整】选项卡，如图 6-16 所示。

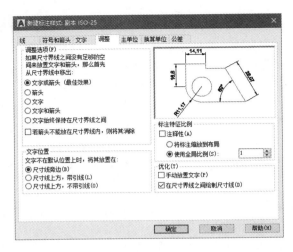

图 6-16　【调整】选项卡

【调整】选项卡中各选项介绍如下。

(1)【调整选项】选项组。

该选项组用于在特殊情况下调整尺寸的某个要素的最佳表现方式。在此选项组中，AutoCAD 为用户提供了以下参数供用户设置。

- 【文字或箭头(最佳效果)】：选中此单选按钮，表示 AutoCAD 会自动选取最优的效果；当没有足够的空间放置文字和箭头时，AutoCAD 会自动把文字或箭头移出尺寸界线。
- 【箭头】：选中此单选按钮，表示在尺寸界线之间如果没有足够的空间放置文字和箭头时，将首先把箭头移出尺寸界线。
- 【文字】：选中此单选按钮，表示在尺寸界线之间如果没有足够的空间放置文字和箭头时，将首先把文字移出尺寸界线。
- 【文字和箭头】：选中此单选按钮，表示在尺寸界线之间如果没有足够的空间放置文字和箭头时，将会把文字和箭头同时移出尺寸界线。
- 【文字始终保持在尺寸界线之间】：选中此单选按钮，表示在尺寸界线之间如果没有足够的空间放置文字和箭头时，文字将始终留在尺寸界线内。
- 【若箭头不能放在尺寸界线内，则将其消除】：选中此复选框，表示当文字和箭头在尺寸界线内放置不下时，则消除箭头，即不画箭头。如图 6-17 所示的 R11.17 的半径标注为选中此复选框的前后对比。

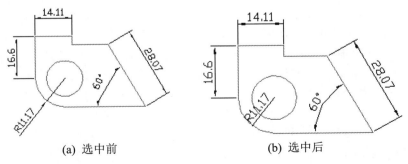

(a)　选中前　　　　　　　　　　　　(b)　选中后

图 6-17　选中【若箭头不能放在尺寸界线内，则将其消除】复选框的前后对比

(2)【文字位置】选项组。

该选项组用于设置标注文字从默认位置(由标注样式定义的位置)移动时标注文字的位置。在此选项组中，AutoCAD 2022 为用户提供了以下参数供用户设置。

- 【尺寸线旁边】：当标注文字不在默认位置时，将文字标注在尺寸线旁。这是默认的选项。
- 【尺寸线上方，带引线】：当标注文字不在默认位置时，将文字标注在尺寸线的上方，并加一条引线。
- 【尺寸线上方，不带引线】：当标注文字不在默认位置时，将文字标注在尺寸线的上方，不加引线。

(3)【标注特征比例】选项组。

该选项组用于设置全局标注比例值或图纸空间比例。在此选项组中，AutoCAD 2022 为用户提供了以下参数供用户设置。

- 【注释性】：指定标注为注释性标注。单击信息图标可了解有关注释性标注对象的详细信息。
- 【使用全局比例】：表示整个图形的尺寸比例，比例值越大，表示尺寸标注的字体越大。选中此单选按钮后，用户可以在其微调框中选择某一个比例或直接在微调框中输入一个数值表示全局的比例。
- 【将标注缩放到布局】：表示以相对于图纸的布局比例来缩放尺寸标注。

(4)【优化】选项组。

该选项组提供用于放置标注文字的其他选项。在此选项组中，AutoCAD 2022 为用户提供了以下参数供用户设置。

- 【手动放置文字】：选中此复选框，表示每次标注时总是需要用户设置放置文字的位置，反之则在标注文字时使用默认设置。
- 【在尺寸界线之间绘制尺寸线】：选中该复选框，表示当尺寸界线距离比较近时，在界线之间也要绘制尺寸线，反之则不绘制。

5)【主单位】选项卡

【主单位】选项卡用来设置主标注单位的格式和精度，并设置标注文字的前缀和后缀。

单击【新建标注样式】对话框中的【主单位】标签，打开【主单位】选项卡，如图 6-18 所示。

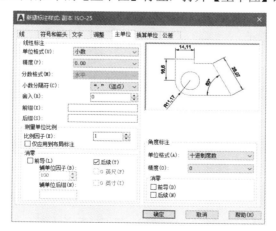

图 6-18　【主单位】选项卡

【主单位】选项卡中各选项参数如下。

(1)【线性标注】选项组。

该选项组用于设置线性标注的格式和精度。在此选项组中，AutoCAD 2022 为用户提供了以下参数供用户设置。

- 【单位格式】：该下拉列表框用于设置除角度之外的所有尺寸标注类型的当前单位格式。包括 6 个选项，分别是【科学】、【小数】、【工程】、【建筑】、【分数】和【Windows 桌面】。
- 【精度】：该下拉列表框用于设置尺寸标注的精度。用户可以在该下拉列表框中选择某一项作为标注精度。
- 【分数格式】：该下拉列表框用于设置分数的表现格式。该下拉列表框只有当在【单位格式】下拉列表框中选择【分数】选项时才有效，它包括【水平】、【对角】和【非堆叠】3 个选项。
- 【小数分隔符】：该下拉列表框用于设置十进制格式的分隔符。该下拉列表框只有当在【单位格式】下拉列表框中选择【小数】选项时才有效，它包括 "."(句点)、"，"(逗点)、" "(空格)3 个选项。
- 【舍入】：设置四舍五入的位数及具体数值。用户可以在该微调框中直接输入相应的数值。如果输入 "0.28"，则所有标注距离都以 0.28 为单位进行舍入；如果输入 "1.0"，则所有标注距离都将舍入为最接近的整数。小数点后显示的位数取决于【精度】下拉列表框的设置。
- 【前缀】：在此文本框中用户可以为标注文字设置前缀，如输入文字或使用控制代码显示特殊符号。如图 6-19 所示，在【前缀】文本框中输入 "%%C" 后，标注文字前加表示直径的前缀 "Ø"。
- 【后缀】：在此文本框中用户可以为标注文字设置后缀，如输入文字或使用控制代码显示特殊符号。如图 6-20 所示，在【后缀】文本框中输入 "cm" 后，标注文字后加后缀 cm。

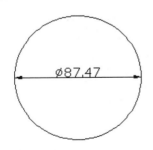

图 6-19　加入前缀 %%C 的尺寸标注

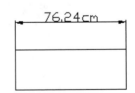

图 6-20　加入后缀 cm 的尺寸标注

 输入的前缀或后缀将覆盖在直径和半径等标注中使用的默认前缀或后缀。如果指定了公差，前缀或后缀将添加到公差和主标注中。

(2) 【测量单位比例】选项组。

该选项组用于定义线性比例选项，主要应用于传统图形。

用户可以通过在【比例因子】微调框中输入相应的数字设置比例因子。但是建议不要更改此值的默认值 1.00。例如，如果输入 "2"，则 1 英寸直线的尺寸将显示为 2 英寸。该值不应用到角度标注，也不应用到舍入值或者正负公差值。

用户也可以选中【仅应用到布局标注】复选框，将比例因子应用到整个图形文件中。

(3) 【消零】选项组。

该选项组用于控制不输出前导零、后续零以及零英尺、零英寸部分，即在标注文字中不显示前导零、后续零以及零英尺、零英寸部分。

(4) 【角度标注】选项组。

该选项组用于显示和设置角度标注的当前角度格式。在此选项组中，AutoCAD 提供了以下参数供用户设置。

- 【单位格式】：该下拉列表框用于设置角度单位格式。包括 4 个选项，分别是【十进制度数】、【度/分/秒】、【百分度】和【弧度】。
- 【精度】：该下拉列表框用于设置角度标注的精度。用户可以在该下拉列表框中选择某一项作为标注精度。

(5) 【消零】选项组。

该选项组用来控制不输出前导零、后续零，即在标注文字中不显示前导零、后续零。

6) 【换算单位】选项卡

【换算单位】选项卡用来设置标注测量值中换算单位的显示方式并设置其格式和精度。

单击【新建标注样式】对话框中的【换算单位】标签，打开【换算单位】选项卡，如图 6-21 所示。

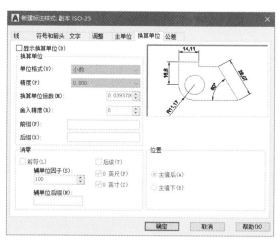

图 6-21　【换算单位】选项卡

【换算单位】选项卡中各选项介绍如下。

(1) 【显示换算单位】复选框。

该复选框用于向标注文字添加换算测量单位。只有当用户选中此复选框时，【换算单位】选项卡中的所有选项才有效；否则即为无效，即在尺寸标注中换算单位无效。

(2) 【换算单位】选项组。

该选项组用于显示和设置角度标注的当前角度格式。在此选项组中，AutoCAD 为用户提供了以下参数供用户设置。

- 【单位格式】：该下拉列表框用于设置换算单位格式。此项与【主单位】选项卡中的【单位格式】下拉列表框的设置相同。
- 【精度】：该下拉列表框用于设置换算单位的尺寸精度。此项也与【主单位】选项卡中的【精度】设置相同。
- 【换算单位倍数】：该微调框用于设置换算单位之间的比例，用户可以指定一个乘数作为主单位和换算单位之间的换算因子。例如，要将英寸转换为毫米，则输入"27.4"。此值对角度标注没有影响，而且不会应用于舍入值或者正、负公差值。
- 【舍入精度】：该微调框用于设置四舍五入的位数及具体数值。如果输入"0.28"，则所有标注测量值都以 0.28 为单位进行舍入；如果输入"1.0"，则所有标注测量值都将舍入为最接近的整数。小数点后显示的位数取决于【精度】下拉列表框的设置。
- 【前缀】：在此文本框中用户可以为尺寸换算单位设置前缀，如输入文字或使用控制代码显示特殊符号。如图 6-22 所示，在【前缀】文本框中输入"%%C"后，换算单位前加表示直径的前缀"Ø"。
- 【后缀】：在此文本框中用户可以为尺寸换算单位设置后缀，如输入文字或使用控制代码显示特殊符号。如图 6-23 所示，在【后缀】文本框中输入"cm"后，换算单位后即增加了后缀 cm。

(3) 【消零】选项组。

该选项组用来控制不输出前导零、后续零以及零英尺、零英寸部分，即在换算单位中不显示前导零、后续零以及零英尺、零英寸部分。

(4) 【位置】选项组。

该选项组用于设置标注文字中换算单位的放置位置。在此选项组中，有以下两个单选按钮。

- 【主值后】：选中此单选按钮，表示将换算单位放在标注文字中的主单位之后。
- 【主值下】：选中此单选按钮，表示将换算单位放在标注文字中的主单位下面。

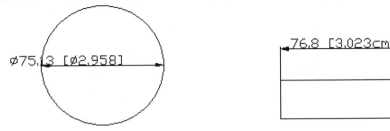

图 6-22　加入前缀的换算单位示意图　　图 6-23　加入后缀的换算单位示意图

如图 6-24 所示为换算单位放置在主单位之后和主单位下面的尺寸标注对比。

7) 【公差】选项卡

【公差】选项卡用来设置公差格式及换算公差等。

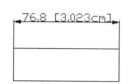

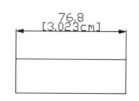

(a) 将换算单位放置在主单位之后的尺寸标注　　　　(b) 将换算单位放置在主单位下面的尺寸标注

图 6-24　换算单位放置在主单位之后和下面的尺寸标注

单击【新建标注样式】对话框中的【公差】标签，打开【公差】选项卡，如图 6-25 所示。

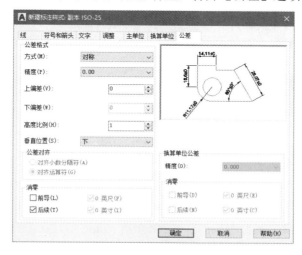

图 6-25　【公差】选项卡

【公差】选项卡中各选项介绍如下。

(1)【公差格式】选项组。

该选项组用于设置标注文字中公差的格式及显示。在此选项组中，AutoCAD 为用户提供了以下参数供用户设置。

- 【方式】：该下拉列表框用于设置公差格式。用户可以在该下拉列表框中选择其一作为公差的标注格式。包括 5 个选项，分别是【无】、【对称】、【极限偏差】、【极限尺寸】和【基本尺寸】。其中【无】选项代表不添加公差；【对称】选项表示添加公差的正/负表达式，其中一个偏差量的值应用于标注测量值，标注后面将显示加号或减号；【极限偏差】选项是添加正/负公差表达式，不同的正公差和负公差值将应用于标注测量值，在【上偏差】微调框中输入的公差值前面将显示正号(+)，在【下偏差】微调框中输入的公差值前面将显示负号(-)；【极限尺寸】选项是创建极限标注，在此类标注中，将显示一个最大值和一个最小值，一个在上，另一个在下。最大值等于标注值加上在【上偏差】微调框中输入的值，最小值等于标注值减去在【下偏差】微调框中输入的值；【基本尺寸】选项是创建基本标注，这将在整个标注周围显示一个框。
- 【精度】：该下拉列表框用于设置公差的小数位数。
- 【上偏差】：该微调框用于设置最大公差或上偏差。如果在【方式】下拉列表框中选择【对称】选项，则此项数值将用于公差。

- 【下偏差】：该微调框用于设置最小公差或下偏差。
- 【高度比例】：该微调框用于设置公差文字的当前高度。
- 【垂直位置】：该下拉列表框用于设置对称公差和极限公差的文字对正。

(2) 【公差对齐】选项组。

该选项组用于设置对齐小数分隔符或运算符。

(3) 【消零】选项组。

该选项组用来控制不输出前导零、后续零以及零英尺、零英寸部分，即在公差中不显示前导零、后续零以及零英尺、零英寸部分。

(4) 【换算单位公差】选项组。

该选项组用于设置换算公差单位的格式。在此选项组中的【精度】下拉列表框的设置与前面的设置相同。

设置各选项后，单击任一选项卡中的【确定】按钮，然后单击【标注样式管理器】对话框中的【关闭】按钮即可完成设置。

6.3 创建尺寸标注

尺寸标注是图形设计中基本的设计步骤和过程，根据图形的多样性而有多种不同的标注。AutoCAD 提供了多种标注类型，包括线性尺寸标注、对齐尺寸标注等，通过了解这些尺寸标注，可以灵活地为图形添加尺寸标注。下面介绍 AutoCAD 2022 的尺寸标注方法和规则。

6.3.1 线性标注

线性尺寸标注用来标注图形的水平和垂直尺寸，如图 6-26 所示。

创建线性尺寸标注有以下几种方法。

- 在菜单栏中，选择【标注】|【线性】命令。
- 在命令行中输入 Dimlinear 后按 Enter 键。
- 单击【注释】选项卡【标注】面板(或【默认】选项卡【注释】面板)中的【线性】按钮。

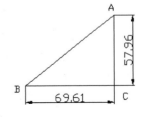

图 6-26 线性尺寸标注

执行上述任一操作后，命令行提示如下：

```
命令: _dimlinear
指定第一个尺寸界线原点或 <选择对象>:  //选择 A 点后单击
指定第二条尺寸界线原点:             //选择 C 点后单击
指定尺寸线位置或[多行文字(M)/文字(T)/角度(A)/水平(H)/垂直(V)/旋转(R)]:  标注文字 = 57.96
                                  //按住鼠标左键不放拖动，尺寸线移动到合适的位置后单击
```

以上命令行提示选项的解释如下。

- 【多行文字】：用户可以在标注的同时输入多行文字。
- 【文字】：用户只能输入一行文字。
- 【角度】：输入标注文字的旋转角度。

- 【水平】：标注水平方向距离尺寸。
- 【垂直】：标注垂直方向距离尺寸。
- 【旋转】：输入尺寸线的旋转角度。

在 AutoCAD 2022 中标注文字时，很多特殊的字符由控制字符来实现。AutoCAD 2022 的特殊字符及其对应的控制字符如表 6-1 所示。

表 6-1 特殊字符及其对应的控制字符

特殊字符	控制字符	示 例
圆直径标注符号(Ø)	%%c	Ø48
百分号	%%%	%30
正/负公差符号(±)	%%p	20±0.8
度符号(°)	%%d	48°
字符数 nnn	%%nnn	Abc
加上划线	%%o	$\overline{123}$
加下划线	%%u	$\underline{123}$

在 AutoCAD 的实际操作中也会要求对数据标注上下标。下面介绍标注数据上下标的方法。

(1) 上标：编辑文字时，输入 2^，然后选中 2^，单击【格式】面板中的 ᵇₐ堆叠 按钮即可。

(2) 下标：编辑文字时，输入^2，然后选中^2，单击【格式】面板中的 ᵇₐ堆叠 按钮即可。

(3) 上下标：编辑文字时，输入 2^2，然后选中 2^2，单击【格式】面板中的 ᵇₐ堆叠 按钮即可。

6.3.2 对齐标注

对齐尺寸标注是指标注两点间的距离，标注的尺寸线平行于两点间的连线。如图 6-27 所示为线性尺寸标注与对齐尺寸标注的对比。

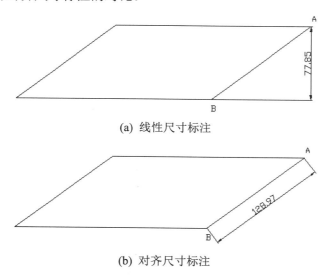

图 6-27 线性尺寸标注与对齐尺寸标注的对比

创建对齐尺寸标注有以下几种方法。

● 在菜单栏中，选择【标注】|【对齐】命令。

● 在命令行中输入 Dimaligned 后按 Enter 键。

● 单击【注释】选项卡【标注】面板(或【默认】选项卡【注释】面板)中的【对齐】按钮 。

执行上述任一操作后，命令行提示如下：

```
命令: _dimaligned
指定第一个尺寸界线原点或 <选择对象>:  //选择 A 点后单击
指定第二条尺寸界线原点:              //选择 B 点后单击
指定尺寸线位置或[多行文字(M)/文字(T)/角度(A)]:  标注文字 = 128.97
                          //按住鼠标左键不放，拖动尺寸线移动到合适的位置后单击
```

6.3.3 半径标注

半径尺寸标注用来标注圆或圆弧的半径，如图 6-28 所示。

创建半径尺寸标注有以下 3 种方法。

● 在菜单栏中，选择【标注】|【半径】命令。

● 在命令行中输入 Dimradius 后按 Enter 键。

● 单击【注释】选项卡【标注】面板(或【默认】选项卡【注释】面板)中的【半径】按钮 。

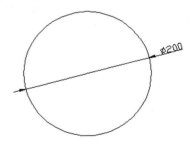

图 6-28 半径尺寸标注

执行上述任一操作后，命令行提示如下：

```
命令: _dimradius
选择圆弧或圆:                    //选择圆弧 AB 后单击
标注文字 = 33.76
指定尺寸线位置或 [多行文字(M)/文字(T)/角度(A)]:  //移动尺寸线至合适位置后单击
```

6.3.4 直径标注

直径尺寸标注用来标注圆的直径，如图 6-29 所示。

创建直径尺寸标注有以下几种方法。

● 在菜单栏中，选择【标注】|【直径】命令。

● 在命令行中输入 Dimdiameter 后按 Enter 键。

● 单击【注释】选项卡【标注】面板(或【默认】选项卡【注释】面板)中的【直径】按钮 。

图 6-29 直径尺寸标注

执行上述任一操作后，命令行提示如下：

```
命令: _dimdiameter
选择圆弧或圆:                    //选择圆后单击
标注文字 = 200
指定尺寸线位置或 [多行文字(M)/文字(T)/角度(A)]:  //移动尺寸线至合适位置后单击
```

6.3.5 角度标注

角度尺寸标注用来标注两条不平行线的夹角或圆弧的夹角。如图 6-30 所示为不同图形的角度尺寸标注。

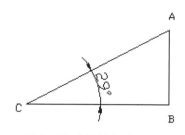 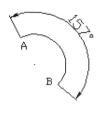 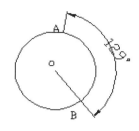

(a) 选择两条直线的角度尺寸标注　(b) 选择圆弧的角度尺寸标注　(c) 选择圆的角度尺寸标注

图 6-30　角度尺寸标注

创建角度尺寸标注有以下几种方法。

- 在菜单栏中，选择【标注】|【角度】命令。
- 在命令行中输入 Dimangular 后按 Enter 键。
- 单击【注释】选项卡【标注】面板(或【默认】选项卡【注释】面板)中的【角度】按钮△。

如果选择直线，执行上述任一操作后，命令行提示如下：

```
命令: _dimangular
选择圆弧、圆、直线或 <指定顶点>:          //选择直线 AC 后单击
选择第二条直线:                          //选择直线 BC 后单击
指定标注弧线位置或 [多行文字(M)/文字(T)/角度(A)/象限点(Q)]:    //选定标注位置后单击
标注文字 = 29
```

如果选择圆弧，执行上述任一操作后，命令行提示如下：

```
命令: _dimangular
选择圆弧、圆、直线或 <指定顶点>:          //选择圆弧 AB 后单击
指定标注弧线位置或 [多行文字(M)/文字(T)/角度(A)]:            //选定标注位置后单击
标注文字 = 157
```

如果选择圆，执行上述任一操作后，命令行提示如下：

```
命令: _dimangular
选择圆弧、圆、直线或 <指定顶点>:          //选择圆心 O 和 A 点后单击
指定角的第二个端点:                      //选择点 B 后单击
指定标注弧线位置或 [多行文字(M)/文字(T)/角度(A)/象限点(Q)]:    //选定标注位置后单击
标注文字 = 129
```

6.3.6 基线标注

基线尺寸标注用来标注以同一基准为起点的一组相关尺寸，如图 6-31 所示。

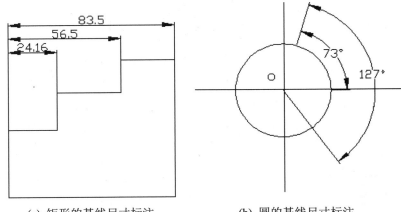

(a) 矩形的基线尺寸标注　　　　　(b) 圆的基线尺寸标注

图 6-31　基线尺寸标注

创建基线尺寸标注有以下几种方法。

● 在菜单栏中，选择【标注】|【基线】命令。

● 在命令行中输入 Dimbaseline 后按 Enter 键。

● 单击【注释】选项卡【标注】面板中的【基线】按钮⊟。

如果当前未创建任何标注，执行上述任一操作后，系统将提示用户选择线性标注、坐标标注或角度标注，以用作基线标注的基准。命令行提示如下：

```
选择基准标注:
//选择线性标注(图 6-31 中线性标注 24.16)、坐标标注或角度标注(图 6-31 中角度标注 73°)
```

否则，系统将跳过该提示，并使用上次创建的标注对象。如果基准标注是线性标注或角度标注，将显示下列提示：

```
命令: _dimbaseline
指定第二条尺寸界线原点或 [放弃(U)/选择(S)] <选择>:
//选定第二条尺寸界线原点后单击或按 Enter 键
标注文字 = 56.5(图 6-31 中的标注)或 127°(图 6-31 中圆的标注)
指定第二条尺寸界线原点或 [放弃(U)/选择(S)] <选择>:　//选定第三条尺寸界线原点后按 Enter 键
标注文字 = 83.5(图 6-31 中的标注)
```

如果基准标注是坐标标注，将显示下列提示：

```
指定点坐标或 [放弃(U)/选择(S)] <选择>:
```

6.3.7　连续标注

连续尺寸标注用来标注一组连续相关尺寸，即前一尺寸标注是后一尺寸标注的基准，如图 6-32 所示。

创建连续尺寸标注有以下几种方法。

● 在菜单栏中，选择【标注】|【连续】命令。

● 在命令行中输入 Dimcontinue 后按 Enter 键。

● 单击【注释】选项卡【标注】面板中的【连续】按钮⊩⊩。

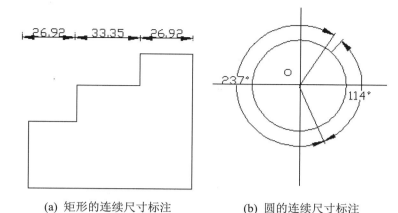

(a) 矩形的连续尺寸标注　　　(b) 圆的连续尺寸标注

图 6-32　连续尺寸标注

如果当前未创建任何标注，执行上述任一操作后，系统将提示用户选择线性标注、坐标标注或角度标注，以用作连续标注的基准。命令行提示如下：

```
选择连续标注：
//选择线性标注(图 6-32 中线性标注 26.92)、坐标标注或角度标注(图 6-32 中角度标注 114º)
```

否则，系统将跳过该提示，并使用上次创建的标注对象。如果基准标注是线性标注或角度标注，将显示下列提示：

```
命令：_dimcontinue
指定第二条尺寸界线原点或 [放弃(U)/选择(S)] <选择>：
//选定第二条尺寸界线原点后单击或按 Enter 键
标注文字 = 33.35(图 6-32 中的矩形标注)或 237 º(图 6-32 中圆的标注)
指定第二条尺寸界线原点或 [放弃(U)/选择(S)] <选择>：　//选定第三条尺寸界线原点后按 Enter 键
标注文字 = 26.92(图 6-32 中的矩形标注)
```

如果基准标注是坐标标注，将显示下列提示：

```
指定点坐标或 [放弃(U)/选择(S)] <选择>：
```

6.3.8　引线标注

引线尺寸标注是从图形上的指定点引出连续的引线，用户可以在引线上输入标注文字，如图 6-33 所示。

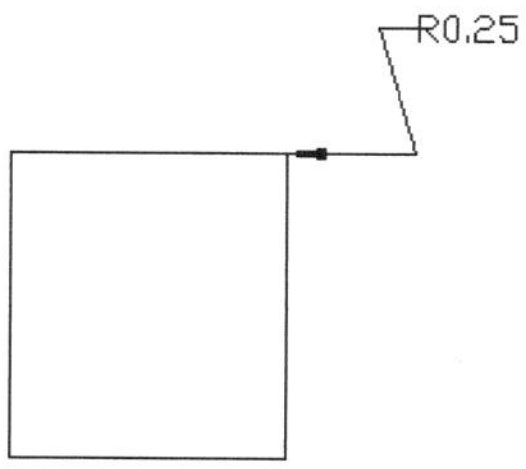

创建引线尺寸标注的方法如下。

- 在命令行中输入 qleader 后按 Enter 键。
- 单击【注释】选项卡【引线】面板中的【多重引线】按钮 ⌁。

图 6-33　引线尺寸标注

执行上述任一操作后，命令行提示如下：

```
命令：_qleader
指定第一个引线点或 [设置(S)] <设置>：　　　//选定第一个引线点
指定下一点：　　　　　　　　　　　　　　//选定第二个引线点
指定下一点：
```

```
指定文字宽度 <0>:8                              //输入文字宽度 8
输入注释文字的第一行 <多行文字(M)>: R0.25      //输入注释文字 R0.25 后连续两次按 Enter 键
```

若用户要执行【设置】操作，即在命令行中输入 S：

```
命令: _qleader
指定第一个引线点或 [设置(S)] <设置>: S        //输入 S 后按 Enter 键
```

此时打开【引线设置】对话框，如图 6-34 所示，在【注释】选项卡中可以设置引线注释类型、指定多行文字选项，并指明是否需要重复使用注释；在【引线和箭头】选项卡中可以设置引线和箭头格式；在【附着】选项卡中可以设置引线和多行文字注释的附着位置(只有在【注释】选项卡中选中【多行文字】单选按钮时，此选项卡才可用)。

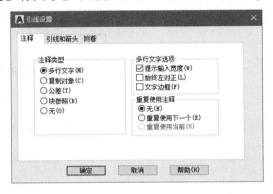

图 6-34　【引线设置】对话框

6.3.9　坐标标注

坐标尺寸标注用来标注指定点到用户坐标系(UCS)原点的坐标方向距离。如图 6-35 所示，圆心沿横向坐标方向的距离为 13.24，圆心沿纵向坐标方向的距离为 480.24。

创建坐标尺寸标注有以下几种方法。

● 在菜单栏中，选择【标注】|【坐标】命令。

● 在命令行中输入 Dimordinate 后按 Enter 键。

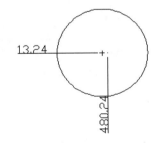

图 6-35　坐标尺寸标注

● 单击【注释】选项卡【标注】面板(或【默认】选项卡【注释】面板)中的【坐标】按钮 。

执行上述任一操作后，命令行提示如下：

```
命令: _dimordinate
指定点坐标:                                    //选定圆心后单击
指定引线端点或 [X 基准(X)/Y 基准(Y)/多行文字(M)/文字(T)/角度(A)]: 标注文字 = 13.24
                                              //拖动引线端点至合适位置后单击
```

6.3.10　快速标注

快速尺寸标注用来标注一系列图形对象，如为一系列圆进行标注，如图 6-36 所示。

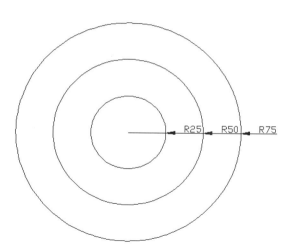

图 6-36　快速尺寸标注

创建快速尺寸标注有以下几种方法。

● 在菜单栏中，选择【标注】|【快速标注】命令。

● 在命令行中输入 qdim 后按 Enter 键。

● 单击【注释】选项卡【标注】面板中的【快速】按钮 。

执行上述任一操作后，命令行提示如下：

```
命令: _qdim
关联标注优先级 = 端点
选择要标注的几何图形: 找到 1 个
选择要标注的几何图形: 找到 1 个, 总计 2 个
选择要标注的几何图形: 找到 1 个, 总计 3 个
选择要标注的几何图形:
指定尺寸线位置或 [连续(C)/并列(S)/基线(B)/坐标(O)/半径(R)/直径(D)/基准点(P)/编辑(E)/
设置(T)]
<半径>:        //标注一系列半径型尺寸标注并移动尺寸线至合适位置后单击
```

命令行中各选项的含义如下。

● 【连续】：标注一系列连续型尺寸。

● 【并列】：标注一系列并列尺寸。

● 【基线】：标注一系列基线型尺寸。

● 【坐标】：标注一系列坐标型尺寸。

● 【半径】：标注一系列半径型尺寸。

● 【直径】：标注一系列直径型尺寸。

● 【基准点】：为基线和坐标标注设置新的基准点。

● 【编辑】：编辑标注。

6.4　编辑尺寸标注

用户在为图形标注的过程中难免会出现差错，这时就需要用到尺寸标注的编辑方法。

6.4.1　编辑标注

编辑标注是指编辑标注文字的位置和样式，以及创建新标注。

编辑标注的操作方法有以下几种。

- 在命令行中输入 dimedit 后按 Enter 键。
- 在菜单栏中，选择【标注】|【倾斜】命令。
- 单击【注释】选项卡【标注】面板中的【倾斜】按钮 ⌐。

执行上述任一操作后，命令行提示如下：

```
命令: dimedit
输入标注编辑类型 [默认(H)/新建(N)/旋转(R)/倾斜(O)] <默认>:
选择对象:
```

命令行中各选项的含义如下。

- 【默认】：将指定对象中的标注文字移回到默认位置。
- 【新建】：调用多行文字编辑器修改指定对象的标注文字。
- 【旋转】：旋转指定对象中的标注文字。选择该项后，系统将提示用户指定旋转角度，如果输入 0，则把标注文字按默认方向放置。
- 【倾斜】：调整线性标注尺寸界线的倾斜角度。选择该项后，系统将提示用户选择对象并指定倾斜角度，如图 6-37 所示。

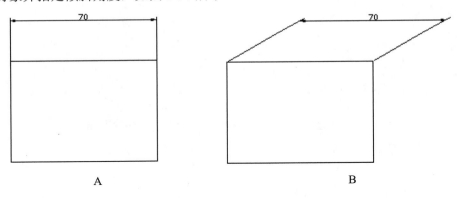

图 6-37　倾斜尺寸标注示意图

6.4.2　编辑标注文字

编辑标注文字是指编辑标注文字的位置和方向。

编辑标注文字的操作方法有以下几种。

- 在菜单栏中，选择【标注】|【对齐文字】|【默认】、【角度】、【左】、【居中】、【右】等命令。
- 在命令行中输入 dimtedit 后按 Enter 键。
- 单击【注释】选项卡【标注】面板中的【文字角度】按钮 ⟍、【左对正】按钮 ⊢⊢、【居中对正】按钮 ⊢⊣、【右对正】按钮 ⊢⊣。

执行上述任一操作后，命令行提示如下：

```
命令：_dimtedit
选择标注：
指定标注文字的新位置或 [左对齐(L)/右对齐(R)/居中(C)/默认(H)/角度(A)]：_a
```

命令行中各选项的含义如下。

- 【左对齐】：沿尺寸线左移标注文字。本选项只适
  用于线性标注、直径标注和半径标注。
- 【右对齐】：沿尺寸线右移标注文字。本选项只适
  用于线性标注、直径标注和半径标注。
- 【居中】：标注文字位于两条尺寸边界线的中间。
- 【角度】：指定标注文字的角度。当输入 0，将使
  标注文字以默认方向放置，如图 6-38 所示。

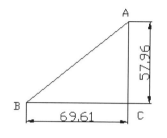

图 6-38　对齐文字标注示意图

6.4.3　标注样式替代

使用标注样式替代，无须更改当前标注样式便可临时更改标注系统变量。

标注样式替代是对当前标注样式中的指定设置做修改，它在不修改当前标注样式的情况下修改尺寸标注系统变量。可以为单独的标注或当前的标注样式定义标注样式替代。

某些标注特性对于图形或尺寸标注的样式来说是通用的，因此适合作为永久标注样式。而某些标注特性一般基于单个基准应用，因此可以作为替代，以便更有效地应用。例如，图形通常使用单一箭头类型，因此将箭头类型定义为标注样式的一部分是有意义的。但是，隐藏尺寸界线通常只应用于个别情况，更适于定义为标注样式替代。

有几种设置标注样式替代的方式：可以修改对话框中的选项或修改命令行的系统变量设置；可以将修改的设置返回为初始值来撤销替代。替代将应用到正在创建的标注以及所有使用该标注样式后所创建的标注，直到撤销替代或将其他标注样式置为当前为止。

1) 标注样式替代的操作方法

- 在命令行中输入 dimoverride 后按 Enter 键。
- 在菜单栏中，选择【标注】|【替代】命令。
- 在【注释】选项卡的【标注】面板中单击【替代】按钮 。

可以通过在命令行中输入标注系统变量的名称创建标注的同时，替代当前标注样式。如本例中，尺寸线颜色发生改变，其改变将影响随后创建的标注，直到撤销替代或将其他标注样式置为当前。命令行提示如下：

```
命令：dimoverride
输入要替代的标注变量名或 [清除替代(C)]：   //输入值或按 Enter 键
选择对象：                                //使用对象选择方法选择标注
```

2) 设置标注样式替代的方法

选择【标注】|【标注样式】菜单命令，打开【标注样式管理器】对话框。

在【标注样式管理器】对话框的【样式】列表框中，选择要为其创建替代的标注样式，单击【替代】按钮，打开【替代当前样式】对话框。

在【替代当前样式】对话框中切换到相应的选项卡来修改标注样式。

单击【确定】按钮，返回【标注样式管理器】对话框。这时在【标注样式名称】列表中的修改样式下列出了【样式替代】。

单击【关闭】按钮。

3）应用标注样式替代的方法

选择【标注】|【标注样式】菜单命令，打开【标注样式管理器】对话框。

在【标注样式管理器】对话框中单击【替代】按钮，打开【替代当前样式】对话框。

在【替代当前样式】对话框中输入样式替代。单击【确定】按钮，返回【标注样式管理器】对话框。

在【标注样式管理器】对话框的【标注样式名称】下将显示【样式替代】。

创建标注样式替代后，可以继续修改标注样式，将它们与其他标注样式进行比较，或者删除及重命名该替代。

6.5 设 计 范 例

6.5.1 绘制并标注电插座平面图范例

本范例完成文件：范例文件\第 6 章\6-1.dwg

多媒体教学路径：多媒体教学→第 6 章→6.5.1 范例

 范例分析

本范例将介绍电插座平面图的尺寸标注方法。具体步骤为，首先绘制房间图，然后绘制电插座布置平面，再设置好尺寸的样式，最后在图形上使用线性命令标注平面图的主要尺寸。

 范例操作

01 新建一个文件，在菜单栏中选择【绘图】|【多线】命令，绘制一个尺寸为 30×50 的多线矩形作为外墙体，如图 6-39 所示。

02 在菜单栏中选择【绘图】|【多线】命令，使用多线工具绘制内部墙体，如图 6-40 所示。

图 6-39　绘制外墙体

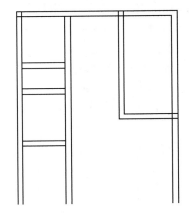

图 6-40　绘制内部墙体

03 使用直线工具绘制窗户，如图 6-41 所示。

04 单击【默认】选项卡【修改】组中的【复制】按钮 ⌗，复制图形，如图 6-42 所示。

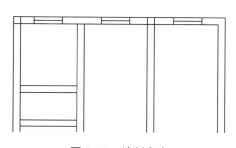

图 6-41　绘制窗户

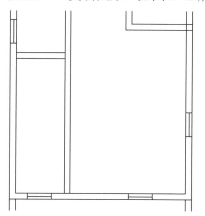

图 6-42　复制图形

05 使用矩形工具绘制一个 0.5×1 的矩形作为插座，如图 6-43 所示。

06 使用复制工具复制插座图形，如图 6-44 所示。

07 使用直线工具绘制线路，得到电插座平面布置图，如图 6-45 所示。

08 下面进行标注。首先设置标注样式。选择【标注】|【标注样式】菜单命令，打开【标注样式管理器】对话框，如图 6-46 所示。

09 在【标注样式管理器】对话框中选择电气图样式，单击【修改】按钮，打开【修改标注样式】对话框，切换到【符号和箭头】选项卡，设置【箭头大小】为 1.5，如图 6-47 所示。

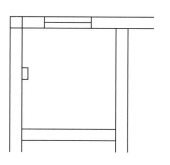

图 6-43　绘制插座

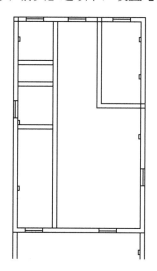

图 6-44　复制插座图形

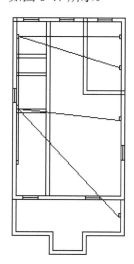

图 6-45　电气插座平面布置图

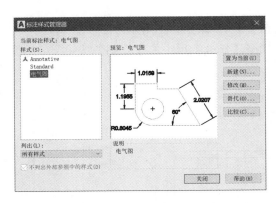

图 6-46　【标注样式管理器】对话框

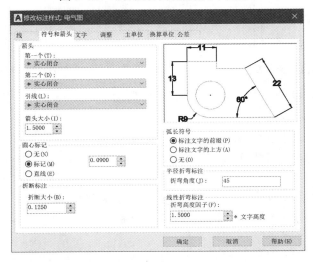

图 6-47　【符号和箭头】选项卡

10　单击【文字】标签，打开【文字】选项卡，设置【文字高度】为 2，如图 6-48 所示。

图 6-48　【文字】选项卡

11 单击【主单位】标签，打开【主单位】选项卡，在【精度】下拉列表框中选择 0 选项，如图 6-49 所示。单击【确定】按钮，关闭【修改标注样式】对话框，再单击【关闭】按钮关闭【标注样式管理器】对话框

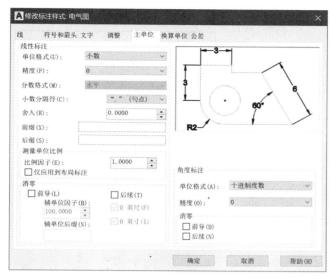

图 6-49 【主单位】选项卡

12 单击【注释】选项卡【标注】面板中的【线性】按钮，标注两侧的竖向尺寸，如图 6-50 所示。

13 单击【注释】选项卡【标注】面板中的【线性】按钮，标注水平尺寸，如图 6-51 所示。

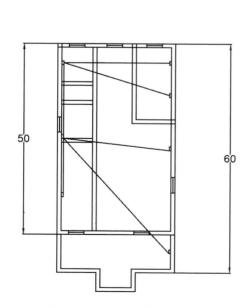

图 6-50 标注两侧的竖向尺寸

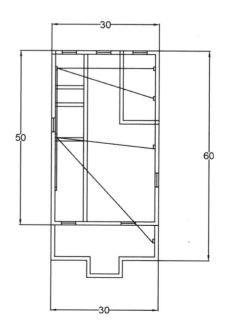

图 6-51 标注水平尺寸

14 单击【注释】选项卡【标注】面板中的【连续】按钮 ⊞，标注下方的水平连续尺寸。至此，电插座平面图范例制作完成，结果如图 6-52 所示。

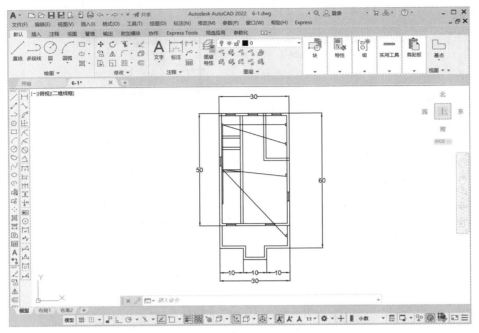

图 6-52　电插座平面图

6.5.2　绘制直流系统原理图范例

本范例完成文件：范例文件\第 6 章\6-2.dwg

多媒体教学路径：多媒体教学→第 6 章→6.5.2 范例

 范例分析

本范例将介绍直流系统原理图的尺寸标注方法。具体步骤为，首先绘制直流系统原理图，然后进行尺寸标注。主要是为了熟悉电路图的线性尺寸和角度尺寸等的标注方法。

范例操作

01 新建一个文件，使用矩形工具绘制一个 4×1 的矩形，然后在下方绘制水平直线，如图 6-53 所示。

02 使用直线工具，在右侧绘制长度为 4 的水平直线图形，如图 6-54 所示。

图 6-53　绘制矩形和直线　　　　　　　　　　图 6-54　绘制水平线

03 使用矩形工具绘制一个 6×2 的矩形，然后绘制一个 8×6 的矩形，如图 6-55 所示。

图 6-55　绘制矩形

04 使用圆工具绘制一个半径为 3 的圆，如图 6-56 所示。

图 6-56　绘制圆

05 在圆中使用【矩形】工具绘制直线图形，如图 6-57 所示。

06 单击【注释】选项卡【引线】面板中的【多重引线】按钮，添加引线标注，如图 6-58 所示。

图 6-57　绘制直线图形

图 6-58　绘制引线标注

07 使用直线工具绘制连接线路，如图 6-59 所示。

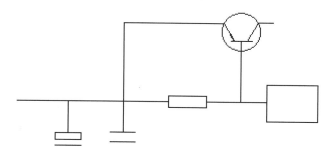

图 6-59　绘制连接线路

08 单击【默认】选项卡【修改】组中的【复制】按钮，复制图形，如图 6-60 所示。

09 使用多边形工具绘制一个三角形，其外切圆半径为 0.8，如图 6-61 所示。

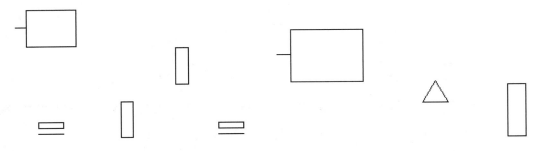

图 6-60　复制图形　　　　　　　　　　　图 6-61　绘制三角形

10 单击【默认】选项卡【绘图】组中的【图案填充】按钮，打开【图案填充创建】选项卡，设置其中的参数。然后选择三角形并进行填充，如图 6-62 所示。

11 使用直线工具，在三角形上方绘制水平直线，如图 6-63 所示。

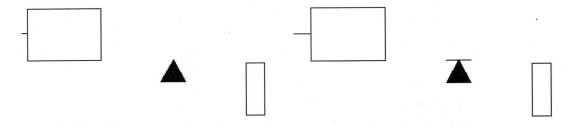

图 6-62　填充图形　　　　　　　　　　　图 6-63　绘制水平线

12 使用直线工具，绘制连接线路，结果如图 6-64 所示。

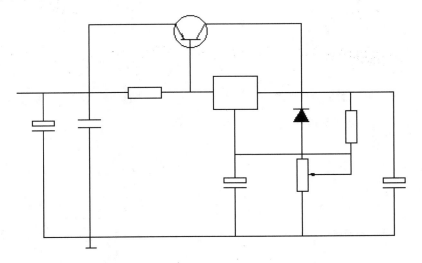

图 6-64　绘制连接线路

13 下面开始标注尺寸。在为图形添加文字注释后，单击【注释】选项卡【标注】面板中的【角度】按钮△，标注角度，如图 6-65 所示。

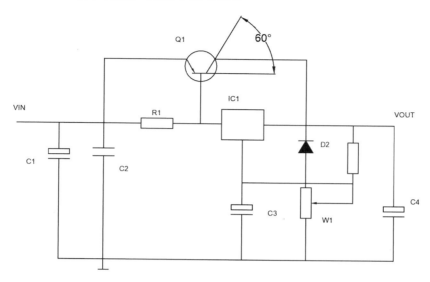

图 6-65　标注角度

14 单击【注释】选项卡【标注】面板中的【线性】按钮┓，标注水平尺寸，如图 6-66 所示。

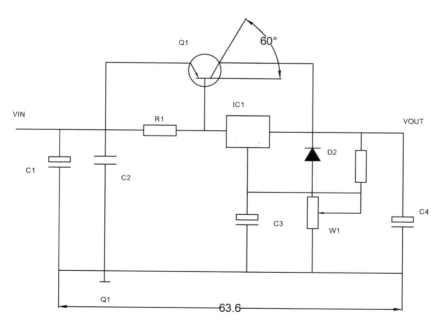

图 6-66　标注水平尺寸

15 单击【注释】选项卡【标注】面板中的【线性】按钮┓，标注其他尺寸。至此，直流系统原理图范例制作完成，结果如图 6-67 所示。

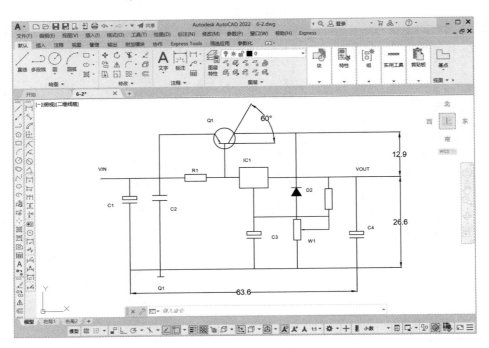

图 6-67　直流系统原理图

6.6　本章小结

　　本章主要介绍了 AutoCAD 电气图尺寸标注的方法。在绘制电气图时使用尺寸标注，能够为图形的各个部分添加提示和解释等辅助信息，方便绘制图形。读者通过本章内容的学习，可以对尺寸标注有进一步的了解。

第 7 章

应用文字和表格到电气图

本章导读

在使用 AutoCAD 绘制电气图时，同样离不开文字对象。建立和编辑文字对象的方法与绘制一般图形对象不同，因此有必要专门讲述其使用方法。本章将讲述建立文字、设置文字样式以及修改和编辑文字的方法与技巧。通过学习本章，读者能够根据工作的需要，在图形对象的相应位置建立文字，并能够进一步编辑修改此文字。

另外，在使用 AutoCAD 2022 绘制电气图时，会遇到大量相似的图形实体和表格，如果重复绘制，效率极其低下。因此，通过本章的学习，读者可以学会一些基本表格样式设置、表格创建和编辑的方法，以减小存储图形文件所需的容量，节省存储空间，进而提高绘图速度。

7.1 单 行 文 字

单行文字一般用于图形对象的规格说明、标题栏信息和标签等，也可以作为图形的一个有机组成部分。对于这种不需要使用多种字体的简短内容，可以使用【单行文字】命令建立单行文字。

7.1.1 创建单行文字

创建单行文字的几种方法如下。

● 在命令行中输入 dtext 后按 Enter 键。

● 在【默认】选项卡的【注释】面板或【注释】选项卡的【文字】面板中单击【单行文字】按钮A。

● 在菜单栏中选择【绘图】|【文字】|【单行文字】菜单命令。

创建的每行文字都是独立的对象，可以进行重新定位、调整格式或其他修改。

创建单行文字时，要指定文字样式并设置对正方式。文字样式设置文字对象的默认特征，对正方式决定字符的哪一部分与插入点对正。

执行此命令后，命令行提示如下：

```
命令: _dtext
当前文字样式: "Standard" 文字高度: 2.5000 注释性: 否
指定文字的起点或 [对正(J)/样式(S)]:
```

此命令行中各选项的含义如下。

(1) 默认情况下，提示用户输入单行文字的起点。

(2) 【对正】：用来设置文字对齐的方式，AutoCAD 默认的对齐方式为左对齐。由于此项的内容较多，在后面会有详细的说明。

(3) 【样式】：用来选择文字样式。

在命令行中输入 S 并按 Enter 键，执行此命令，会出现如下信息：

```
输入样式名或 [?] <Standard>:
```

此信息提示用户在"输入样式名或 [?] <Standard>"后输入一种文字样式的名称(默认值是当前样式名)。

输入样式名称后，又会出现"指定文字的起点或 [对正(J)/样式(S)]"的提示，提示用户输入起点位置。输入完起点坐标后按 Enter 键，会出现如下提示：

```
指定高度 <2.5000>:
```

提示用户指定文字的高度。指定高度后按 Enter 键，命令行提示如下：

```
指定文字的旋转角度 <0>:
```

指定角度后按 Enter 键，这时用户就可以输入文字内容了。

在"指定文字的起点或 [对正(J)/样式(S)]"后输入 J 并按 Enter 键，在命令行出现如下信息：

输入选项

[对齐(A)/布满(F)/居中(C)/中间(M)/右对齐(R)/左上(TL)/中上(TC)/右上(TR)/左中(ML)/正中(MC)/右中(MR)/左下(BL)/中下(BC)/右下(BR)]：

即用户可以有以上多种对齐方式选择，各种对齐方式及其说明如表 7-1 所示。

表 7-1　各种对齐方式及其说明

对齐方式	说　明
对齐(A)	给定文字基线的起点和终点，文字在此基线上均匀排列，这时可以调整字高比例以防止字符变形
布满(F)	给定文字基线的起点和终点，文字在此基线上均匀排列，而文字的高度保持不变，这时字型的间距要进行调整
居中(C)	给定一个点的位置，文字以该点为中心水平排列
中间(M)	指定文字串的中间点
右对齐(R)	指定文字串的右基线点
左上(TL)	指定文字串的顶部左端点与大写字母顶部对齐
中上(TC)	指定文字串的顶部中心点以大写字母顶部为中心点
右上(TR)	指定文字串的顶部右端点与大写字母顶部对齐
左中(ML)	指定文字串的中部左端点与大写字母和文字基线之间的线对齐
正中(MC)	指定文字串的中部中心点与大写字母和文字基线之间的中心线对齐
右中(MR)	指定文字串的中部右端点与大写字母和文字基线之间的一点对齐
左下(BL)	指定文字左侧起始点，与水平线的夹角为字体的选择角，且过该点的直线就是文字中最下方字符字底的基线
中下(BC)	指定文字沿排列方向的中心点，最下方字符字底基线与 BL 相同
右下(BR)	指定文字串的右端底部是否对齐

提示

要结束单行输入，在一空白行处按 Enter 键即可。

7.1.2　编辑单行文字

与绘图类似的是，在建立文字时，也有可能出现错误操作，这时就需要编辑文字。

(1) 编辑单行文字的方法有以下几种。

● 　在命令行中输入 Ddedit 后按 Enter 键。

● 　用鼠标双击文字，即可实现编辑单行文字的操作。

(2) 编辑单行文字的具体方法。

在命令行中输入 Ddedit 后按 Enter 键，出现捕捉标志▫。移动光标将此捕捉标志移至需要编辑的文字位置，然后单击选中文字实体。

在这样的操作下修改的只是单行文字的内容，修改完文字内容后按两次 Enter 键即可。

7.2 多 行 文 字

对于较长和较为复杂的内容，可以使用【多行文字】命令来创建多行文字。多行文字可以布满指定的宽度，在垂直方向上无限延伸。用户可以自行设置多行文字对象中的单个字符的格式。

多行文字由任意数目的文字行或段落组成，与单行文字不同的是，在一个多行文字编辑任务中创建的所有文字行或段落都被当作同一个多行文字对象。多行文字可以被移动、旋转、删除、复制、镜像、拉伸或比例缩放。

7.2.1 多行文字介绍

可以将文字高度、对正、行距、旋转、样式和宽度应用到文字对象中或将字符格式应用到特定的字符中。对齐方式要根据文字边界决定文字要插入的位置。

与单行文字相比，多行文字具有更多的编辑选项。可以将下划线、字体、颜色和高度等变化应用到段落中的单个字符、词语或词组。

在【默认】选项卡的【注释】面板或【注释】选项卡的【文字】面板中单击【多行文字】按钮 A，在主窗口会打开【文字编辑器】选项卡(包括图 7-1 所示的几个面板)，同时显示在位文字编辑器及其标尺，如图 7-2 所示。

图 7-1 【文字编辑器】选项卡

图 7-2 在位文字编辑器及其标尺

在【文字编辑器】选项卡中包括【样式】、【格式】、【段落】、【插入】、【拼写检查】、【工具】、【选项】、【关闭】8 个面板，可以根据不同的需要对多行文字进行编辑和修改，下面进行具体的介绍。

1) 【样式】面板

在【样式】面板中可以选择文字样式，可以选择或输入文字高度，其中【文字高度】下拉列表如图 7-3 所示。

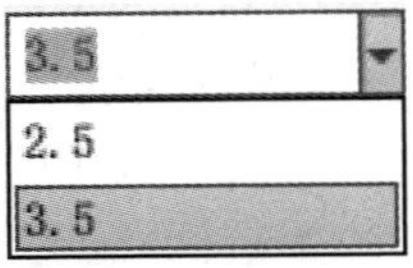

2) 【格式】面板

在【格式】面板中可以对字体进行设置，如可以将字体修改为粗体、斜体等。用户还可以选择自己需要的字体及颜色，其【字体】下拉列表如图 7-4 所示，【颜色】下拉列表如图 7-5 所示。

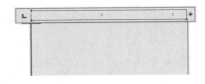

图 7-3 【文字高度】下拉列表

图 7-4　【字体】下拉列表

图 7-5　【颜色】下拉列表

3)【段落】面板

在【段落】面板中可以对段落进行设置，包括对正、编号、分布、对齐等，其中【对正】下拉列表如图 7-6 所示。

4)【插入】面板

在【插入】面板中可以插入符号、字段，可以进行分栏设置，其中【符号】下拉列表如图 7-7 所示。

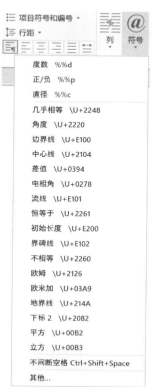

图 7-6　【对正】下拉列表

图 7-7　【符号】下拉列表

5) 【拼写检查】面板

将文字输入图形中时，在【拼写检查】面板中可以检查所有文字的拼写，也可以指定已使用的特定语言的词典并自定义和管理多个自定义拼写词典。

可以检查图形中所有文字对象的拼写，包括：

- 单行文字和多行文字。
- 标注文字。
- 多重引线文字。
- 块属性中的文字。
- 外部参照中的文字。

使用拼写检查，将搜索用户指定的图形或图形的文字区域中拼写错误的词语。如果找到拼写错误的词语，则将亮显该词语并在绘图区域将其缩放为便于读取该词语的比例。

6) 【工具】面板

在【工具】面板中可以搜索指定的文字字符串并用新文字进行替换。

7) 【选项】面板

在【选项】面板中可以显示其他文字选项列表框，如图 7-8 所示。在其中选择【编辑器设置】|【显示工具栏】命令，如图 7-9 所示，打开如图 7-10 所示的【文字格式】工具栏。也可以用此工具栏中的命令来编辑多行文字，它和【多行文字】选项卡下的几个面板提供的命令相同。

图 7-8 其他文字选项列表框

图 7-9 选择【显示工具栏】命令

图 7-10 【文字格式】工具栏

8) 【关闭】面板

单击【关闭文字编辑器】按钮可以返回到原来的主窗口，完成多行文字的编辑操作。

7.2.2 创建多行文字

可以通过以下几种方式创建多行文字。

- 在【默认】选项卡的【注释】面板或【注释】选项卡的【文字】面板中单击【多行文字】按钮A。
- 在命令行中输入 mtext 后按 Enter 键。
- 在菜单栏中选择【绘图】|【文字】|【多行文字】命令。

提示　创建的多行文字对象高度取决于输入的文字总量。

命令行提示如下：

```
命令: _mtext 当前文字样式: "Standard"  文字高度:2.5  注释性:  否
指定第一角点:
指定对角点或 [高度(H)/对正(J)/行距(L)/旋转(R)/样式(S)/宽度(W) /栏(C)]: h
指定高度 <2.5>: 60
指定对角点或 [高度(H)/对正(J)/行距(L)/旋转(R)/样式(S)/宽度(W) /栏(C)]: w
指定宽度:100
```

此时绘图区如图 7-11 所示。

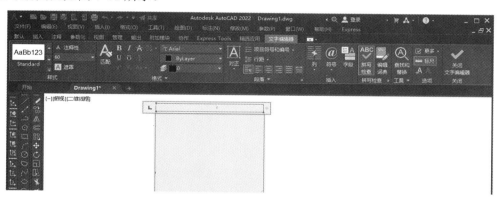

图 7-11　指定宽度后绘图区所显示的图形

用【多行文字】命令创建的文字如图 7-12 所示。

云杰漫步多
媒体

图 7-12　用【多行文字】命令创建的文字

7.2.3　编辑多行文字

下面介绍编辑多行文字的方法和操作步骤。

1) 编辑多行文字的方法

● 　在命令行中输入 mtedit 后按 Enter 键。

● 　在菜单栏中选择【修改】|【对象】|【文字】|【编辑】命令。

2) 编辑多行文字的操作步骤

在命令行中输入 mtedit 后，选择多行文字对象，会重新打开【文字编辑器】选项卡和在位文字编辑器，此时可以将原来的文字重新编辑为用户所需要的文字。原来的文字如图 7-13

所示，编辑后的文字如图 7-14 所示。

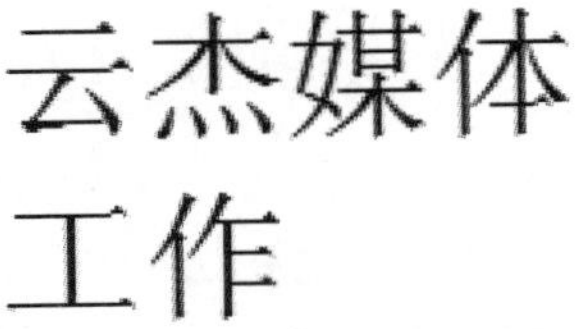

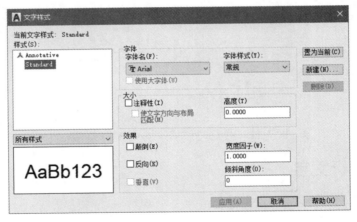

图 7-13　原【多行文字】命令输入的文字 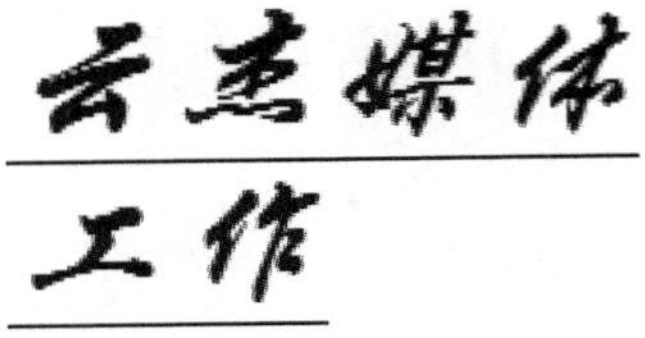　　　图 7-14　编辑后的文字

7.3　文字样式

在绘制的图形中，所有的文字都有相应的文字样式。当输入文字时，AutoCAD 会使用当前的文字样式作为其默认的样式，该样式可以包括字体、样式、高度、宽度比例和其他文字特性，而设置文字样式通常是在【文字样式】对话框中进行的。

7.3.1　打开【文字样式】对话框的方法

打开【文字样式】对话框有以下几种方法。
● 在命令行中输入 style 后按 Enter 键。
● 在菜单栏中选择【格式】|【文字样式】命令。

【文字样式】对话框如图 7-15 所示，它包含了 4 个选项组：【样式】选项组、【字体】选项组、【大小】选项组和【效果】选项组。由于【大小】选项组中的参数通常会按照默认进行设置，不做修改，因此，下面着重介绍其他 3 个选项组的参数设置方法。

图 7-15　【文字样式】对话框

7.3.2　【样式】选项组参数设置

在【样式】选项组中可以新建、重命名和删除文字样式。用户可以从左边的列表框中选择相应的文字样式名称；可以单击【新建】按钮来新建一种文字样式的名称；可以用鼠标右键单击选择的样式，在右键快捷菜单中选择【重命名】命令为某一文字样式重新命名；还可以单击【删除】按钮删除某一文字样式的名称。

当用户所需的文字样式不够用，需要创建一个新的文字样式时，具体操作步骤如下。

(1) 在命令行中输入 style 后按 Enter 键，或者在打开的【文字样式】对话框中，单击【新建】按钮，打开如图 7-16 所示的【新建文字样式】对话框。

图 7-16　【新建文字样式】对话框

(2) 在【样式名】文本框中输入新创建的文字样式的名称后，单击【确定】按钮。若未输入文字样式的名称，则 AutoCAD 会自动将该样式命名为"样式 1"(AutoCAD 会自动地为每一个新命名的样式加 1)。

7.3.3　【字体】选项组参数设置

在【字体】选项组中可以设置字体的名称和字体样式。AutoCAD 为用户提供了许多不同的字体，用户可以在如图 7-17 所示的【字体名】下拉列表中选择要使用的字体。

图 7-17　【字体名】下拉列表

7.3.4　【效果】选项组参数设置

在【效果】选项组中可以设置字体的排列方法和距离等。用户可以选中【颠倒】、【反向】和【垂直】复选框来分别设置文字的排列样式，也可以在【宽度因子】和【倾斜角度】文本框中输入相应的数值来设置文字的辅助排列样式。下面介绍选中【颠倒】、【反向】和【垂直】复选框来分别设置样式和设置后的文字效果。

如图 7-18 所示，当选中【颠倒】复选框时，显示的颠倒文字效果如图 7-19 所示。

图 7-18　选中【颠倒】复选框

图 7-19　显示的颠倒文字效果

如图 7-20 所示，选中【反向】复选框时，显示的反向文字效果如图 7-21 所示。

图 7-20　选中【反向】复选框

图 7-21　显示的反向文字效果

如图 7-22 所示，选中【垂直】复选框时，显示的垂直文字效果如图 7-23 所示。

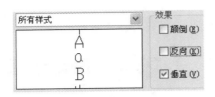

图 7-22　启用【垂直】复选框　　　　　图 7-23　显示的垂直文字效果

7.4　创建和编辑表格

在 AutoCAD 中，可以使用【表格】命令创建表格；可以从 Microsoft Excel 中直接复制表格，并将其作为 AutoCAD 表格对象粘贴到图形中；也可以从外部直接导入表格对象。此外，还可以导出 AutoCAD 的表格数据，以供 Microsoft Excel 或其他应用程序使用。

7.4.1　创建表格样式

使用表格可以使信息表达得很有条理、便于阅读，同时表格也具备计算功能。

1) 【表格样式】对话框

在菜单栏中，选择【格式】|【表格样式】命令，打开如图 7-24 所示的【表格样式】对话框，在该对话框中可以设置当前表格样式，以及创建、修改和删除表格样式。

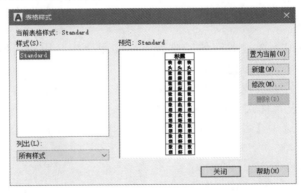

图 7-24　【表格样式】对话框

下面介绍【表格样式】对话框中主要选项的功能。

- 【当前表格样式】：显示所创建表格的当前表格样式名称。默认表格样式为 Standard。
- 【样式】：表格样式列表框。当前样式被亮显。
- 【列出】：控制【样式】列表框的内容。其中【所有样式】选项表示显示所有表格样式；【正在使用的样式】选项表示仅显示被当前图形中的表格引用的表格样式。
- 【预览】：显示【样式】列表框中选定样式的预览图像。
- 【置为当前】：将【样式】列表框中选定的表格样式设置为当前样式。所有新表格都将使用此表格样式创建。
- 【新建】：单击该按钮，将打开【创建新的表格样式】对话框，从中可以定义新的表格样式。

- 【修改】：单击该按钮，将打开【修改表格样式】对话框，从中可以修改表格样式。
- 【删除】：单击该按钮，将删除【样式】列表框中选定的表格样式。需要注意的是，不能删除图形中正在使用的样式。

2) 【创建新的表格样式】对话框

单击【新建】按钮，打开如图 7-25 所示的【创建新的表格样式】对话框，在此可以定义新的表格样式。在【新样式名】文本框中输入要建立的表格名称，然后单击【继续】按钮。

图 7-25　【创建新的表格样式】对话框

3) 【新建表格样式】对话框

【新建表格样式】对话框如图 7-26 所示，在该对话框中通过对【起始表格】、【常规】、【单元样式】等选项组中的参数完成对表格样式的设置。

(1) 【起始表格】选项组。

起始表格是图形中用于设置新表格样式的样例表格。一旦选定一个表格，用户即可指定从此表格复制其表格样式的结构和内容。创建新的表格样式时，可以指定一个起始表格，也可以从表格样式中删除起始表格。

(2) 【常规】选项组。

该选项组用来完成对表格方向的设置，其中【表格方向】下拉列表框用来设置表格方向；选择【向下】选项将创建由上而下读取的表格，标题行和列标题位于表格的顶部；选择【向上】选项将创建由下而上读取的表格，标题行和列标题位于表格的底部。如图 7-27 所示为表格方向设置的方法和表格样式预览窗口的变化。

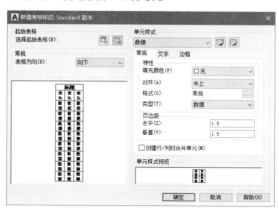

图 7-26　【新建表格样式】对话框

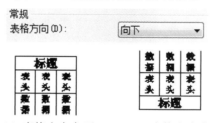

(a) 表格方向向下　　　(b) 表格方向向上

图 7-27　表格方向设置

(3) 【单元样式】选项组。

该选项组用于定义新的单元样式或修改现有的单元样式，可以创建任意数量的单元样式。其中，【单元样式】下拉列表框用来显示表格中的单元样式；【创建新单元样式】按钮用来打开【创建新单元样式】对话框；【管理单元样式】按钮用来打开【管理单元样式】对话框。该选项组中主要包括以下选项卡。

图 7-28 　【常规】选项卡

① 【常规】选项卡：主要包括【特性】选项、【页边距】选项和【创建行/列时合并单元】复选框的设置，如图 7-28 所示。

② 【文字】选项卡：主要包括表格内文字的样式、高度、颜色和角度的设置，如图 7-29 所示。

③ 【边框】选项卡：主要包括表格边框的线宽、线型和颜色的设置，还可以将表格内的线设置成双线形式，单击表格边框按钮可以将选定的特性应用到边框，如图 7-30 所示。边框特性包括栅格线的线宽和颜色，共 8 种边框形式，即【所有边框】按钮：将边框特性设置应用到指定单元样式的所有边框；【外边框】按钮：将边框特性设置应用到指定单元样式的外部边框；【内边框】按钮：将边框特性设置应用到指定单元样式的内部边框；【底部边框】按钮：将边框特性设置应用到指定单元样式的底部边框；【左边框】按钮：将边框特性设置应用到指定的单元样式的左边框；【上边框】按钮：将边框特性设置应用到指定单元样式的上边框；【右边框】按钮：将边框特性设置应用到指定单元样式的右边框；【无边框】按钮：隐藏指定单元样式的边框。

图 7-29 　【文字】选项卡

图 7-30 　【边框】选项卡

(4) 【单元样式预览】选项组

该选项组用于显示当前表格样式设置的效果。

 注意　　边框设置好后，一定要单击表格边框按钮应用选定的特性。如不应用，表格中的边框线在打印和预览时都看不见。

7.4.2　绘制表格

创建表格样式的最终目的是为了绘制表格，下面将详细介绍利用表格样式绘制表格的方法。

在菜单栏中，选择【绘图】|【表格】命令或在命令行中输入 TABLE 后按 Enter 键，都会打开如图 7-31 所示的【插入表格】对话框。

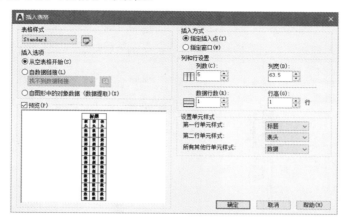

图 7-31 【插入表格】对话框

下面介绍【插入表格】对话框中各选项的功能。

1)【表格样式】选项组

在要创建表格的当前图形中选择表格样式。通过【表格样式】下拉列表框，用户可以创建新的表格样式。

2)【插入选项】选项组

指定插入表格的方式，主要选项如下。

- 【从空表格开始】单选按钮：创建可以手动填充数据的空表格。
- 【自数据链接】单选按钮：从外部电子表格中的数据创建表格。
- 【自图形中的对象数据(数据提取)】单选按钮：启动【数据提取】向导。

3)【预览】选项组

显示当前表格样式的样例。

4)【插入方式】选项组

指定表格的位置，主要选项如下。

- 【指定插入点】单选按钮：指定表格左上角的位置。可以使用定点设备，也可以在命令行中输入坐标值。如果将表格样式中的表格方向设置为由下而上读取，则插入点位于表格的左下角。
- 【指定窗口】单选按钮：指定表格的大小和位置。可以使用定点设备，也可以在命令行中输入坐标值。选中此单选按钮时，行数、列数、列宽和行高取决于窗口的大小以及列和行的设置。

5)【列和行设置】选项组

设置列和行的数目及大小，主要选项如下。

- ⅢⅢ按钮：表示列。
- 目按钮：表示行。
- 【列数】：指定列数。选中【指定窗口】单选按钮并选中【列数】单选按钮时，【列宽】将变为"自动"，且列数由表格的宽度控制，如图 7-32 所示。如果已指定包含起始表格的表格样式，则可以选择要添加到此起始表格的其他列的数量。

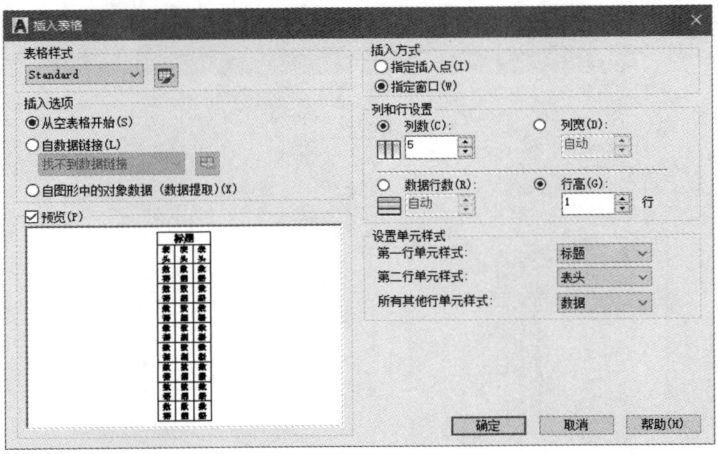

图 7-32　选中【指定窗口】单选按钮时的【插入表格】对话框

- 【列宽】：指定列的宽度。选中【指定窗口】单选按钮并选中【列宽】单选按钮时，【列数】将变为"自动"，且列宽由表格的宽度控制。最小列宽为一个字符。
- 【数据行数】：指定行数。选中【指定窗口】单选按钮并选中【数据行数】单选按钮时，【行高】将变为"自动"，且行数由表格的高度控制。带有标题行和表格头行的表格样式最少应有三行。最小行高为一个文字行。如果已指定包含起始表格的表格样式，则可以选择要添加到此起始表格的其他数据行的数量。
- 【行高】：按照行数指定行高。文字行高基于文字高度和单元边距，这两项均在表格样式中设置。选中【指定窗口】单选按钮并选中【行高】单选按钮时，【数据行数】将变为"自动"，且行高由表格的高度控制。

注意

在【插入表格】对话框中，要注意列宽和行高的设置。

6)【设置单元样式】选项组

对于那些不包含起始表格的表格样式，需指定新表格中行的单元格式，该选项组中主要选项如下。

- 【第一行单元样式】：指定表格中第一行的单元样式。默认情况下，使用标题单元样式。
- 【第二行单元样式】：指定表格中第二行的单元样式。默认情况下，使用表头单元样式。
- 【所有其他行单元样式】：指定表格中所有其他行的单元样式。默认情况下，使用数据单元样式。

7.4.3　编辑表格

在创建表格之后，通常需要对表格的内容进行修改。修改表格的方法包括合并单元格和增删表格内容。

1）合并单元格

选择要合并的单元格，用鼠标右键单击，在弹出的快捷菜单中选择【合并】命令，如图 7-33 所示，其包含了【按行】、【按列】、【全部】三个命令。

图 7-33　选择【合并】命令

2）增删表格内容

在表格内，如果想增删内容，比如增加列，可执行以下操作。

单击想要添加的单元格，用鼠标右键单击，在弹出的快捷菜单中选择【列】命令，其包含【在左侧插入】、【在右侧插入】、【删除】三个命令，可按需要增加列、删除列。

7.4.4　设置表格文字

下面介绍设置表格文字的方法。首先启动文字编辑器，打开一个表格，双击绘图栏中要输入文字的单元格，打开如图 7-34 所示的【文字编辑器】选项卡，它用于控制多行文字对象的文字样式和选定文字的字符格式和段落格式。

图 7-34　【文字编辑器】选项卡

下面介绍【文字编辑器】选项卡主要选项的功能。

1）【样式】面板

用来设置多行文字对象的文字样式。当前样式保存在 TEXTSTYLE 系统变量中。如果将新样式应用到现有的多行文字对象中，字体、高度、粗体或斜体等字符格式将被替代。堆叠、下划线和颜色属性将保留在应用了新样式的字符中。

- 【注释性】按钮 注释性：打开或关闭当前多行文字对象的注释性。
- 【文字高度】下拉列表框：按图形单位设置新文字的字符高度或修改选定文字的高度。如果当前文字样式没有固定高度，则文字高度是 TEXTSIZE 系统变量中存储的值。

2）【格式】面板

- 【字体】下拉列表框：为新输入的文字指定字体或改变选定文字的字体。其中 TrueType 字体按字体的名称列出，AutoCAD 编译的 SHX 字体按字体所在文件的名称列出。
- 【文字颜色】选项 ByBlock：指定新文字的颜色或更改选定文字的颜色，可以为文字指定与被打开的图层相关联的颜色(随层)或所在块的颜色(随块)，也可以从颜色列表中选择一种颜色。
- 【堆叠】选项：如果选定文字中包含堆叠字符，则创建堆叠文字(例如分数)。如果选定堆叠文字，则取消堆叠。使用堆叠字符、插入符(^)、正向斜杠(/)和磅符号(#)时，堆叠字符左侧的文字将堆叠在字符右侧的文字之上。

3) 【段落】面板

● 【对正】选项 A：显示多行文字对正菜单，并且有 9 个对齐选项可用，【左上】为默认选项。

● 【段落】选项 ：显示【段落】对话框。

● 【左对齐】、【居中】、【右对齐】、【对正】和【分布】选项 ：设置当前段落或选定段落的左、中或右文字边界的对正和分布方式。操作时，包含在一行的末尾输入的空格，并且这些空格会影响行的对正。

● 【行距】选项 ：显示建议的行距选项或【段落】对话框，在当前段落或选定段落中设置行距。注意，行距是多行段落中文字的上一行底部和下一行顶部之间的距离。

● 【项目符号和编号】选项 ：显示项目符号和编号菜单，它们是用于创建列表的选项(表格单元不能使用此选项)。缩进列表时，与第一个选定的段落对齐。

4) 【选项】面板

● 【放弃】选项 ：在"在位文字编辑器"中放弃操作，包括对文字内容或文字格式所做的修改。也可以使用 Ctrl+Z 组合键。

● 【重做】选项 ：在"在位文字编辑器"中重做操作，包括对文字内容或文字格式所做的修改。也可以使用 Ctrl+Y 组合键。

注意 由于正在编辑的内容不同，有些选项可能不可用。

7.4.5 填写表格内容

表格内容的填写包括输入文字、插入块、插入公式等内容，下面将详细介绍。

1) 单击表格

单击要输入文字的表格，打开如图 7-35 所示的【表格单元】选项卡，在其中的【行】、【列】和【合并】面板中可以进行插入新表格的操作，在【单元样式】和【单元格式】面板中可以设置相应的单元内容。

图 7-35 【表格单元】选项卡

2) 输入文字

单击要输入文字的表格，打开如图 7-36 所示的【文字编辑器】选项卡，在【插入】面板中可以进行插入新表格的操作；在【样式】和【格式】面板，可以设置相应的单元内容。

图 7-36 【文字编辑器】选项卡

3）单元格内插入块

选择任意单元格，单击鼠标右键，在弹出的快捷菜单中选择【插入点】|【块】命令，打开如图 7-37 所示的【在表格单元中插入块】对话框。

下面介绍【在表格单元中插入块】对话框中各选项的主要功能。

（1）【名称】下拉列表：主要用来设置块的名称，单击后面的【浏览】按钮可以查找其他图形中的块。

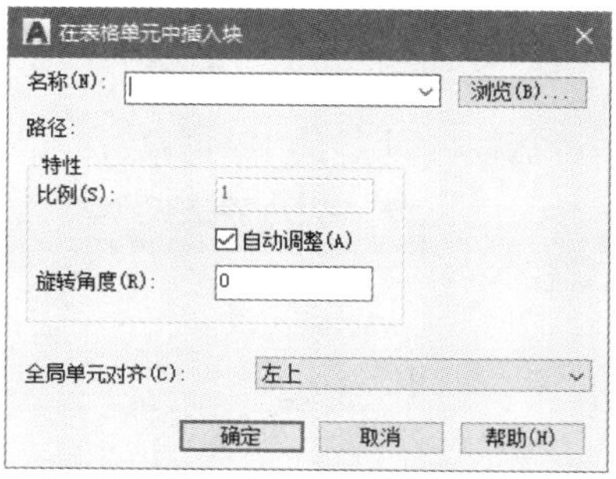

图 7-37　【在表格单元中插入块】对话框

（2）【特性】选项组：主要有两组参数，其中【比例】文本框用来指定块参照的比例，输入值或选中【自动调整】复选框可以适应选定的单元；【旋转角度】文本框用来指定块的旋转角度。

（3）【全局单元对齐】下拉列表框：指定块在表格单元中的对齐方式。它会将块相对于上、下单元边框居中对齐、上对齐或下对齐，相对于左、右单元边框居中对齐、左对齐或右对齐。

4）插入公式

选择任意单元格，单击鼠标右键，在弹出的快捷菜单中选择【插入点】|【公式】|【方程式】命令，如图 7-38 所示，在单元格内输入公式，然后单击【文字格式】对话框中的【确定】按钮，完成插入公式的操作。

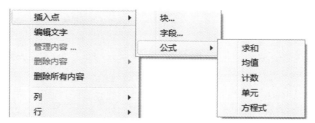

图 7-38　快捷菜单

7.5　设 计 范 例

7.5.1　电气元件文字注释范例

本范例完成文件：范例文件\第 7 章\7-1.dwg

多媒体教学路径：多媒体教学→第 7 章→7.5.1 范例

 范例分析

本范例将介绍电路图中的电气元件注释文字的标注方法，主要是设置文字样式，使用文字命令创建注释文字，并进行其他设置。

范例操作

01 打开电气元件图形，在菜单栏中选择【格式】|【文字样式】命令，打开【文字样式】对话框，设置其中的参数，如图 7-39 所示。

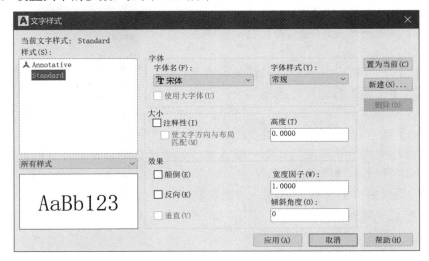

图 7-39　【文字样式】对话框

02 单击【默认】选项卡【注释】组中的【多行文字】按钮 A，在图形下设置在位文字编辑器，打开【文字编辑器】选项卡，设置其中的参数，如图 7-40 所示。

图 7-40　设置文字参数

03 在"在位文字编辑器"中输入文字"三向开关"，如图 7-41 所示。

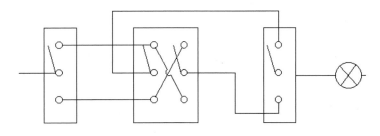

三向开关

图 7-41　添加文字"三向开关"

04 单击【默认】选项卡【修改】组中的【复制】按钮 ，复制文字，如图 7-42 所示。

05 单击【默认】选项卡【注释】组中的【多行文字】按钮 A，添加文字"六向开关"，如图 7-43 所示。

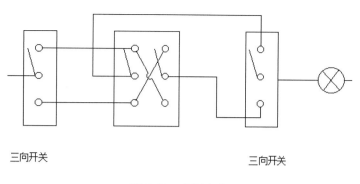

图 7-42　复制文字

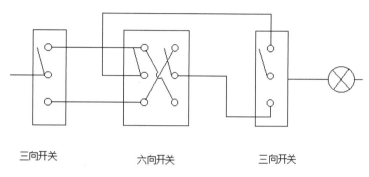

图 7-43　添加文字"六向开关"

06 按照同样的方法添加其余文字，完成电气元件文字注释。至此范例制作完成，结果如图 7-44 所示。

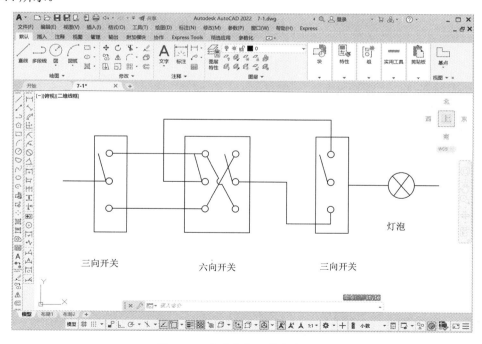

图 7-44　完成电气元件文字注释

7.5.2 绘制电气设备表范例

 本范例完成文件：范例文件\第 7 章\7-2.dwg

 多媒体教学路径：多媒体教学→第 7 章→7.5.2 范例

范例分析

本范例是在 AutoCAD 中进行创建电气设备表格的基本操作，其中包括插入表格、设置表格样式、移动表格和编辑表格等，从而创建出电气设备表。

范例操作

01 新建一个文件，在菜单栏中选择【格式】|【表格样式】命令，打开【表格样式】对话框，设置表格样式，如图 7-45 所示。

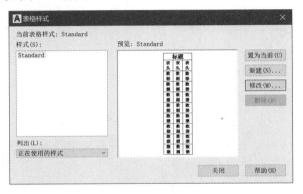

图 7-45 设置表格样式

02 单击【默认】选项卡【注释】组中的【表格】按钮，在弹出的【插入表格】对话框中设置参数，如图 7-46 所示。

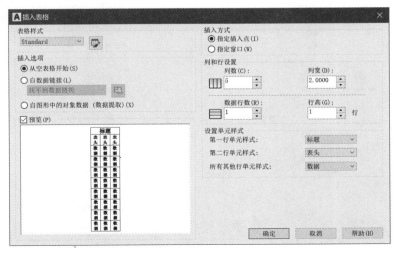

图 7-46 【插入表格】对话框

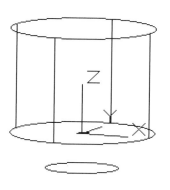

图 10-49　绘制圆形

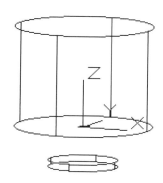

图 10-50　拉伸圆形

05 使用圆工具绘制一个半径为 16 的圆形，圆心坐标为(0, 0, -24)，如图 10-51 所示。

06 使用拉伸工具拉伸圆形，距离为 20，如图 10-52 所示。

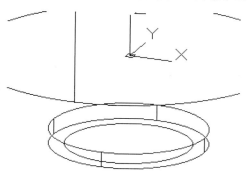

图 10-51　绘制圆形

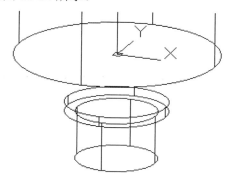

图 10-52　拉伸圆形

07 使用圆工具绘制一个半径为 2 的圆形，如图 10-53 所示。

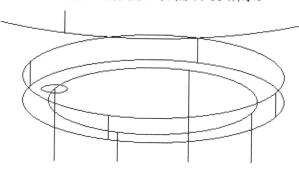

图 10-53　绘制圆形

08 使用圆弧工具绘制圆弧，如图 10-54 所示。

09 单击【实体】选项卡【实体】面板中的【扫掠】按钮🗗，选择圆形作为扫掠对象，圆弧作为路径，创建扫掠特征，如图 10-55 所示。

10 单击【常用】选项卡【修改】面板中的【环形阵列】按钮⚙，创建环形阵列，将数量设置为 28，参数设置和阵列结果如图 10-56 所示。

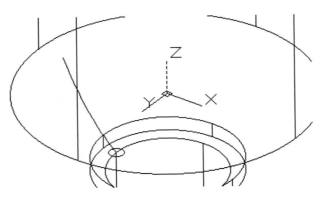

图 10-54　绘制圆弧

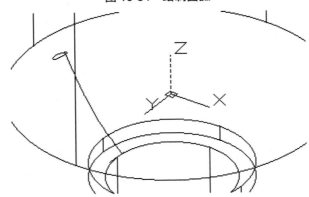

图 10-55　创建扫掠特征

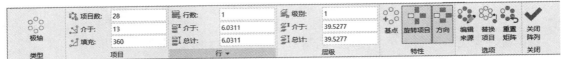

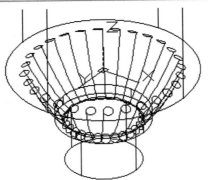

图 10-56　阵列特征

11　使用圆工具绘制一个半径为 3 的圆形，如图 10-57 所示。

12　使用拉伸工具拉伸图形，距离为 150，如图 10-58 所示。

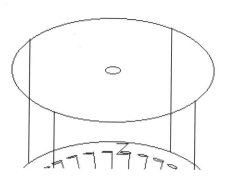

图 10-57　绘制圆形

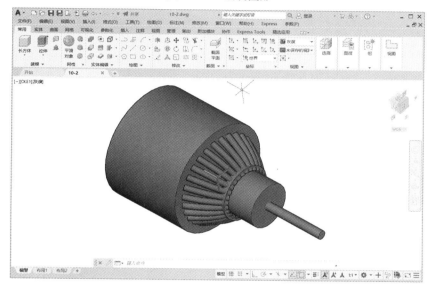

图 10-58　拉伸圆形

至此完成电枢模型的创建，如图 10-59 所示。

图 10-59　电枢模型

10.6　本　章　小　结

　　三维立体是一种直观、立体的表现方式。要在平面的基础上表示三维图形，需要了解和掌握三维绘图知识。本章介绍了在 AutoCAD 2022 中绘制三维电气模型的方法，其中主要包括创建三维坐标和视点、绘制三维曲面和实体对象等内容。读者通过对本章的学习，可以掌握绘制三维电气模型的方法，也可以对二维绘图和三维绘图的关系有进一步的了解。

第 11 章
编辑渲染电气三维模型

本章导读

　　三维绘图是绘图中较为高端的手段，工作中经常需要对三维电气模型进行修改编辑，才能完成复杂的三维电气模型结构。本章主要向用户介绍三维电气模型编辑的基础知识，包括剖切和三维操作，同时讲解并集、差集、交集运算和实体面操作等；最后讲解消隐和渲染，使读者能够全面掌握三维实体绘图。

11.1　编辑三维对象

与编辑二维图形对象一样，用户也可以编辑三维图形对象，且二维图形对象中的大多数编辑命令都适用于三维图形。下面将介绍三维图形对象的编辑命令，如剖切实体、三维阵列、三维镜像、三维旋转等。

11.1.1　剖切实体

AutoCAD 2022 提供了对三维实体进行剖切的功能，用户可以利用这个功能很方便地绘制实体的剖切面。【剖切】命令的调用方法有以下几种。

- 选择【修改】|【三维操作】|【剖切】菜单命令。
- 单击【常用】选项卡【实体编辑】面板中的【剖切】按钮。
- 在命令行输入命令 slice 后按 Enter 键。

此时命令行提示如下：

```
命令: slice
选择要剖切的对象: 找到 1 个              //选择剖切对象
选择要剖切的对象:
指定 切面 的起点或 [平面对象(O)/曲面(S)/Z 轴(Z)/视图(V)/XY(XY)/YZ(YZ)/ZX(ZX)/三点
(3)] <三点>:                          //选择点1
指定平面上的第二个点:                   //选择点2
指定平面上的第三个点:                   //选择点3
在所需的侧面上指定点或 [保留两个侧面(B)] <保留两个侧面>:      //输入 B 则两侧都保留
```

剖切后的实体如图 11-1 所示。

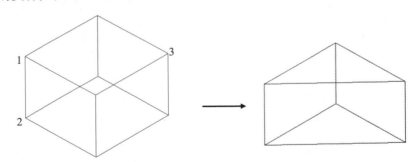

图 11-1　剖切实体

剖切创建横截面的目的是为了显示三维对象的内部细节。通过【剖切】命令，可以创建截面对象并将其作为穿过实体、曲面、网格或面域的剪切平面。打开活动截面，在三维模型中移动截面对象，可以实时显示其内部细节。

1) 将截面平面与三维面对齐

设置截面平面的一种方法是单击现有三维对象的面(移动光标时，会出现一个点轮廓，表示要选择的平面的边)。截面平面自动与所选面的平面对齐，如图 11-2 所示。

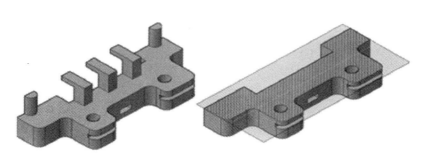

图 11-2　与面对齐的截面对象

2) 创建直剪切平面

拾取两个点可创建直剪切平面，如图 11-3 所示。

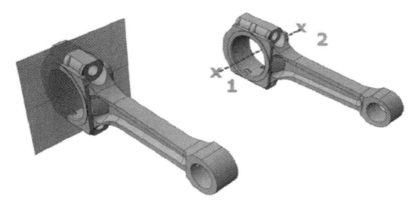

图 11-3　创建直剪切平面

3) 添加折弯段

截面平面可以是直线，也可以包含多个截面或折弯截面。例如，包含折弯的截面是从圆柱体切除扇形楔体形成的，如图 11-4 所示。可以通过绘制截面选项在三维模型中拾取多个点来创建包含折弯线段的截面线。

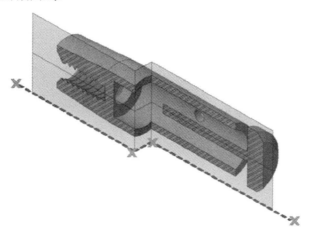

图 11-4　添加折弯段

4) 创建正交截面

可以将截面对象与当前 UCS 的指定正交方向对齐(例如前视、后视、仰视、俯视、左视或右视),如图 11-5 所示。方法是将正交截面平面放置于通过图形中所有三维对象的三维范围的中心位置处。

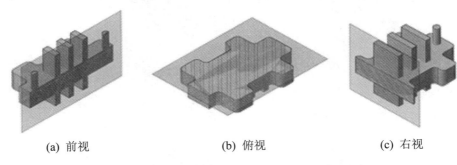

(a) 前视   (b) 俯视   (c) 右视

图 11-5　创建正交截面

5) 创建面域以表示横截面

通过 SECTION 命令,可以创建二维对象,用于表示穿过三维实体对象的平面横截面。使用此方法创建横截面时无法使用活动截面功能,如图 11-6 所示。

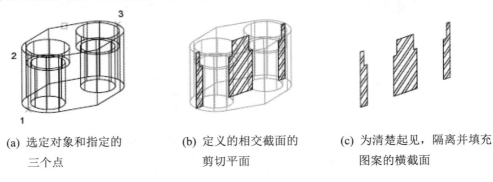

(a) 选定对象和指定的　　　　(b) 定义的相交截面的　　　　(c) 为清楚起见,隔离并填充
      三个点　　　　　　　　　　　　剪切平面　　　　　　　　　　图案的横截面

图 11-6　创建面域

11.1.2　三维阵列

【三维阵列】命令用于在三维空间创建对象的矩形和环形阵列。【三维阵列】命令的调用方法有以下几种。

- 选择【修改】|【三维操作】|【三维阵列】菜单命令。
- 在命令行输入命令 3darray 并按 Enter 键。

命令行提示如下:

```
命令: 3darray
正在初始化... 已加载 3DARRAY。
选择对象:                    //选择要阵列的对象
选择对象:
输入阵列类型 [矩形(R)/环形(P)] <矩形>:
```

这里有两种阵列方式——矩形和环形,下面分别介绍。

1) 矩形阵列

在行(X 轴)、列(Y 轴)和层(Z 轴)矩阵中复制对象。一个阵列必须具有至少两个行、列或层。命令行提示如下：

```
输入阵列类型 [矩形(R)/环形(P)] <矩形>:R
输入行数 (---) <1>:
输入列数 (|||) <1>:
输入层数 (...) <1>:
指定行间距 (---):
指定列间距 (|||):
指定层间距 (...):
```

输入正值将沿 X、Y、Z 轴的正向生成阵列，输入负值将沿 X、Y、Z 轴的负向生成阵列。执行矩形阵列命令后得到的图形如图 11-7 所示。

图 11-7　矩形阵列

2) 环形阵列

环形阵列是指绕旋转轴复制对象。命令行提示如下：

```
输入阵列类型 [矩形(R)/环形(P)] <矩形>:P
输入阵列中的项目数目：                //输入要阵列的数目
指定要填充的角度 (+=逆时针，-=顺时针) <360>:
旋转阵列对象？ [是(Y)/否(N)] <是>:
指定阵列的中心点：
指定旋转轴上的第二点：
```

执行环形阵列命令得到的图形如图 11-8 所示。

图 11-8　环形阵列

11.1.3 三维镜像

【三维镜像】命令用来沿指定的镜像平面创建三维镜像。【三维镜像】命令的调用方法有以下几种。

- 选择【修改】|【三维操作】|【三维镜像】菜单命令。
- 单击【常用】选项卡【修改】面板中的【三维镜像】按钮 。
- 在命令行输入命令 mirror3d 后按 Enter 键。

命令行提示如下：

```
命令：_mirror3d
选择对象：                //选择要镜像的图形
选择对象：
指定镜像平面（三点）的第一个点或
[对象(O)/最近的(L)/Z 轴(Z)/视图(V)/XY 平面(XY)/YZ 平面(YZ)/ZX 平面(ZX)/三点(3)] <三点>：
```

命令行中各选项的说明如下。

(1) 对象(O)：使用选定对象的平面作为镜像平面。

```
选择圆、圆弧或二维多段线线段：
是否删除源对象？[是(Y)/否(N)] <否>：
```

如果输入 y，AutoCAD 将把被镜像的对象放到图形中并删除原始对象。如果输入 n 或按 Enter 键，AutoCAD 将把被镜像的对象放到图形中并保留原始对象。

(2) 最近的(L)：相对于最后定义的镜像平面对选定的对象进行镜像处理。

```
是否删除源对象？[是(Y)/否(N)] <否>：
```

(3) Z 轴(Z)：根据平面上的一个点和平面法线上的一个点定义镜像平面。

```
在镜像平面上指定点：
在镜像平面的 Z 轴（法向）上指定点：
是否删除源对象？[是(Y)/否(N)] <否>：
```

如果输入 y，AutoCAD 将把被镜像的对象放到图形中并删除原始对象。如果输入 n 或按 Enter 键，AutoCAD 将把被镜像的对象放到图形中并保留原始对象。

(4) 视图(V)：将镜像平面与当前视窗中通过指定点的视图平面对齐。

```
在视图平面上指定点 <0,0,0>：              //指定点或按 Enter 键
是否删除源对象？[是(Y)/否(N)] <否>：       //输入 y 或 n 或按 Enter 键
```

如果输入 y，AutoCAD 将把被镜像的对象放到图形中并删除原始对象。如果输入 n 或按 Enter 键，AutoCAD 将把被镜像的对象放到图形中并保留原始对象。

(5) XY 平面(XY)、YZ 平面(YZ)、ZX 平面(ZX)：将镜像平面与一个通过指定点的标准平面(XY、YZ 或 ZX)对齐。

```
指定 (XY,YZ,ZX) 平面上的点 <0,0,0>：
```

(6) 三点(3)：通过三个点定义镜像平面。如果通过指定一点指定此选项，则 AutoCAD 将不再显示"在镜像平面上指定第一点"提示。

在镜像平面上指定第一点：
在镜像平面上指定第二点：
在镜像平面上指定第三点：
是否删除源对象？[是(Y)/否(N)] <N>：

三维镜像得到的图形如图 11-9 所示。

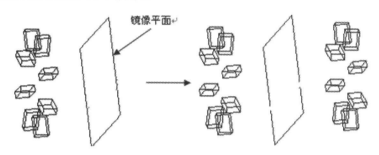

图 11-9　三维镜像

11.1.4　三维旋转

【三维旋转】命令用来在三维空间内旋转三维对象。【三维旋转】命令的调用方法有以下几种。

- 选择【修改】|【三维操作】|【三维旋转】菜单命令。
- 单击【常用】选项卡【修改】面板中的【三维旋转】按钮 ⊕。
- 在命令行输入命令 3drotate 后按 Enter 键。

命令行提示如下：

```
命令：_3drotate
UCS 当前的正角方向：ANGDIR=逆时针　ANGBASE=0
选择对象：找到 1 个
选择对象：
指定基点：
拾取旋转轴：
指定角的起点或键入角度：
指定角的端点：正在重生成模型。
```

三维实体和旋转后的效果如图 11-10 所示。

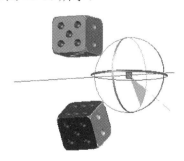

图 11-10　三维实体和旋转后的效果

11.2　编辑三维实体

下面介绍如何对三维实体进行编辑，使用编辑命令可以绘制更复杂的三维图形，其操作包括布尔运算、面编辑和体编辑等，它们主要集中在【修改】菜单的【实体编辑】子菜单和【实体编辑】面板中，如图 11-11 所示。

图 11-11　【实体编辑】子菜单和【实体编辑】面板

11.2.1　并集运算

并集运算是将两个以上三维实体合为一体。【并集】命令的调用方法有以下几种。

- 单击【常用】选项卡【实体编辑】面板中的【并集】按钮 。
- 选择【修改】|【实体编辑】|【并集】菜单命令。
- 在命令行输入命令 union 后按 Enter 键。

命令行提示如下：

```
命令: union
选择对象:        //选择第 1 个实体
选择对象:        //选择第 2 个实体
选择对象:
```

实体进行并集运算后的结果如图 11-12 所示。

11.2.2　差集运算

差集运算是从一个三维实体中去除与其他实体的公共部分。【差集】命令的调用方法有以下几种。

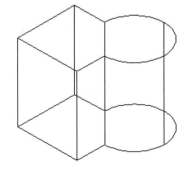

图 11-12　并集运算

- 单击【常用】选项卡【实体编辑】面板中的【差集】按钮 。
- 选择【修改】|【实体编辑】|【差集】菜单命令。

● 　在命令行输入命令 subtract 后按 Enter 键。

命令行提示如下：

```
命令：_subtract
选择要从中减去的实体、曲面和面域...
选择对象：              //选择被减去的实体
选择要减去的实体、曲面和面域...
选择对象：              //选择减去的实体
```

实体进行差集运算后的结果如图 11-13 所示。

图 11-13　差集运算

11.2.3　交集运算

交集运算是将几个实体相交的公共部分保留。【交集】命令的调用方法有以下几种。

● 　单击【常用】选项卡【实体编辑】面板中的【交集】按钮 。

● 　选择【修改】|【实体编辑】|【交集】菜单命令。

● 　在命令行输入命令 intersect 后按 Enter 键。

命令行提示如下：

```
命令：_intersect
选择对象：        //选择第 1 个实体
选择对象：        //选择第 2 个实体
```

实体进行交集运算后的结果如图 11-14 所示。

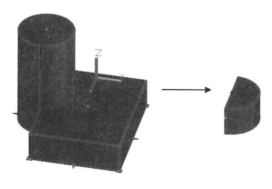

图 11-14　交集运算

11.2.4　拉伸面

　　【拉伸面】命令主要用于对实体的某个面进行拉伸处理，从而形成新的实体。选择【修改】|【实体编辑】|【拉伸面】菜单命令，或者单击【常用】选项卡【实体编辑】面板中的【拉伸面】按钮，即可进行拉伸面操作，命令行提示如下：

```
命令：_solidedit
实体编辑自动检查：SOLIDCHECK=1
输入实体编辑选项 [面(F)/边(E)/体(B)/放弃(U)/退出(X)] <退出>：_face
输入面编辑选项
[拉伸(E)/移动(M)/旋转(R)/偏移(O)/倾斜(T)/删除(D)/复制(C)/颜色(L)/材质(A)/放弃(U)/退出(X)] <退出>：_extrude
选择面或 [放弃(U)/删除(R)]：                    //选择实体上的面
选择面或 [放弃(U)/删除(R)/全部(ALL)]：
指定拉伸高度或 [路径(P)]：                    //输入 P 则选择拉伸路径
指定拉伸的倾斜角度 <0>：
已开始实体校验。
已完成实体校验。
```

　　实体经过拉伸面操作后的结果如图 11-15 所示。

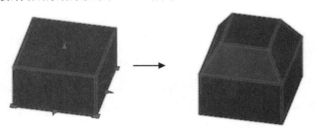

图 11-15　拉伸面操作

11.2.5　移动面

　　【移动面】命令主要用于对实体的某个面进行移动处理，从而形成新的实体。选择【修改】|【实体编辑】|【移动面】菜单命令，或者单击【常用】选项卡【实体编辑】面板中的【移动面】按钮，即可进行移动面操作，命令行提示如下：

```
命令：_solidedit
实体编辑自动检查：SOLIDCHECK=1
输入实体编辑选项 [面(F)/边(E)/体(B)/放弃(U)/退出(X)] <退出>：_face
输入面编辑选项
[拉伸(E)/移动(M)/旋转(R)/偏移(O)/倾斜(T)/删除(D)/复制(C)/颜色(L)/材质(A)/放弃(U)/退出(X)] <退出>：_move
选择面或 [放弃(U)/删除(R)]：        //选择实体上的面
选择面或 [放弃(U)/删除(R)/全部(ALL)]：
指定基点或位移：                //指定一点
指定位移的第二点：                //指定第二点
已开始实体校验。
已完成实体校验。
```

实体经过移动面操作后的结果如图 11-16 所示。

图 11-16　移动面操作

11.2.6　偏移面

【偏移面】命令用于按指定的距离或通过指定的点，将面均匀地偏移。正值距离会增大实体的大小或体积，负值距离会减小实体的大小或体积。选择【修改】|【实体编辑】|【偏移面】菜单命令，或者单击【常用】选项卡【实体编辑】面板中的【偏移面】按钮，即可进行偏移面操作，命令行提示如下：

```
命令：_solidedit
实体编辑自动检查：SOLIDCHECK=1
输入实体编辑选项 [面(F)/边(E)/体(B)/放弃(U)/退出(X)] <退出>：_face
输入面编辑选项
[拉伸(E)/移动(M)/旋转(R)/偏移(O)/倾斜(T)/删除(D)/复制(C)/颜色(L)/材质(A)/放弃(U)/退
出(X)] <退出>：
_offset
选择面或 [放弃(U)/删除(R)]：找到一个面。        //选择实体上的面
选择面或 [放弃(U)/删除(R)/全部(ALL)]：
指定偏移距离：100                              //指定偏移距离
已开始实体校验。
已完成实体校验。
输入面编辑选项
[拉伸(E)/移动(M)/旋转(R)/偏移(O)/倾斜(T)/删除(D)/复制(C)/颜色(L)/材质(A)/放弃(U)/退
出(X)] <退出>：O                              //输入编辑选项
```

实体经过偏移面操作后的结果如图 11-17 所示。

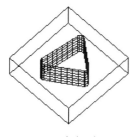
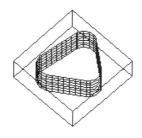
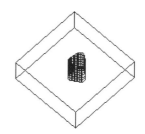

(a) 选定面　　　　　　　　(b) 面偏移为正值　　　　　　　(c) 面偏移为负值

图 11-17　偏移面

注意　指定偏移距离时，设置正值可以增加实体大小，设置负值可以减小实体大小。

11.2.7　删除面

删除面包括删除圆角和倒角，使用【删除面】命令可删除圆角和倒角边。如果更改生成无效的三维实体，将不删除面。选择【修改】|【实体编辑】|【删除面】菜单命令，或者单击【常用】选项卡【实体编辑】面板中的【删除面】按钮，即可进行删除面操作，命令行提示如下：

```
命令：_solidedit
实体编辑自动检查：　SOLIDCHECK=1
输入实体编辑选项 [面(F)/边(E)/体(B)/放弃(U)/退出(X)] <退出>：_face
输入面编辑选项
[拉伸(E)/移动(M)/旋转(R)/偏移(O)/倾斜(T)/删除(D)/复制(C)/颜色(L)/材质(A)/放弃(U)/退
出(X)] <退出>：_delete
选择面或 [放弃(U)/删除(R)]：找到一个面。　　　　　//选择的面
选择面或 [放弃(U)/删除(R)/全部(ALL)]：
已开始实体校验。
已完成实体校验。
输入面编辑选项
[拉伸(E)/移动(M)/旋转(R)/偏移(O)/倾斜(T)/删除(D)/复制(C)/颜色(L)/材质(A)/放弃(U)/退
出(X)] <退出>：D　　　　　　　　　　　　　　　//选择面的编辑选项
```

实体经过删除面操作后的结果如图 11-18 所示。

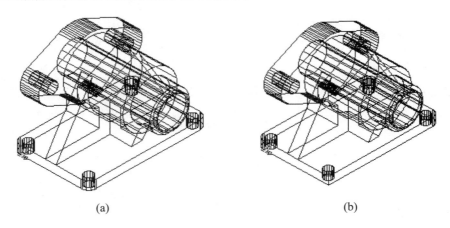

(a)　　　　　　　　　　　　　　　　　(b)

图 11-18　删除面前后对比

11.2.8　旋转面

【旋转面】命令主要用于对实体的某个面进行旋转处理，从而形成新的实体。选择【修改】|【实体编辑】|【旋转面】菜单命令，或者单击【常用】选项卡【实体编辑】面板中的【旋转面】按钮，即可进行旋转面操作，命令行提示如下：

取插入基点，然后利用鼠标直接在绘图区中选取。
- X 文本框：指定 X 坐标值。
- Y 文本框：指定 Y 坐标值。
- Z 文本框：指定 Z 坐标值。

(3) 【对象】选项组。

该选项组用于指定新块中要包含的对象，以及创建块之后是保留或删除选定的对象还是将它们转换成块引用。

- 【选择对象】按钮：用户可以单击此按钮暂时关闭【块定义】对话框，这时用户可以在绘图区选择图形实体作为将要定义的块实体。完成对象选择后，按 Enter 键将重新打开【块定义】对话框。
- 【快速选择】按钮：显示【快速选择】对话框，如图 8-11 所示，定义选择集。
- 【保留】单选按钮：创建块以后，将选定对象仍然作为非块的对象保留在图形中。
- 【转换为块】单选按钮：创建块以后，将选定对象转换成图形中的块引用。
- 【删除】单选按钮：创建块以后，从图形中删除选定的对象。

(4) 【设置】选项组。

该选项组用于指定块的设置。

- 【块单位】下拉列表框：指定块参照插入单位。
- 【超链接】按钮：打开【插入超链接】对话框，如图 8-12 所示，可以使用该对话框将某个超链接与块定义相关联。

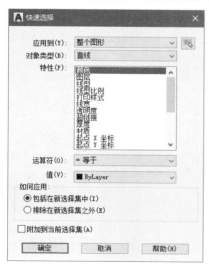

图 8-11 【快速选择】对话框

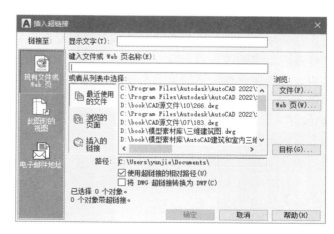

图 8-12 【插入超链接】对话框

(5) 【方式】选项组。

- 【注释性】复选框：指定块为 annotative。单击信息图标可了解有关注释性对象的更多信息。
- 【使块方向与布局匹配】复选框：指定在图纸空间视口中的块参照的方向与布局的方向匹配。如果取消选中【注释性】复选框，则该复选框不可用。

215

- 【按统一比例缩放】复选框：指定是否阻止块参照不按统一比例缩放。
- 【允许分解】复选框：指定块参照是否可以被分解。

(6)【说明】列表框。

该列表框用于该指定块的文字说明。

(7)【在块编辑器中打开】复选框。

选中此复选框后，单击【块定义】对话框中的【确定】按钮，则在块编辑器中打开当前的块定义。

当需要重新创建块时，用户可以在命令行输入 block 后按 Enter 键，命令行提示如下：

```
命令：_block
输入块名或 [?]:          //输入块名
指定插入基点:            //确定插入基点位置
选择对象:                //选择将要被定义为块的图形实体
```

如果用户输入的是已存在的块名，AutoCAD 会提示用户此块已经存在，是否需要重新定义它：

```
块"w"已存在。是否重定义? [是(Y)/否(N)] <N>:
```

当用户输入 n 后按 Enter 键，AutoCAD 会自动退出此命令。当用户输入 y 后按 Enter 键，AutoCAD 会提示用户继续插入基点位置。

2. 将块保存为文件

用户创建的块会保存在当前图形文件的块列表中。当保存图形文件时，块的信息和图形一起保存。当再次打开该图形时，块信息同时被载入。但是当用户需要将所定义的块应用于另一个图形文件时，就需要先将定义的块保存，然后再调出使用。

使用 wblock 命令，块就会以独立的图形文件(dwg)保存。同样，所有 dwg 图形文件也可以作为块来插入。执行保存块的操作方法如下。

在命令行输入 wblock 后按 Enter 键，在打开的如图 8-13 所示的【写块】对话框中进行设置后，单击【确定】按钮即可。

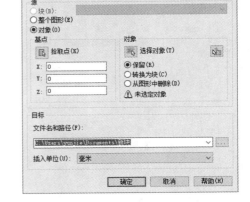

图 8-13 【写块】对话框

下面介绍【写块】对话框中的具体参数设置。

(1)【源】选项组。

该选项组中有 3 个选项供用户选择。

- 【块】：选中此单选按钮后，用户就可以通过其右侧的下拉列表框选择将要保存的块名或是可以直接输入将要保存的块名。
- 【整个图形】：选中此单选按钮，AutoCAD 会认为用户选择整个图形作为块来保存。
- 【对象】：选中此单选按钮，用户可以选择一个图形实体作为块来保存。选中此单选按钮后，用户才可以进行下面的选择基点、选择实体等操作，这部分内容与前面定义块的内容相同，在此就不再赘述了。

(2) 【基点】和【对象】选项组。

这两个选项组中的选项主要用于通过基点或对象的方式来选择目标。

(3) 【目标】选项组。

该选项组用于指定文件的新名称和新位置以及插入块时所用的测量单位。用户可以将此块保存至相应的文件夹中。可以在【文件名和路径】下拉列表框中选择路径或是单击右侧的 □ 按钮来指定路径。【插入单位】下拉列表框用来指定从设计中心拖动新文件并将其作为块插入到使用不同单位的图形中时自动缩放所使用的单位值。如果用户希望插入时不自动缩放图形，则选择【无单位】选项。

　　　　用户在执行 wblock 命令时，不必先定义一个块，只要直接将所选图形实体作为一个图块保存在磁盘上即可。当所输入的块不存在时，AutoCAD 会显示【AutoCAD 提示信息】对话框，提示块不存在，是否要重新选择。在多视窗中，wblock 命令只适用于当前窗口。存储后的块可以重复使用，而不需要从提供这个块的原始图形中选取。

3. 插入块

定义块和保存块的目的是为了使用块，可以使用插入命令来将块插入到当前的图形中。

图块是 CAD 操作中比较核心的工作，许多程序员与绘图工作者都建立了各种各样的图块。他们的工作给我们带来了方便，我们能像使用砖瓦一样使用这些图块。如在工程制图中建立各个规格的齿轮与轴承，建筑制图中建立一些门、窗、楼梯、台阶等后，在绘制时可方便调用。

用户插入一个块到图形中时，必须指定插入的块名、插入点的位置、插入的比例系数以及图块的旋转角度等。插入可以分为两类：单块插入和多重插入。下面就分别来讲述这两个插入命令。

1) 单块插入

单块插入的启动方法如下。

● 　在命令行输入 insert 后按 Enter 键。

● 　单击【插入】选项卡【块】面板中的【插入】按钮 。

执行上述操作中的一种后，将打开如图 8-14 所示的【块】选项板。下面来讲解其中选项的设置方法。

● 　在【插入点】参数中，当用户选中前面的复选框时，插入点可以用鼠标动态选取；当用户取消选中复选框时，可以在 X、Y、Z 文本框中输入所需的坐标值。

● 　在【比例】参数中，如果用户选中前面的复选框时，则比例会在插入时动态缩放；当用户取消选中复选框时，可以在 X、Y、Z 文本

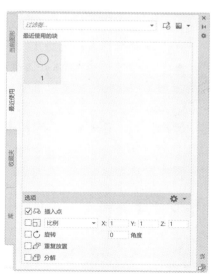

图 8-14　【块】选项板

框中输入用户所需的比例值。在此处如果用户选中【统一比例】复选框，则只能在X 文本框中输入统一的比例因子以表示缩放系数。

- 在【旋转】参数中，如果用户选中前面的复选框，则旋转角度将在插入时确定。当用户取消选中复选框时，可以在【角度】文本框中输入图块的旋转角度。
- 在选中【重复放置】复选框后，可重复放置块到绘图区中。
- 在选中【分解】复选框后，用户可以分解块并插入该块的单独部分。

2) 多重插入

有时同一个块在一幅图中要插入多次，并且这种插入有一定的规律性，如以阵列方式插入，这时可以直接采用多重插入命令。用这种方法不但能大大节省绘图时间，提高绘图速度，而且可节约磁盘空间。

多重插入的操作方法如下。

在命令行输入 minsert 后按 Enter 键，命令行提示如下：

```
命令: _minsert
输入块名或 [?] <新块>:                                 //输入将要被插入的块名
单位: 毫米  转换:   1.0000
指定插入点或 [基点(B)/比例(S)/X/Y/Z/旋转(R)]:          //输入插入块的基点
输入 X 比例因子，指定对角点，或 [角点(C)/XYZ(XYZ)] <1>: //输入 X 方向的比例
输入 Y 比例因子或 <使用 X 比例因子>:                   //输入 Y 方向的比例
指定旋转角度 <0>:                                     //输入旋转块的角度
输入行数 (---) <1>:                                  //输入阵列的行数
输入列数 (|||) <1>:                                  //输入阵列的列数
输入行间距或指定单位单元 (---):                       //输入行间距
指定列间距 (|||):                                    //输入列间距
```

按照提示逐步进行相应的操作即可。

4. 设置基点

要设置当前图形的插入基点，可以选用下列三种方法。

- 单击【插入】选项卡【块定义】面板中的【设置基点】 按钮 。
- 在菜单栏中，选择【绘图】|【块】|【基点】命令。
- 在命令行输入 Base 后按 Enter 键。

采用其中一种方法后，命令行提示如下：

```
命令: _base
输入基点 <0.0000,0.0000,0.0000>:      //指定点，或按 Enter 键
```

基点是用当前 UCS 中的坐标来表示的。当向其他图形插入当前图形或将当前图形作为其他图形的外部参照时，此基点将作为插入基点。

8.2.2 块属性

在一个块中，附带有很多信息，这些信息称为属性。它是块的组成部分，从属于块，可以随块一起保存并随块一起插入到图形中。它为用户提供了一种将文本附于块的交互式标记，每当用户插入一个带有属性的块时，AutoCAD 就会提示用户输入相应的数据。

属性在第一次建立块时可以被定义，或者是在块插入时增加，AutoCAD 还允许用户自定义一些属性。

　　一个属性包括属性标志和属性值两个方面。

　　在定义块之前，每个属性要用命令进行定义。由它来具体规定属性默认值、属性标志、属性提示以及属性的显示格式等具体信息。属性定义后，就在图中显示出来，并把有关信息保留在图形文件中。

　　在插入块之前，AutoCAD 将通过属性提示要求用户输入属性值。插入块后，属性以属性值表示。因此同一个定义块，在不同的插入点可以有不同的属性值。如果在定义属性时把属性值定义为常量，那么 AutoCAD 将不询问属性值。

1. 创建块属性

　　块属性是附属于块的非图形信息，是块的组成部分，可包含块定义中的文字对象。在定义一个块时，属性必须预先定义而后再选定。属性通常用于在块的插入过程中进行自动注释。

　　要创建一个块的属性，用户可以使用 ddattdef 或 attdef 命令先建立一个属性定义来描述属性特征，包括标记、提示符、属性值、文本格式、位置以及可选模式等。创建属性的步骤如下。

　　01 选用下列任一种方法都可以打开【属性定义】对话框。

- 在命令行中输入 ddattdef 或 attdef 后按 Enter 键。
- 在菜单栏中选择【绘图】|【块】|【定义属性】命令。
- 单击【插入】选项卡【块定义】面板中的【定义属性】按钮 。

　　02 在打开的如图 8-15 所示的【属性定义】对话框中，设置块的插入点及属性标记等。然后单击【确定】按钮即可完成块属性的创建。

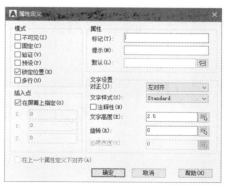

图 8-15　【属性定义】对话框

　　下面介绍【属性定义】对话框中的参数设置。

　　(1) 【模式】选项组。

　　在此选项组中有以下几个复选框，用户可以任意组合这几种模式作为其设置。

- 【不可见】：当该复选框被选中时，属性为不可见。当用户只想把属性数据保存到图形中，而不想显示或输出时，应选中复选框。反之则取消选中该复选框即可。
- 【固定】：当该复选框被选中时，属性用固定的文本值设置。如果用户插入的是常数模式的块，则在插入后，如果不重新定义块，则不能编辑块。
- 【验证】：选中该复选框，把属性值插入图形文件前可检验可变属性的值。在插入块时，AutoCAD 显示可变属性的值，等待用户按 Enter 键确认。
- 【预设】：选中该复选框可以创建自动接受默认值的属性。插入块时，不再提示输入属性值。但它与【固定】复选框不同，块在插入后还可以进行编辑。

- 【锁定位置】：锁定块参照中属性的位置。解锁后，属性可以相对于使用夹点编辑的块的其他部分移动，并且可以调整多行属性的大小。
- 【多行】：指定属性值可以包含多行文字。选中此复选框后，可以指定属性的边界宽度。

 注意 在动态块中，由于属性的位置包含在动作的选择集中，因此必须将其锁定。

(2) 【属性】选项组。

在该选项组中，有以下 3 个文本框。

- 【标记】：每个属性都有一个标记，作为属性的标识符。属性标记可以是除了空格和"！"号之外的任意字符。

 注意 AutoCAD 会自动将标记中的小写字母转换成大写字母。

- 【提示】：该文本框用于用户设定的插入块时的提示。如果该属性值不为【固定】模式，当用户插入该属性的块时，AutoCAD 将使用该字符串，提示用户输入属性值。如果设置了【固定】模式，那么该提示将不会出现。
- 【默认】：可变属性一般将默认的属性设置为【未输入】。插入带属性的块时，AutoCAD 显示默认的属性值，如果用户按 Enter 键，则将接受默认值。单击右侧的【插入字段】按钮，可以插入一个字段作为属性的全部或部分值，如图 8-16 所示。

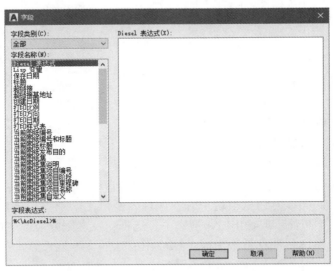

图 8-16 【字段】对话框

(3) 【插入点】选项组。

在此选项组中，用户可以通过选中【在屏幕上指定】复选框利用鼠标在绘图区选择某一点，也可以直接在下面的 X、Y、Z 文本框中输入设置的坐标值。

(4)【文字设置】选项组。

在此选项组中，用户可以设置以下几个选项。

- 【对正】：此下拉列表框可以设置块属性的文字对齐情况。用户可以在如图 8-17 所示的下拉列表中选择某项作为设置的对齐方式。
- 【文字样式】：此下拉列表框可以设置块属性的文字样式。用户可以通过在如图 8-18 所示的下拉列表中选择某项作为设置的文字样式。

图 8-17　【对正】下拉列表

图 8-18　【文字样式】下拉列表

- 【注释性】复选框：选中此复选框，用户可以自动完成缩放注释的过程，从而使注释能够以正确的大小在图纸上打印或显示。
- 【文字高度】文本框：如果用户设置的文字样式中已经设置了文字高度，则此文本框为灰色，表示不可设置；否则可以通过单击 按钮来利用鼠标在绘图区动态地选取或是直接在此后的文本框中输入文字高度。
- 【旋转】文本框：如果用户设置的文字样式中已经设置了文字旋转角度，则此文本框为灰色，表示不可设置；否则可以通过单击 按钮来利用鼠标在绘图区动态地选取角度或是直接在此后的文本框中输入文字旋转角度。
- 【边界宽度】文本框：换行前，要指定多线属性中文字行的最大长度。值 0.000 表示对文字行的长度没有限制。此文本框不适用于单线属性。

(5)【在上一个属性定义下对齐】复选框。

该复选框用来将属性标记直接置于定义的上一个属性的下面。如果之前没有创建属性定义，则此复选框不可用。

2. 编辑属性定义

创建完属性后，就可以定义带属性的块。

在命令行中输入 Block 后按 Enter 键，或是在菜单栏中选择【绘图】|【块】|【创建】命令，打开【块定义】对话框。下面的操作和创建块基本相同，可以参考创建块步骤，在此就不再赘述。

　　　　先创建"块"，再给这个"块"加上"定义属性"，最后再把两者创建成一个"块"。

---

3. 编辑块属性

定义带属性的块后，用户需要插入此块。在插入带有属性的块后，还能再次用 attedit 或

ddatte 命令来编辑块的属性。可以通过以下方式来编辑块的属性。

- 在命令行中输入 attedit 或 ddatte 后按 Enter 键,用鼠标选取某块,打开【编辑属性】对话框。
- 选择【修改】|【对象】|【属性】|【块属性管理器】菜单命令,打开【块属性管理器】对话框,单击其中的【编辑】按钮,将打开【编辑属性】对话框,如图 8-19 所示,用户可以在此对话框中修改块的属性。

下面介绍【编辑属性】对话框中各选项卡的功能。

- 【属性】选项卡。定义将值指定给属性的方式以及已指定的值在绘图区域是否可见,然后设置提示用户输入值的字符串。【属性】选项卡也显示标识该属性的标记名称。
- 【文字选项】选项卡。设置用于定义图形中属性文字的显示方式特性。
- 【特性】选项卡。定义属性所在的图层以及属性行的颜色、线宽和线型。如果图形需要打印,可以使用【特性】选项卡为属性指定打印样式。

4. 使用【块属性管理器】对话框

在前面的讲述中,已经使用【块属性管理器】对话框中的选项编辑过块属性,下面将对其功能作具体的讲解。

选择【修改】|【对象】|【属性】|【块属性管理器】菜单命令,打开【块属性管理器】对话框,如图 8-20 所示。

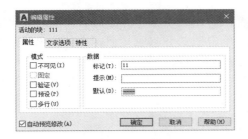
图 8-19　【编辑属性】对话框

图 8-20　【块属性管理器】对话框

【块属性管理器】对话框用于管理当前图形中块的属性。用户可以通过它编辑块属性定义、从块中删除属性以及更改插入块时系统提示用户输入属性值的顺序。

选定块的属性显示在属性列表中,在默认情况下,【标记】、【提示】、【默认】和【模式】属性显示在属性列表中。单击【设置】按钮,用户可以指定想要在列表中显示的属性。

对于每一个选定块,属性列表下的说明都会标识出当前图形和当前布局中相应块的实例数目。

下面讲解【块属性管理器】对话框中各选项、按钮的功能。

- 【选择块】按钮 :单击此按钮,可以使用定点设备从图形区域选择块。
- 【块】下拉列表框:列出当前图形中具有属性的所有块定义,用户可以从中选择要修改属性的块。
- 属性列表:显示所选块中每个属性的特征。

- 【在图形中找到】：显示当前图形中选定块的实例数。

- 【在模型空间中找到】：显示当前模型空间或布局中选定块的实例数。

- 【设置】按钮：单击该按钮将打开【块属性设置】对话框，如图 8-21 所示。从中可以自定义【块属性管理器】对话框中属性信息的列出方式，控制【块属性管理器】对话框中属性列表的外观。【在列表中显示】选项组用来指定要在属性列表中显示的特性；【全部选择】按钮用来选择所有特性；【全部清除】按钮用来清除所有特性；【突出显示重复的标记】复选框用于打开或关闭标记，如果选中此复选框，在属性列表中，属性标记显示为红色，如果取消选中此复选框，则在属性列表中不突出显示重复的标记；【将修改应用到现有参照】复选框用来指定是否更新正在修改其属性的块的所有现有实例，如果选中该复选框，则通过新属性定义更新此块的所有实例，如果取消选中此复选框，则仅通过新属性定义更新此块的新实例。

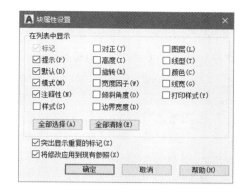

图 8-21　【块属性设置】对话框

- 【应用】按钮：应用用户所做的更改，但不关闭对话框。

- 【同步】按钮：更新具有当前定义属性特性选定块的全部实例。此项操作不会影响每个块中赋给属性的值。

- 【上移】按钮：在提示序列的早期阶段移动选定的属性标记。当选定【固定】模式时，【上移】按钮不可用。

- 【下移】按钮：在提示序列的后期阶段移动选定的属性标记。当选定【固定】模式时，【下移】按钮不可使用。

- 【编辑】按钮：用来打开【编辑属性】对话框，此对话框的功能已在前文做过介绍。

- 【删除】按钮：从块定义中删除选定的属性。如果在单击【删除】按钮之前已选中【块属性设置】对话框中的【将修改应用到现有参照】复选框，将删除当前图形中全部块实例的属性。对于仅具有一个属性的块，则【删除】按钮不可使用。

8.2.3　动态块

　　块是大多数图形中的基本构成部分，用于表示现实中的物体。现实物体的不同种类需要定义各种不同的块，这就需要成千上万的块定义，在这种情况下，如果块的某个外观有些区别，用户就需要分解图块来编辑其中的几何图形。这个解决方法会产生大量的、矛盾的和错误的图形。动态块功能使用户可编辑图形外观而不需要炸开它们，可以在插入图形时或插入块后操作块实例。

　　1) 动态块概述

　　动态块具有灵活和智能的特点，具体如下。

　　(1) 选择图形的可见性。块定义可包含特别符号的多个外观形状。在插入后，用户可选择一种外观形状。例如，一个单个的块可保存水龙头的多个视图、多种安装尺寸或多种阀的符号。

(2) 使用多个不同的插入点。在插入动态块时，可以遍历块的插入点来查找更适合的插入点进行插入。这样可以避免插入块后还要移动块。

(3) 贴齐到图中的图形。用户将块移动到其他图形附近时，块会自动贴齐到这些对象上。

(4) 编辑图块几何图形。使用动态块中的夹点可移动、缩放、拉伸、旋转和翻转块中的部分几何图形，块可以在最大值和最小值间指定值或直接在定义好属性的固定列表中选择值。如有一个螺钉块，可以在 1～4 个图形单位间拉伸。在拉伸螺钉时，长度按 0.5 个单位的增量增加，而且螺纹在拉伸过程中会自动增加或减少。如一个插图编号块，包含圆、文字和引线，用户可以绕圆旋转引线，而文字和圆则保持原有状态。又如一个门块，用户可拉伸门的宽度和翻转门轴的方向。

2）创建动态块

用户可以使用块编辑器创建动态块。

块编辑器是专门用于创建块并添加动态行为的区域。块编辑器提供了专门的选项板，通过这些选项板可以快速访问块编写工具。除了块编写选项板之外，块编辑器还提供了绘图区域，用户可以根据需要在程序的主绘图区域中绘制和编辑几何图形。用户可以指定块编辑器绘图区域的背景颜色。选择【工具】|【块编辑器】菜单命令，打开【编辑块定义】对话框，如图 8-22 所示，指定块名称后单击【确定】按钮，打开块编写选项板，如图 8-23 所示。

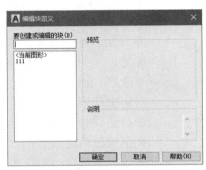

图 8-22 【编辑块定义】对话框

(a)【参数】选项卡　　(b)【动作】选项卡　　(c)【参数集】选项卡　　(d)【约束】选项卡

图 8-23 块编写选项板

用户可以从头创建块，也可以向现有的块定义中添加动态行为，还可以像在绘图区域中一样创建几何图形。

创建动态块的步骤如下。

01 在创建动态块之前先要规划动态块的内容。在创建动态块之前，应了解其外观及其在图形中的使用方式。在命令行输入操作动态块参照时块中的哪些对象会更改或移动。另外，还要确定这些对象将如何更改。例如，用户可以创建一个可调整大小的动态块。另外，调整块的大小时可能会显示其他几何图形。这些因素决定了添加到块定义中的参数和动作的类型，以及如何使参数、动作和几何图形共同作用。

02 绘制几何图形。可以在绘图区域或块编辑器中绘制动态块中的几何图形，也可以使用图形中的现有几何图形或现有的块定义。

03 了解块元素如何共同作用。在向块定义中添加参数和动作之前，应了解它们之间以及它们与块中的几何图形的相关性。在向块定义中添加动作时，需要将动作、参数以及几何图形的选择集相关联。向动态块添加多个参数和动作时，需要设置正确的相关性，以便块在图形中正常工作。

04 添加参数。按照命令行的提示向动态块中添加适当的参数。

05 添加动作。向动态块中添加适当的动作。按照命令行的提示进行操作，确保动作、参数和几何图形正确关联。

06 定义动态块参照的操作方式。用户可以指定在图形中操作动态块参照的方式，可以通过自定义夹点和自定义特性来操作动态块。在创建动态块定义时，用户将定义显示哪些夹点以及如何通过这些夹点来编辑动态块。另外还指定了是否在【特性】选项板中显示块的自定义特性，以及是否可以通过该选项板或自定义夹点来更改这些特性。

07 保存块，然后在图形中进行测试。保存动态块定义并退出块编辑器，然后将动态块插入到一个图形中，并测试该块的功能。

由于动态块的编辑方式和参数设置比较多，这里不再逐一介绍，希望读者能够自己多多练习和理解。

8.3 设 计 中 心

AutoCAD 2022 设计中心为用户提供了一个直观且高效的管理工具，它与 Windows 资源管理器类似。绘制图形的过程当中，会遇到大量相似的图形，如机械行业的标准件、电子行业的电气元件，以及建筑行业的门窗等，如果重复绘制，效率极其低下。使用设计中心，可以将已有的图形文件以块的形式插入到需要的图形文件中，减小图形文件的容量，节省存储空间，进而提高绘图速度。

8.3.1 利用设计中心打开图形

利用设计中心打开图形的主要操作方法如下。

- 选择【工具】|【选项板】|【设计中心】菜单命令。
- 在【视图】选项卡的【选项板】面板中单击【设计中心】按钮 。
- 在命令行中输入 ADCENTER 后按 Enter 键。

执行以上任一操作，都将出现如图 8-24 所示的 DESIGNCENTER 选项板。

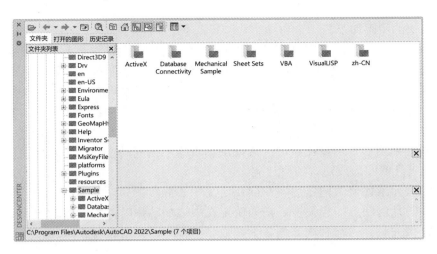

图 8-24　设计中心选项板

在【文件夹列表】窗格中任意找到一个 AutoCAD 文件，右击，在弹出的快捷菜单中选择【在应用程序窗口中打开】命令，将图形打开，如图 8-25 所示。

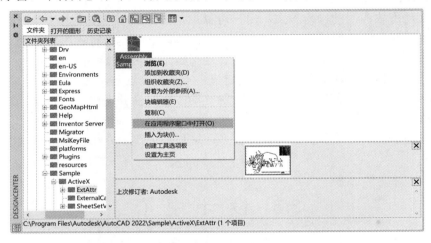

图 8-25　选择【在应用程序窗口中打开】命令

8.3.2　使用设计中心插入块

使用设计中心可以把其他图形中的块引用到当前图形中，下面介绍具体的使用方法。

01　打开一个 dwg 图形文件。

02　在【选项板】面板中单击【设计中心】按钮，打开 DESIGNCENTER 选项板。

03　在【文件夹列表】窗格中，双击要插入到当前图形中的文件，在右侧会显示图形文件所包含的标注样式、文字样式、图层、块等内容，如图 8-26 所示。

04　双击【块】选项，将显示出图形中包含的所有块，如图 8-27 所示。

05　双击要插入的块，弹出【插入】对话框，如图 8-28 所示。

06　在【插入】对话框中可以指定插入点的位置、旋转角度和比例等，设置完成后单击【确定】按钮，返回当前图形，即可插入块。

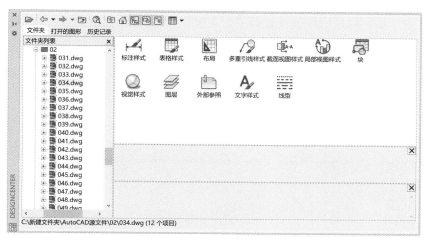

图 8-26　设计中心选项板

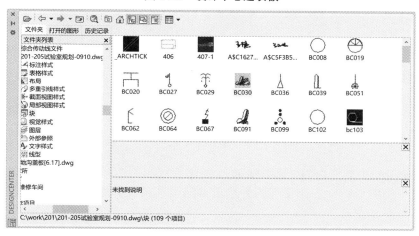

图 8-27　显示所有块

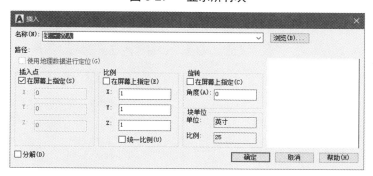

图 8-28　【插入】对话框

8.3.3　设计中心的拖放功能

可以把其他文件中的块、文字样式、标注样式、表格、外部参照、图层和线型等复制到当前文件中，具体操作步骤如下。

01 在【选项板】面板中单击【设计中心】按钮，打开 DESIGNCENTER 选项板。

02 双击要插入到当前图形中的图形文件，在内容区域将显示出图形中包含的标注样式、文字样式、图层、块等内容。

03 双击【块】选项，将显示出图像中包含的所有块。

04 拖动一个块到当前图形，将块复制到图形文件中，如图 8-29 所示。

05 如果按住 Ctrl 键选择要复制的所有图层设置，然后按住鼠标左键拖动当前文件到绘图区，就可以把图层设置一并复制到图形文件中。

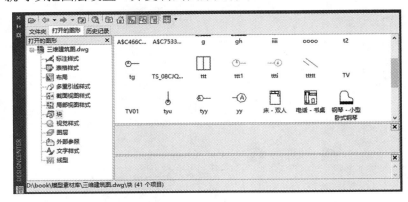

图 8-29　拖放块到当前图形

8.3.4　利用设计中心引用外部参照

外部参照是将一个文件作为外部参照插入到另一个文件中，具体操作步骤如下。

01 新建一个图形文件，在【视图】选项卡的【选项板】面板中单击【设计中心】按钮，打开设计中心选项板。

02 在【文件夹列表】窗格中中找到一个图形文件所在的目录，在右侧的文件显示栏中右击该文件，从弹出的快捷菜单中选择【附着为外部参照】命令，将打开【附着外部参照】对话框，如图 8-30 所示。

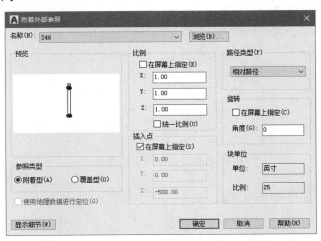

图 8-30　【附着外部参照】对话框

03 在【附着外部参照】对话框中进行外部参照设置后，单击【确定】按钮，返回到绘图区，指定插入图形的位置，外部参照图形就被插入到了当前图形中。

8.4　CAD 协同设计中的外部参照工具

协同设计是由多人共同协作完成的设计，利用协同设计功能可以在同一地点或者不同地点、不同机器上对同一个项目进行设计。

AutoCAD 2022 提供的协同设计工具有外部参照、CAD 标准、设计中心、链入和嵌入图形、保护和签名图形、电子传递以及发布图形集等。其中的重点如设计中心及块的相关内容已在前文有所介绍，下面着重介绍外部参照。

8.4.1　外部参照概述

外部参照提供了另一种更为灵活的图形引用方法。使用外部参照，可以将多个图形链接到当前图形中，并且它们作为外部参照的图形会随着源图形的修改而更新。此外，外部参照不会明显地增加当前图形的文件大小，从而可以节省磁盘空间，也利于保证系统的性能。

当一个图形文件被作为外部参照插入到当前图形中时，外部参照中每个图形的数据仍然分别保存在各自的源图形文件中，当前图形中所保存的只是外部参照的名称和路径。无论一个外部参照文件多么复杂，AutoCAD 都会把它作为一个独立对象来处理，而不允许进行分解。用户可对外部参照进行缩放、移动、复制、镜像或旋转等操作，还可以控制外部参照的显示状态，但这些操作都不会影响到源图形文件。

AutoCAD 允许在绘制当前图形的同时显示多达 32000 个图形参照，并且可以对外部参照进行嵌套，嵌套的层次可以为任意多层。当打开或打印附着有外部参照的图形文件时，AutoCAD 会自动对每一个外部参照图形文件进行重载，从而确保每个外部参照图形文件反映的都是它们的最新状态。

8.4.2　使用外部参照

以外部参照方式将图形插入到某一图形(称之为主图形)后，被插入图形文件的信息并不直接加入到主图形中，主图形只是记录参照的关系，如参照图形文件的路径。如果外部参照中包含可变块属性，它们将被忽略。另外，对主图形的操作不会改变外部参照图形文件的内容。当打开具有外部参照的图形时，系统会自动把各外部参照图形文件重新调入内存并在当前图形中显示出来。

选择【插入】|【外部参照】菜单命令，将打开【外部参照】选项板，如图 8-31 所示。

在 AutoCAD 中，用户可以在【外部参照】选项板中对外部参照进行编辑和管理。在【外部参照】选项板的【附着】下拉列表框(见图 8-32)中有不同格式的外部参照文件；选择任意一个外部参照文件，将打开【附着外部参照】对话框，如图 8-33 所示，在其中进行相应的设置后，单击【确定】按钮，在【外部参照】选项板的【详细信息】列表中将显示该外部参照的名称、加载状态、文件大小、参照类型、参照日期及参照文件的保存路径等内容，如图 8-34 所示。

图 8-31　【外部参照】选项板

图 8-32　【附着】下拉列表

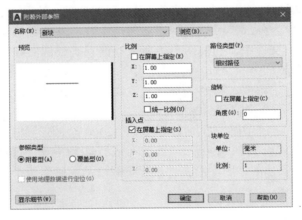

图 8-33　【附着外部参照】对话框

事物总在变化着，当插入的外部参照不能满足需求时，则需要对外部参照进行修改。其中最直接的方法莫过于对外部源文件的修改，如果这样就必须找到源文件，然后打开。不过还好，AutoCAD 给我们提供了找到源文件的简便方式。

选择【工具】|【外部参照和块在位编辑】菜单命令，在其子菜单中，我们既可以选择【打开参照】方式，也可以选择【在位编辑参照】方式。

图 8-34　显示外部参照的详细信息

（1）打开参照。

编辑外部参照最简单、最直接的方法是在单独的窗口中打开参照的图形文件，而无须使用【选择文件】对话框浏览该外部参照。如果图形参照中包含嵌套的外部参照，则将打开选定对象嵌套层次最深的图形参照。这样，用户就可以访问该参照图形中的所有对象。

(2) 在位编辑参照。

通过在位编辑参照，可以在当前图形的可视上下文中修改参照。

一般来说，每个图形都包含一个或多个外部参照和多个块参照。在使用块参照时，可以选择块并进行修改，查看并编辑其特性，以及更新块定义。不能编辑使用 minsert 命令插入的块参照。

在使用外部参照时，可以选择要使用的参照，修改其对象，然后将修改保存到参照图形中。进行较小修改时，不需要在图形之间来回切换。

注意   如果打算对参照进行较大修改，则打开参照图形直接修改。如果使用在位参照编辑进行较大修改，在位参照编辑图形时，会使当前图形文件的大小明显增加。

8.4.3 参照管理器

AutoCAD 图形可以参照多种外部文件，包括图形、文字字体、图像和打印配置。这些参照文件的路径保存在每个 AutoCAD 图形中。有时可能需要将图形文件或它们参照的文件移动到其他文件夹或其他磁盘驱动器中，这时就需要更新保存的参照路径。打开每个文件然后手动更新保存的每个参照路径是一个冗长乏味的过程。

但幸运的是，AutoCAD 给我们提供了有效工具。

Autodesk 参照管理器提供了多种工具，可以列出选定图形中的参照文件，可以修改保存的参照路径而不必打开 AutoCAD 中的图形文件。利用参照管理器，可以轻松地标识并修复包含未融入参照的图形。但它依然有其限制。参照管理器当前不是对图形所参照的所有文件都提供支持，不受支持的参照包括与文字样式无关联的文字字体、OLE 链接、超级链接、数据库文件链接、PMP 文件以及 Web 上的 URL 的外部参照等。如果参照管理器遇到 URL 的外部参照，它会将参照报告为"未找到"。

参照管理器是单机应用程序，可以在桌面上选择【开始】|【程序】|【AutoCAD 2022-简体中文】|【参照管理器】命令，打开【参照管理器】窗口，如图 8-35 所示。

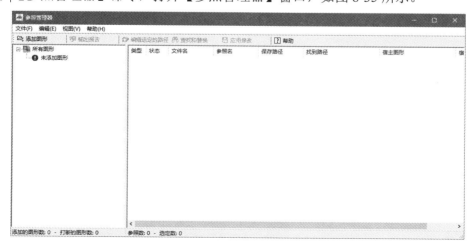

图 8-35 【参照管理器】窗口

双击窗口右侧的信息条，将会出现【编辑选定的路径】对话框，如图8-36所示。

图 8-36　设置新路径

选择存储路径并单击【确定】按钮后，【参照管理器】窗口中的可应用项发生了改变，如图 8-37 所示。

图 8-37　部分功能按钮启用

单击【应用修改】按钮，将打开【概要】对话框，如图 8-38 所示。

图 8-38　【概要】对话框

单击【详细信息】按钮，即可在打开的对话框中查看具体内容，如图 8-39 所示。

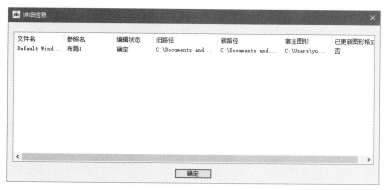

图 8-39 【详细信息】对话框

8.5 设 计 范 例

8.5.1 绘制电路图并设置图层范例

本范例完成文件： 范例文件\第 8 章\8-1.dwg

多媒体教学路径： 多媒体教学→第 8 章→8.5.1 范例

 范例分析

本范例是绘制一个电路图，在绘制的同时进行图层管理的基本操作，包括设置图层的参数等。

 范例操作

01 新建一个文件，在【默认】选项卡【图层】面板中单击【图层特性】按钮，打开【图层特性管理器】选项板，单击【新建图层】按钮，新建两个图层，分别命名为"文字"和"元件"，如图 8-40 所示。

02 选择"元件"图层后，单击【置为当前】按钮，将当前图层设置为"元件"图层，如图 8-41 所示。

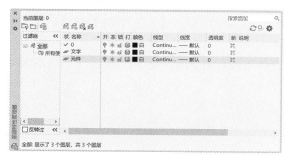

图 8-40 新建图层

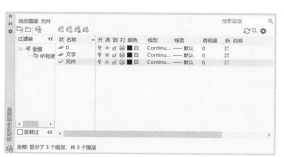

图 8-41 设置"元件"图层为当前图层

03 关闭【图层特性管理器】选项板开始绘图，使用多边形工具绘制一个三角形，外切圆半径为 3，然后使用直线工具绘制长度为 3 的两条竖直直线，如图 8-42 所示。

04 使用复制工具复制直线图形，如图 8-43 所示。

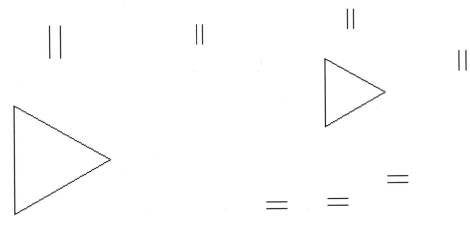

图 8-42　绘制三角形和直线　　　　　图 8-43　复制直线图形

05 使用矩形工具绘制一个 7×2 的矩形，如图 8-44 所示。

06 使用复制和旋转工具旋转复制矩形，如图 8-45 所示。

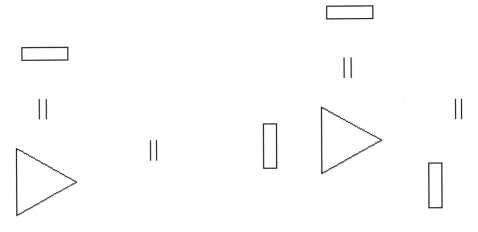

图 8-44　绘制矩形　　　　　　　图 8-45　旋转复制矩形

07 打开【图层特性管理器】选项板，选择 0 图层后，单击【置为当前】按钮，将当前图层设置为 0 图层，如图 8-46 所示。

08 关闭【图层特性管理器】选项板，使用直线工具在 0 图层中绘制连接线路，如图 8-47 所示。

09 使用圆工具绘制一个半径为 0.2 的圆形，如图 8-48 所示。

10 打开【图层特性管理器】选项板，将当前图层设置为"元件"图层，然后使用矩形工具绘制一个 3×3 的矩形，如图 8-49 所示。

11 使用直线工具绘制长度为 4、角度为 45°的斜线直线和竖直直线，得到喇叭图形，如图 8-50 所示。

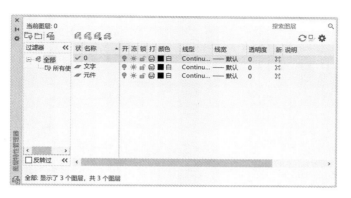

图 8-46　设置 0 图层为当前图层

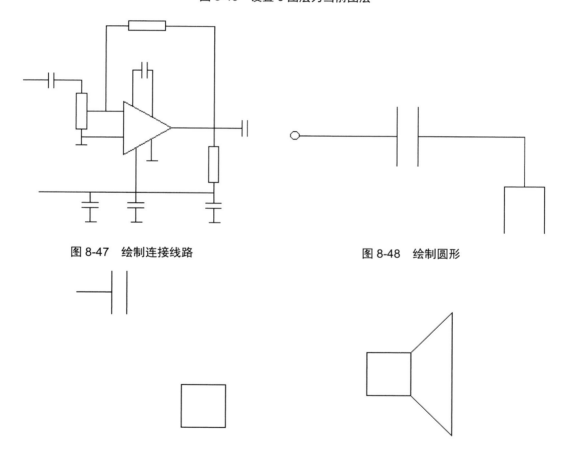

图 8-47　绘制连接线路

图 8-48　绘制圆形

图 8-49　绘制矩形

图 8-50　绘制喇叭图形

⑫ 打开【图层特性管理器】选项板，将当前图层设置为 0 图层，然后使用直线工具绘制连接线路，如图 8-51 所示。

⑬ 使用引线工具添加引线，如图 8-52 所示。

⑭ 打开【图层特性管理器】选项板，将当前图层设置为"文字"图层，如图 8-53 所示。

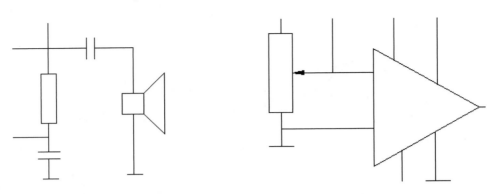

图 8-51　绘制连接线路　　　　　　　　　图 8-52　绘制引线

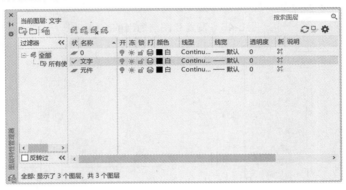

图 8-53　设置"文字"图层为当前图层

15 使用多行文字工具添加文字和符号，得到录音电路图，最终结果如图 8-54 所示。

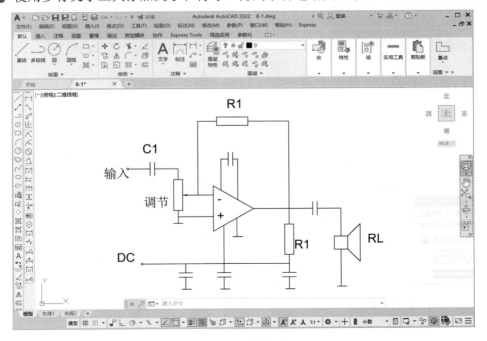

图 8-54　录音电路图

8.5.2 绘制半导体图块范例

 本范例完成文件：范例文件\第 8 章\8-2.dwg

 多媒体教学路径：多媒体教学→第 8 章→8.5.2 范例

范例分析

本范例是绘制半导体图块。首先绘制出半导体图形，然后使用块进行快捷绘图，包括创建块和插入块等一系列操作。

范例操作

`01` 新建一个文件，使用直线工具绘制长度为 3 的水平直线和竖直直线，然后绘制水平角度为 30°、长度为 2 的直线，如图 8-55 所示。

`02` 使用引线工具添加引线，如图 8-56 所示。

图 8-55 绘制直线   图 8-56 绘制引线

`03` 使用直线工具绘制长度为 2 的竖直直线，得到半导体图形，如图 8-57 所示。

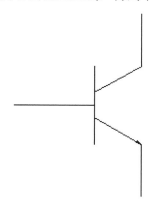

图 8-57 半导体图形

`04` 单击【插入】面板【块定义】选项组中的【创建块】按钮，打开【块定义】对话框，单击【拾取点】按钮，切换到绘图区，选择基点，然后在【块定义】对话框中单击【选择对象】按钮，选择整个图形作为块定义对象，在【块定义】对话框中输入块名称，参数设置如图 8-58 所示。单击【确定】按钮完成块的创建。

`05` 单击【插入】选项卡【块】面板中的【插入】按钮，打开【块】选项板的【最近使用】选项卡，选择"半导体"块，选中【插入点】复选框，如图 8-59 所示。

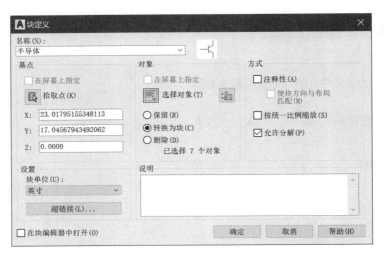

图 8-58　创建块

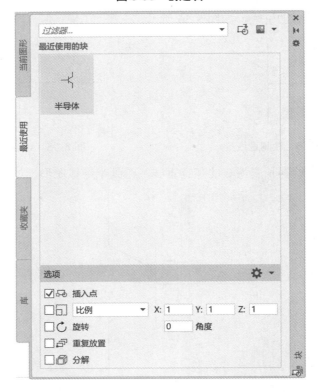

图 8-59　插入块设置

06　在绘图区中单击插入该块，关闭【块】选项板。至此半导体图块范例制作完成，结果如图 8-60 所示。

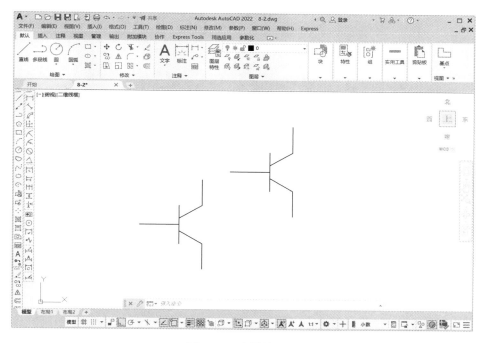

图 8-60　半导体图块

8.6　本　章　小　结

本章首先介绍了 AutoCAD 2022 在绘制电气图形过程中新建图层与图层管理的命令与方法，读者通过对图层的了解和运用，能够在绘制和编辑复杂图形的过程中，更加得心应手。同时本章还介绍了如何在 AutoCAD 2022 中创建和编辑块、创建和管理属性块等，并对 AutoCAD 动态块的使用方法进行了详细讲解。通过本章的学习，读者应该能够熟练掌握创建、编辑和插入块的方法，这样在以后绘图过程中会节省很多时间。另外，本章还介绍了 CAD 协同设计中的外部参照工具，希望大家能对其有所了解。

第 9 章

精确绘图和常用电子电气元件

本章导读

　　由于计算机屏幕大小的限制，使用 AutoCAD 绘制电气图时，往往需要缩小图形以便观察较大范围的图，甚至是整个图。除非利用 AutoCAD 提供的工具进行精确绘图，否则图形元素看似相接，实际放大后进行观察或者用绘图仪绘制时，往往是断开的、冒头的或者是交错的。AutoCAD 2022 提供了很多精确绘图的工具，如定位端点、中点、元素的中心点、元素的交点等命令。利用这些命令就可以很容易地实现精确绘图。除了能够得到高质量的图纸之外，精确绘图还可以提高尺寸标注的效率。另外，本章还介绍多种常用电子电气元件的基本概念和绘制方法。

9.1 栅格和捕捉

要提高绘图的速度和效率，可以显示并捕捉栅格点的矩阵，还可以控制其间距、角度和对齐。捕捉模式和栅格显示开关按钮位于主窗口底部的应用程序状态栏，如图 9-1 所示。

图 9-1 【捕捉模式】和【栅格显示】开关按钮

9.1.1 栅格和捕捉介绍

栅格是点的矩阵，遍布在指定为图形栅格界限的整个区域中。使用栅格类似于在图形下放置一张坐标纸，利用栅格可以对齐对象并直观显示对象之间的距离。栅格不会被打印。如果放大或缩小图形，可能需要调整栅格间距，使其更适合新的放大比例。如图 9-2 所示为打开栅格绘图区的效果。

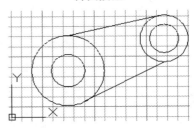

图 9-2 打开栅格绘图区的效果

捕捉模式用于限制十字光标，使其按照用户定义的间距移动。当捕捉模式打开时，光标似乎附着或捕捉到不可见的栅格。捕捉模式有助于使用箭头键或定点设备来精确地定位点。

9.1.2 栅格的应用

选择【工具】|【绘图设置】菜单命令，或者在命令行中输入 Dsettings，都会打开【草图设置】对话框。单击【捕捉和栅格】标签，打开【捕捉和栅格】选项卡，可以对栅格捕捉属性进行设置，如图 9-3 所示。

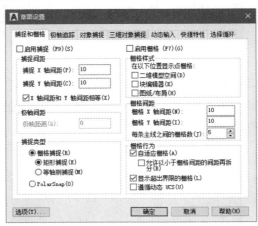

图 9-3 【捕捉和栅格】选项卡

下面详细介绍【捕捉和栅格】选项卡中栅格的设置。

1) 【启用栅格】复选框

该复选框用于打开或关闭栅格，也可以通过单击状态栏中的【栅格】按钮，或按 F7

键，或使用 GRIDMODE 系统变量来打开或关闭栅格模式。

2)【栅格间距】选项组

该选项组用于控制栅格的显示，有助于形象化显示距离。注意：LIMITS 命令和 GRIDDISPLAY 系统变量都能控制栅格的界限。

- 【栅格 X 轴间距】：指定 X 方向上的栅格间距。如果该值为 0，则栅格采用【捕捉 X 轴间距】文本框的值。
- 【栅格 Y 轴间距】：指定 Y 方向上的栅格间距。如果该值为 0，则栅格采用【捕捉 Y 轴间距】文本框的值。
- 【每条主线之间的栅格数】：指定主栅格线相对于次栅格线的频率。VSCURRENT 设置为除二维线框之外的任何视觉样式时，将显示栅格线而不是栅格点。

3)【栅格行为】选项组

用于控制当 VSCURRENT 设置为除二维线框之外的任何视觉样式时，所显示的栅格线外观。

- 【自适应栅格】：栅格间距缩小时，限制栅格密度。
- 【允许以小于栅格间距的间距再拆分】：栅格间距放大时，生成间距更小的栅格线。主栅格线的频率用于确定这些小栅格线的频率。
- 【显示超出界限的栅格】：用于显示超出 LIMITS 命令指定区域的栅格。
- 【遵循动态 UCS】：用于更改栅格平面以遵循动态 UCS 的 XY 平面。

9.1.3　捕捉的应用

下面详细介绍【捕捉和栅格】选项卡中捕捉的设置。

1)【启用捕捉】复选框

该复选框用于打开或关闭捕捉模式。用户也可以通过单击状态栏中的【捕捉】按钮，或按 F9 键，或使用 SNAPMODE 系统变量来打开或关闭捕捉模式。

2)【捕捉间距】选项组

该选项组用于控制捕捉位置处的不可见矩形栅格，以限制光标仅在指定的 X 和 Y 间隔内移动。

- 【捕捉 X 轴间距】：指定 X 方向的捕捉间距。间距值必须为正实数。
- 【捕捉 Y 轴间距】：指定 Y 方向的捕捉间距。间距值必须为正实数。
- 【X 轴间距和 Y 轴间距相等】：使捕捉间距和栅格间距强制使用同一 X 和 Y 间距值。捕捉间距可以与栅格间距不同。

3)【极轴间距】选项组

该选项组用于控制极轴捕捉增量距离。其中主要是设置【极轴距离】文本框。

【极轴距离】：在选中【捕捉类型】选项组中的 PolarSnap 单选按钮时，设置捕捉增量距离。如果该值为 0，则极轴捕捉距离采用【捕捉 X 轴间距】的值。注意，【极轴距离】文本框的设置需与极坐标追踪和/或对象捕捉追踪结合使用。如果两个追踪功能都未启用，则【极轴距离】文本框设置无效。

4)【捕捉类型】选项组

该选项组用于设置捕捉样式和捕捉类型。

- 【栅格捕捉】：设置栅格捕捉类型。如果指定点，光标将沿垂直或水平栅格点进行捕捉。
- 【矩形捕捉】：将捕捉样式设置为标准矩形捕捉模式。当捕捉类型设置为栅格并且打开捕捉模式时，光标将捕捉矩形栅格。
- 【等轴测捕捉】：将捕捉样式设置为等轴测捕捉模式。当捕捉类型设置为栅格并且打开捕捉模式时，光标将捕捉等轴测栅格。
- PolarSnap：将捕捉类型设置为 PolarSnap。如果打开了捕捉模式并在极轴追踪打开的情况下指定点，光标将沿【极轴追踪】选项卡中相对于极轴追踪起点设置的极轴对齐角度进行捕捉。

9.1.4 正交

正交是指在绘制线形图形对象时，线形对象的方向只能为水平或垂直，即当指定第一点时，第二点只能在第一点的水平方向或垂直方向。

9.2 对象捕捉

当绘制精度要求非常高的图形时，细小的差错也许会造成重大的失误。为尽可能提高绘图的精度，AutoCAD 提供了对象捕捉功能，有助于快速、准确地绘制图形。

使用对象捕捉功能可以迅速地指定对象上的精确位置，而不必输入坐标值或绘制构造线。该功能可将指定点限制在现有对象的确切位置上，如中点或交点等，使用对象捕捉功能可以绘制到圆心或多段线中点的直线。

在菜单栏中选择【工具】|【工具栏】| AutoCAD |【对象捕捉】命令，将打开如图 9-4 所示的【对象捕捉】工具栏。

图 9-4 【对象捕捉】工具栏

对象捕捉名称和捕捉功能如表 9-1 所示。

表 9-1 对象捕捉列表

图 标	命令缩写	对象捕捉名称
	TT	临时追踪点
	FROM	捕捉自
	ENDP	捕捉到端点
	MID	捕捉到中点
	INT	捕捉到交点
	APPINT	捕捉到外观交点
	EXT	捕捉到延长线

图　标	命令缩写	对象捕捉名称
⊙	CEN	捕捉到圆心
✧	QUA	捕捉到象限点
⟳	TAN	捕捉到切点
⊥	PER	捕捉到垂足
∥	PAR	捕捉到平行线
⧈	INS	捕捉到插入点
▫	NOD	捕捉到节点
⋌	NEA	捕捉到最近点
⋔✗	NON	无捕捉
⋔.✗	OSNAP	对象捕捉设置

9.2.1　使用对象捕捉

如果需要对对象捕捉属性进行设置，可选择
【工具】|【绘图设置】菜单命令，或者在命令
行中输入 Dsettings，打开【草图设置】对话框。
单击【对象捕捉】标签，打开【对象捕捉】选项
卡，如图 9-5 所示。

对象捕捉有以下两种方式。

图 9-5　【对象捕捉】选项卡

- 如果在运行某个命令时设计对象捕捉，
  则当该命令结束时，捕捉也结束，这叫
  单点捕捉。这种捕捉形式一般是通过单
  击对象捕捉工具栏中的相关命令按钮来
  实现。

- 如果在运行绘图命令前设置捕捉，则该捕捉在绘图过程中一直有效，该捕捉形式在
  【草图设置】对话框的【对象捕捉】选项卡中进行设置即可。

下面将详细介绍有关【对象捕捉】选项卡中各选项的内容。

1)【启用对象捕捉】复选框

该复选框用于打开或关闭对象捕捉。当对象捕捉打开时，在【对象捕捉模式】选项组中
选定的对象捕捉处于活动状态(OSMODE 系统变量)。

2)【启用对象捕捉追踪】复选框

该复选框用于打开或关闭对象捕捉追踪。使用对象捕捉追踪，在命令行中指定点时，光
标可以沿基于其他对象捕捉点的对齐路径进行追踪。要使用对象捕捉追踪，必须打开一个或
多个对象捕捉(AUTOSNAP 系统变量)。

3)【对象捕捉模式】选项组

该选项组列出了可以在执行对象捕捉时打开的对象捕捉模式。

- 【端点】：捕捉圆弧、椭圆弧、直线、多线、多段线线段、样条曲线、面域或射线最近的端点，或捕捉宽线、实体或三维面域的最近角点，如图 9-6 所示。
- 【中点】：捕捉圆弧、椭圆、椭圆弧、直线、多线、多段线线段、面域、实体、样条曲线或参照线的中点，如图 9-7 所示。

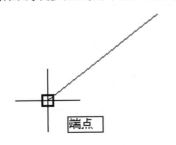

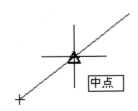

图 9-6　选中【端点】复选框后捕捉的效果　　　图 9-7　选中【中点】复选框后捕捉的效果

- 【圆心】：捕捉圆弧、圆、椭圆或椭圆弧的圆点，如图 9-8 所示。
- 【节点】：捕捉点对象、标注定义点或标注文字起点，如图 9-9 所示。

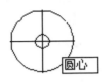

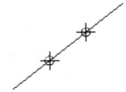

图 9-8　选中【圆心】复选框后捕捉的效果　　　图 9-9　选中【节点】复选框后捕捉的效果

- 【象限点】：捕捉圆弧、圆、椭圆或椭圆弧的象限点，如图 9-10 所示。
- 【交点】：捕捉圆弧、圆、椭圆、椭圆弧、直线、多线、多段线、射线、面域、样条曲线或参照线的交点，如图 9-11 所示。延长线交点不能用作执行对象捕捉模式。交点和延长线交点不能和三维实体的边或角点一起使用。

图 9-10　选中【象限点】复选框后捕捉的效果　　　图 9-11　选中【交点】复选框后捕捉的效果

注意　　如果同时选中【交点】和【外观交点】复选框执行对象捕捉，可能会得到不同的结果。

- 【延长线】：当光标经过对象的端点时，显示临时延长线或圆弧，以便用户在延长线或圆弧上指定点。
- 【插入点】：捕捉属性、块、形或文字的插入点。

- 【垂足】：捕捉圆弧、圆、椭圆、椭圆弧、直线、多线、多段线、射线、面域、实体、样条曲线或参照线的垂足。当正在绘制的对象需要捕捉多个垂足时，将自动打开【递延垂足】捕捉模式。可以用直线、圆弧、圆、多段线、射线、参照线、多线或三维实体的边作为绘制垂直线的基础对象。可以用【递延垂足】模式在这些对象之间绘制垂直线。当十字光标经过【递延垂足】捕捉点时，将显示 AutoSnap 工具栏提示和标记，如图 9-12 所示。

- 【切点】：捕捉圆弧、圆、椭圆、椭圆弧或样条曲线的切点。当正在绘制的对象需要捕捉多个切点时，将自动打开【递延切点】捕捉模式。例如，可以用【递延切点】模式来绘制与两条弧、两条多段线弧或两条圆相切的直线。当十字光标经过【递延切点】捕捉点时，将显示标记和 AutoSnap 工具栏提示。如图 9-13 所示。

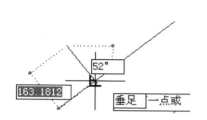
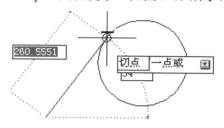

图 9-12　选中【垂足】复选框后捕捉的效果　　图 9-13　选中【切点】复选框后捕捉的效果

　　当用【自】选项结合【切点】捕捉模式来绘制除开始于圆弧或圆的直线以外的对象时，第一个绘制的点是与在绘图区域最后选定的点相关的圆弧或圆的切点。

- 【最近点】：捕捉圆弧、圆、椭圆、椭圆弧、直线、多线、点、多段线、射线、样条曲线或参照线的最近点。

- 【外观交点】：捕捉不在同一平面但是可能看起来在当前视图中相交的两个对象的外观交点。延伸外观交点不能用作执行对象捕捉模式。外观交点和延伸外观交点不能和三维实体的边或角点一起使用。

- 【平行线】：无论何时提示用户指定矢量的第二个点，都要绘制与另一个对象平行的矢量。指定矢量的第一个点后，如果将光标移动到另一个对象的直线段上，即可获得第二个点。如果创建对象的路径与这条直线段平行，将显示一条对齐路径，可用它创建平行对象。

4）【全部选择】按钮

使用该按钮可以打开所有对象捕捉模式。

5）【全部清除】按钮

单击该按钮可以关闭所有对象捕捉模式。

9.2.2　自动捕捉

　　自动捕捉功能要指定许多基本编辑选项，控制使用对象捕捉时显示的形象化辅助工具(称作自动捕捉)的相关设置。如果光标或靶框处在对象上，可以按 Tab 键遍历该对象的所有可用捕捉点。

9.2.3 捕捉设置

如果需要对自动捕捉属性进行设置，可打开【草图设置】对话框，单击【选项】按钮，打开如图 9-14 所示的【选项】对话框，单击【绘图】标签，打开【绘图】选项卡。

下面将介绍【自动捕捉设置】选项组中的内容。

- 【标记】：控制自动捕捉标记的显示。该标记是当十字光标移动到捕捉点上时显示的几何符号(AUTOSNAP 系统变量)。
- 【磁吸】：打开或关闭自动捕捉磁吸。磁吸是指十字光标自动移动并锁定到最近的捕捉点上(AUTOSNAP 系统变量)。
- 【显示自动捕捉工具提示】：控制自动捕捉工具栏提示是否显示。工具栏提示是一个标签，用来描述捕捉到的对象部分(AUTOSNAP 系统变量)。
- 【显示自动捕捉靶框】：控制自动捕捉靶框的显示。靶框是捕捉对象时出现在十字光标内部的方框(APBOX 系统变量)。
- 【颜色】：指定自动捕捉标记的颜色。单击该按钮，弹出【图形窗口颜色】对话框，在【界面元素】列表框中选择【二维自动捕捉标记】选项，在【颜色】下拉列表框中可以任意选择一种颜色，如图 9-15 所示。

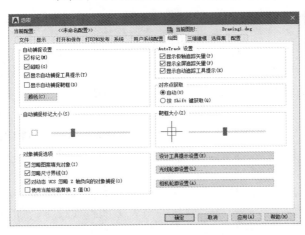

图 9-14　【选项】对话框

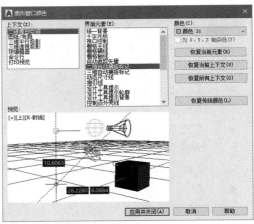

图 9-15　【图形窗口颜色】对话框

9.3　极　轴　追　踪

创建或修改对象时，可以使用极轴追踪功能显示由指定的极轴角度所定义的临时对齐路径。可以使用 PolarSnap™ 沿对齐路径按指定距离进行捕捉。

9.3.1　使用极轴追踪

使用极轴追踪，光标将按指定角度进行移动。

例如，在图 9-16 中绘制一条从点 1 到点 2 的两个单位的直线，然后绘制一条到点 3 的两个单位的直线，并与第一条直线成 45°角。如果打开了 45°极轴角增量，当光标跨过 0°或 45°角时，将显示对齐路径和工具栏提示。当光标从该角度移开时，对齐路径和工具栏提示消失。

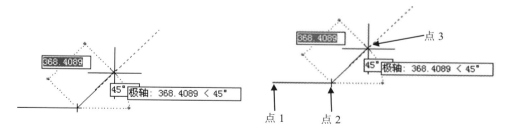

图 9-16   使用【极轴追踪】功能绘制图形

如果需要对极轴追踪属性进行设置，可选择【工具】｜【绘图设置】菜单命令，或者在命令行中输入 Dsettings，打开【草图设置】对话框，单击【极轴追踪】标签，打开【极轴追踪】选项卡，如图 9-17 所示。

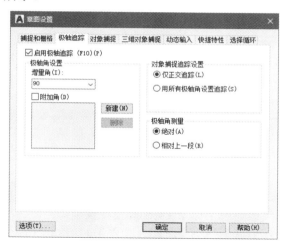

图 9-17   【极轴追踪】选项卡

下面详细介绍有关【极轴追踪】选项卡的内容。

(1)【启用极轴追踪】：该复选框用于打开或关闭极轴追踪。也可以按 F10 键或使用 AUTOSNAP 系统变量来打开或关闭极轴追踪。

(2)【极轴角设置】：该选项组用于设置极轴追踪的对齐角度(POLARANG 系统变量)。

● 【增量角】：该下拉列表框用来设置显示极轴追踪对齐路径的极轴角增量。可以输入任何角度，也可以从下拉列表中选择 90、45、30、22.5、18、15、10 或 5 这些常用角度值(POLARANG 系统变量)。【增量角】下拉列表如图 9-18 所示。

图 9-18   【增量角】下拉列表

● 【附加角】：对极轴追踪使用列表中的任何一种附加角度。该复选框受 POLARMODE 系统变量控制，【附加角】列表受 POLARADDANG 系统变量控制。

 注意　附加角度是绝对的，而非增量。

● 【附加角】列表框：如果选中【附加角】复选框，该列表框中将列出可用的附加角度。要添加新的角度，可单击【新建】按钮。要删除现有的角度，可单击【删除】按钮(POLARADDANG 系统变量)。

● 【新建】按钮：最多可以添加 10 个附加极轴追踪对齐角度。

 注意　添加分数角度之前，必须将 AUPREC 系统变量设置为合适的十进制精度，以防止不必要的舍入。例如，如果 AUPREC 的值为 0(默认值)，则所有输入的分数角度将舍入为最接近的整数。

● 【删除】按钮：删除选定的附加角度。

(3) 【对象捕捉追踪设置】：该选项组用于设置对象捕捉追踪选项。

● 【仅正交追踪】：当对象捕捉追踪模式打开时，仅显示已获得的对象捕捉点的正交(水平/垂直)对象捕捉追踪路径(POLARMODE 系统变量)。

● 【用所有极轴角设置追踪】：将极轴追踪设置应用于对象捕捉追踪。使用对象捕捉追踪时，光标将从获取的对象捕捉点起沿极轴对齐角度进行追踪(POLARMODE 系统变量)。

 注意　单击状态栏中的【极轴】和【对象追踪】按钮，也可以打开或关闭极轴追踪和对象捕捉追踪。

(4) 【极轴角测量】：该选项组用于设置测量极轴追踪对齐角度的基准。

● 【绝对】：根据当前用户坐标系(UCS)确定极轴追踪角度。

● 【相对上一段】：根据上一个绘制线段确定极轴追踪角度。

9.3.2　自动追踪

自动追踪可以使用户在绘图的过程中按指定的角度绘制对象，或者绘制与其他对象有特殊关系的对象。当此模式处于打开状态时，临时显示的对齐虚线有助于用户精确地绘图。用户还可以通过一些设置来更改对齐路线以适合自己的需求，这样就可以达到精确绘图的目的。

打开【草图设置】对话框，单击【选项】按钮，打开如图 9-19 所示的【选项】对话框，在【绘图】选项卡的【AutoTrack 设置】选项组中可进行自动追踪的设置。

(1) 【显示极轴追踪矢量】复选框。

当极轴追踪打开时，将沿指定角度显示一个矢量。使用极轴追踪，可以沿角度绘制直线。极轴角是 90°的约数，如 45°、30°和 15°。

可以通过将 TRACKPATH 设置为 2 来取消选中【显示极轴追踪矢量】复选框。

(2) 【显示全屏追踪矢量】复选框。

该复选框用于控制追踪矢量的显示。追踪矢量是辅助用户按特定角度或与其他对象特定关系绘制对象的构造线。如果选中此复选框，对齐矢量将显示为无限长的线。

可以通过将 TRACKPATH 设置为 1 来取消选中【显示全屏追踪矢量】复选框。

(3) 【显示自动追踪工具提示】复选框。

该复选框用于控制自动追踪工具提示的显示。工具提示是一个标签，用于显示追踪坐标。

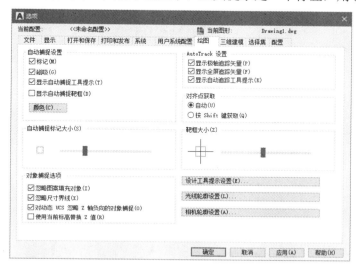

图 9-19　【选项】对话框

9.4　绘制常用电子电气元件

为了使读者在绘制电子电气元件之前对常见的电子元件的基本概念有所了解，本节介绍电阻器、电感器、变压器、半导体二极管及半导体三极管等一些常见电子元件的类别、型号和使用范围等。同时为了使读者在绘制电子电气元件之前对常用的电子元件的基本概念有所了解，本节还介绍了开关、接触器、继电器和三相异步电动机等一些常见的电子电气元件。

9.4.1　电阻器

电阻器是电子设备中应用最广泛的元件之一，在电路中起限流、分流、降压、分压、负载、与电容配合作为滤波器及阻抗匹配等作用。

导电体对电流的阻碍作用称为电阻，用符号 R 表示。电阻的单位为欧姆、千欧和兆欧，分别用 Ω、$k\Omega$ 和 $M\Omega$ 表示。

1) 电阻器的分类

电阻器的种类繁多，若根据电阻器的电阻值在电路中的特性来分，可分为固定电阻器、电位器(可变电阻器)和敏感电阻器三大类。

(1) 固定电阻器。

固定电阻器按组成材料可分为非线绕电阻器和线绕电阻器两大类。非线绕电阻器可分为薄膜电阻器、实芯型电阻器和金属玻璃釉电阻器等，其中薄膜电阻器又可分为碳膜电阻和金属膜电阻两类。按用途进行分类，电阻器可分为普通型(通用型)、精密型、功率型、高压型和高阻型等。按形状不同，电阻器可分为圆柱状、管状、片状、纽扣状、块状和马蹄状等。

固定电阻器的符号如图 9-20 所示。

(2) 电位器(可变电阻器)。

电位器是靠一个电刷(运动接点)在电阻上移动而获得变化的电阻值，其阻值可在一定范围内连续可调。

电位器是一种机电子电气元件，可以把机械位移转换成电压变化。电位器的分类如下：按电阻体材料可分为薄膜(非线绕)电位器和线绕电位器两种；按结构可分为单圈电位器、多圈电位器、单联电位器、双联电位器和多联电位器等；按有无开关可分为带开关电位器和不带开关电位器，其中开关形式有旋转式、推拉式和按键式等；按调节活动机构的运动方式可分为旋转式电位器和直滑式电位器；按用途又可分为普通电位器、精密电位器、功率电位器、微调电位器和专用电位器等。

电位器的图形符号如图 9-21 所示。

| 图 9-20　固定电阻器符号 | 图 9-21　电位器符号 |

(3) 敏感电阻器。

敏感电阻器的电特性(例如电阻率)对温度、光和机械力等物理量表现敏感，如光敏电阻器、热敏电阻器、压敏电阻器和气敏电阻器等。由于此类电阻器基本都是用半导体材料制成，因此也叫做半导体电阻器。

热敏电阻器和压敏电阻器的图形符号如图 9-22 所示。

图 9-22　热敏电阻器和压敏电阻器符号

2) 电阻器型号的命名方法

根据国家标准《电子设备用电阻器、电容器型号命名法》的规定，电阻器和电位器的型号由以下 4 部分组成。

第一部分：主称，用字母表示，表示产品的名称。如 R 表示电阻、W 表示电位器。

第二部分：材料，用字母表示，表示电阻体由什么材料制成。

第三部分：分类，一般用数字表示，个别类型用字母表示。

第四部分：序号，用数字表示，表示同类产品中的不同品种，以区分产品的外形尺寸和性能指标等。

例如 RT11 型表示普通碳膜电阻。

9.4.2 电容器

电容器是由两个金属电极中间夹一层电介质构成。在两个电极之间加上电压时，电极上就储存电荷，因此说电容器是一种储能元件。它是各种电子产品中不可缺少的基本元件，具有隔直流通交流、通高频阻低频的特性，在电路中用于调谐、滤波和能量转换等。

电容符号用 C 表示，单位有法拉(F)、微法拉(μF)和皮法拉(pF)。

1) 电容器的分类

电容器的种类很多。按介质不同，可分为空气介质电容器、纸质电容器、有机薄膜电容器、瓷介质电容器、玻璃釉电容器、云母电容器和电解电容器等。按结构不同分类，电容器可分为固定电容器、半可变电容器和可变电容器等。

(1) 固定电容器。

固定电容器的容量是不可调的，常用的固定电容器的图形符号如图 9-23 所示。

(2) 半可变电容器。

半可变电容器又称微调电容器或补偿电容器，其特点是容量可在小范围内变化，可变容量通常在几皮法或几十皮法之间，最高可达 100pF(陶瓷介质时)。半可变电容器通常用于整机调整后电容量不需经常改变的场合。

半可变电容器的符号如图 9-24 所示。

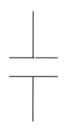

图 9-23　固定电容器符号　　　　　图 9-24　半可变电容器符号

(3) 可变电容器。

可变电容器的容量可在一定范围内连续变化，它由若干片形状相同的金属片并联拼接成一组(或几组)定片和一组(或几组)动片。动片可以通过转轴转动来改变动片插入定片的面积，从而改变电容量。其介质有空气、有机薄膜等。

可变电容器可分为单联、双联和三联 3 种，前两种符号如图 9-25 和图 9-26 所示。

2) 电容器的型号命名方法

电容器的型号一般由 4 部分组成(不适用于压敏、可变和真空电容器)，依次分别代表主称、材料、分类和序号。

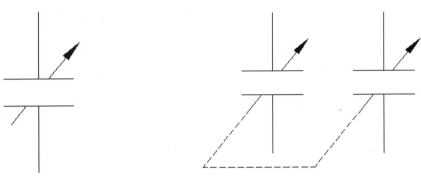

图 9-25　单联电容器符号　　　　　　　　图 9-26　双联电容器符号

例如 CCW1 表示圆片形微调高频瓷介质电容器，符号含义如图 9-27 所示。

图 9-27　符号含义

9.4.3　电感器

电感器又称电感线圈，是用漆包线在绝缘骨架上绕制而成的一种能存储磁场能的电子元器件，它在电路中具有阻交流通直流、阻高频通低频的特性。

电感用 L 表示，单位有亨利(H)、毫亨利(mH)和微亨利(μH)。

电感器的种类很多。根据电感器的电感量是否可调，分为固定电感器、可变电感器和微调电感器等；根据导磁体性质，可分为带磁芯的电感器和不带磁芯的电感器；根据绕线方式，可分为单层线圈、多层线圈和蜂房式线圈等。

常用电感器的符号如图 9-28 所示。

图 9-28　电感器和带磁芯电感器符号

9.4.4　变压器

变压器在电路中可以变换电压、电流和阻抗，起传输能量和传递交流信号的作用。变压器是利用互感原理制成的。

变压器的种类很多，在电子电路中一般按用途把变压器分为调压变压器、电源变压器、低频变压器、中频变压器、高频变压器和脉冲变压器等。常见的高频变压器包括电视接收机中的天线阻抗变压器、收音机中的天线线圈和振荡线圈。常见的中频变压器包括超外差式收音机中的音频放大电路用的变压器、电视机中的音频放大电路用的变压器。常见的低频变压器包括输入变压器、输出变压器、线圈变压器和耦合变压器等。

电子电路中常见变压器的图形符号如图 9-29 所示。

图 9-29　高频和低频变压器

9.4.5　半导体

半导体材料是指电阻率介于金属和绝缘体之间并有负的电阻温度系数的物质。半导体的电阻率随着温度的升高而减小。用半导体材料制成的具有一定功能的器件，统称半导体。

1) 我国半导体器件型号命名方法

半导体器件型号由 5 部分组成，其中场效应器件、半导体特殊器件、复合管、PIN 型管和激光器件的型号命名只有第 3、第 4 和第 5 部分。5 个部分含义如下。

第 1 部分：用阿拉伯数字表示器件的有效电极数目。

第 2 部分：用汉语拼音字母表示器件的极性和材料。

第 3 部分：用汉语拼音字母表示器件的类型。

第 4 部分：用阿拉伯数字表示器件的序号。

第 5 部分：用汉语拼音字母表示规格。

比如，2AP10 表示 N 型锗材料的普通二极管，如图 9-30 所示。

CS2B 表示场效应器件，如图 9-31 所示。

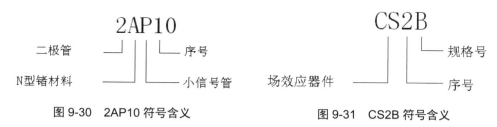

图 9-30　2AP10 符号含义　　　　图 9-31　CS2B 符号含义

2) 半导体二极管

半导体二极管又称晶体二极管，简称二极管，由一个 PN 结加上引线及管壳构成。二极管具有单向导电性。

二极管的种类很多。按制作材料不同，可分为锗二极管和硅二极管；按制作工艺，可分为点接触型二极管和面接触型二极管，点接触型二极管用于小电流的整流、检测、限幅及开关等电路中，面接触型二极管主要起整流作用；按用途不同，可分为整流二极管、检波二极管、稳压二极管、变容二极管和光敏二极管等。

常用的二极管的图形符号如图 9-32 所示。

3）半导体三极管

半导体三极管又称双极型晶体管和晶体三极管，简称三极管，是一种电流控制电流的半导体器件，它的基本作用是把微弱的电信号转换成幅度较大的电信号，此外也可作为无触点开关。由于三极管具有结构牢固、寿命长、体积小及耗电小等特点，所以被广泛应用于各种电子设备中。

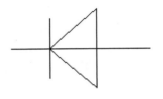

图 9-32　二极管图形符号

三极管的种类很多。按所用的半导体材料不同，可分为硅管和锗管；按结构不同，可分为 NPN 管和 PNP 管；按用途不同，可分为低频管、中频管、超高频管、大功率管、小功率管和开关管等；按封装方式不同，可分为玻璃壳封装管、金属壳封装管和塑料封装管等。

三极管的结构图和符号如图 9-33 所示。

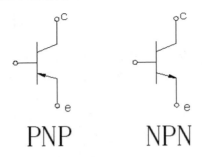

图 9-33　三极管符号

9.4.6　电桥

电桥是将电阻、电感和电容等参数的变化变为电压或电流输出的一种转换电路。其输出既可以用指示仪表直接测量，也可以用放大器放大。

电桥的电路结构简单，且具有较高的精确度和灵敏度，能预调平衡，易消除温度和环境影响，因此在测量装置中被广泛应用。按照电桥采用的电源不同，可分为直流电桥和交流电桥；按照输出测量的方式不同，可分为不平衡电桥和平衡电桥。

1）直流电桥

直流电桥是采用直流电源供电的桥式电路。

直流电桥有以下优点：比较容易获得所需要的高稳定度直流电，且输出的直流电可以用直流仪表测量；对从传感器到测量仪表的连接导线的要求较低；电桥的平衡电路简单。

其缺点是直流放大器比较复杂，容易受零漂(零点漂移，指输入电压为零，输出电压偏离零值的变化)和接地电位的影响。

2）交流电桥

交流电桥是采用交流电源供电的桥式电路。电桥的 4 个臂可以是电感、电容、电阻或其组合。交流电桥的供桥电源除了要有足够的功率外，还必须具有良好的电压波形和频率稳定度。若电压电源波形畸变，则高次谐波不但会造成测量误差，而且会扰乱电桥的平衡。

3）带感应耦合臂的电桥

带感应耦合臂的电桥实质上是交流电感或电容电桥，是由感应耦合的一对绕组作为桥臂构成的。带感应耦合臂的电桥具有较高的精度和灵敏度，且性能稳定、频率范围广，近年来得到了广泛的应用。

9.4.7 开关

所谓开关，就是指能够通过手动方式进行电路切换或控制的元件。常用的开关元件有按钮开关、行程开关和接近开关等。

1) 按钮开关

按钮开关是一种广泛应用的主令电器，用于短时接通或断开小电流的控制电路。

按钮开关一般由按钮帽、复位弹簧、触头元件和外壳等组成。按钮开关外形如图 9-34 所示。按钮开关的一般图形符号表示方法如图 9-35 所示。

图 9-34　按钮开关

图 9-35　按钮开关符号

2) 行程开关

行程开关又称限位开关，是一种根据运动部件的行程位置而切换电路的主令电器。行程开关可实现对行程的控制和对极限位置的保护。

行程开关的结构原理与按钮相似，但行程开关的动作是通过机械运动部件上的撞块或其他部件的机械作用进行操作的。

行程开关按其结构可分为按钮式(直动式)、滚轮式和微动式 3 种。

(1) 按钮式行程开关。

这种行程开关的动作情况与按钮开关一样，即当撞块压下推杆时，其常闭触点打开，而常开触点闭合；当撞块离开推杆时，触点在弹簧力的作用下恢复原状。这种行程开关的结构简单、价格便宜。其缺点是触点的通断速度与撞块的移动速度有关，当撞块的移动速度较慢时，触点断开也缓慢，电弧容易使触点烧损，因此它不宜用在移动速度低于 0.4m/min 的场合。按钮式行程开关如图 9-36 所示。

图 9-36　按钮式行程开关

(2) 滚轮式行程开关。

滚轮式行程开关分为单滚轮自动复位与双滚轮非自动复位两种形式。滚轮式行程开关的优点是触点的通断速度不受运动部件速度的影响，且动作快。其缺点是结构复杂，价格比按钮式行程开关高，如图 9-37 所示。

(3) 微动式行程开关。

微动式行程开关是由撞块压动推杆，使片状弹簧变形，从而使触点运动。当撞块离开推杆后，片状弹簧恢复原状，触点复位。微动式行程开关的外形如图 9-38 所示。

图 9-37　滚轮式行程开关 　　　　　　　　　　图 9-38　微动式行程开关的外形

微动式行程开关的特点是外形尺寸小、重量轻、推杆的动作行程小以及推杆动作压力小，缺点是不耐用。

微动式行程开关的图形符号如图 9-39 所示。

3) 接近开关

接近开关是一种非接触式的行程开关，其特点是挡块不需要与开关部件接触即可发出电信号。接近开关以其寿命长、操作频率高及动作迅速可靠的特点得到了广泛的应用。接近开关的图形符号如图 9-40 所示。

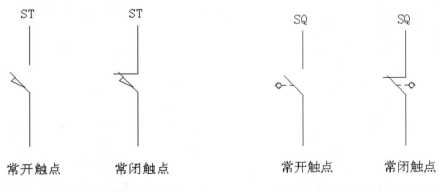

图 9-39　微动式行程开关的图形符号 　　　　　图 9-40　接近开关的图形符号

9.4.8　接触器

接触器是一种用来接通或断开电动机或其他负载主回路的自动切换电器。接触器因具有控制容量大的特点而适用于频繁操作和远距离控制的电路中。其工作可靠、寿命长，是继电器-接触器控制系统中重要的元件之一。

接触器分为交流接触器和直流接触器两种。图 9-41 所示为交流接触器的结构图。

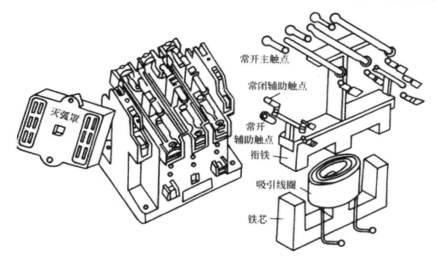

常开主触点
常闭辅助触点
常开辅助触点
衔铁
吸引线圈
铁芯
灭弧罩

图 9-41　交流接触器的结构图

接触器的动作原理是：在接触器的吸引线圈处于断电状态下，接触器为释放状态，这时在复位弹簧的作用下，动铁芯通过绝缘支架将动触桥推向最上端，使常开触点打开，常闭触点闭合；当吸引线圈接通电源时，流过线圈内的电流在铁芯中产生磁通，此磁通使静铁芯与动铁芯之间产生足够的吸力，以克服弹簧的反力，将动铁芯向下吸合，这时动触桥也被拉向下端，因此原来闭合的常闭触点就被分断，而原来处于分断的常开触点就转为闭合，从而控制吸引线圈的通电和断电，使接触器的触点由分断转为闭合，或由闭合转为分断的状态，最终达到控制电路通断的目的。

接触器的图形符号如图 9-42 所示。

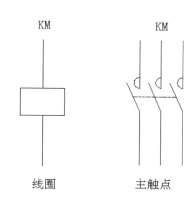

KM　　　　　KM

线圈　　　　　主触点

图 9-42　接触器的图形符号

9.4.9　继电器

继电器是一种根据特定形式的输入信号(如电流、电压、转速、时间和温度等)的变化而发生动作的自动控制电器。与接触器不同的是，继电器主要用于反映控制信号接通与分断控制电路。

1) 中间继电器

中间继电器本质上是电压继电器，具有触点多(6 对或更多)、触点能承受的电流大(额定电流 5～10A)、动作灵敏(动作时间小于 0.05s)等特点。

中间继电器因其具有触点对数比较多的特点而主要用于进行电路的逻辑控制或实现触点转换与扩展的电路中。

中间继电器的图形符号如图 9-43 所示。

2）时间继电器

时间继电器是一种在电路中起着控制动作时间的继电器。当时间继电器的敏感元件获得信号后，要经过一段时间，其执行元件才会动作并输出信号。

时间继电器按其动作原理与构造的不同，可分为电磁式、空气阻尼式、电动式和晶体管式等类型。

时间继电器的图形符号如图 9-44 所示。

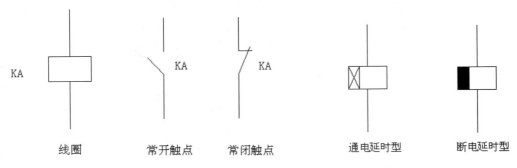

| 线圈 | 常开触点 | 常闭触点 | 通电延时型 | 断电延时型 |

图 9-43　中间继电器的图形符号　　　　图 9-44　时间继电器的图形符号

9.4.10　三相异步电动机

三相异步电动机又称三相感应电动机，主要由静止部分——定子和旋转部分——转子两大部分组成。转子装在定子当中，二者之间留有一定的空隙。

三相异步电动机按转子结构的不同分成线绕式和鼠笼式两种基本类型。二者定子相同，转子不同。

线绕式和鼠笼式异步电动机的定子构造都是由定子铁芯和定子三相绕组等构成的。机座由铸铁铸成，机座内装有 0.5mm 厚的硅钢片叠加而成的定子铁芯，定子铁芯内圆周表面上均匀地分布着许多与轴平行的槽，槽内嵌放绕组，绕组与铁芯之间相互绝缘。

鼠笼式转子绕组是在转子铁芯槽内放入裸铜条，两端由两个铜环焊接成通路，也可在转子铁芯槽中铸铝。线绕式转子绕组和定子绕组相似，但三相绕组固定为星形连接，三根端线连接到电机轴一端的铜环上，环与环之间、滑环与轴之间相互绝缘。

9.4.11　常用电子电气元件的绘制

常用电子电气元件绘制的一般步骤为：设置绘图环境；绘制图形；保存文件。绘图环境的设置包括绘图界限的设置及图层的设置。

1）设置绘图界限

绘图界限用来标明用户的工作区域和图纸的边界，以防止用户绘制的图形超出该边界。

在 AutoCAD 中，用户可以通过以下两种方式设置绘图界限。

● 　在菜单栏中选择【格式】|【图形界限】命令。

● 　在命令行中输入 limits 后按 Enter 键。

执行上述任一操作后，可通过下述操作来设置绘图界限：

```
命令: limits
重新设置模型空间界限:
指定左上角点或[开(ON)/关(OFF)]<0.0000, 0.0000>:
//在绘图区域内合适位置单击或输入图形边界左下角的坐标, 如"0,0", 按Enter键确认。指定左上角点
指定右上角点<420.0000, 297.0000>:
//在绘图区域内合适位置单击或输入图形边界右上角的坐标, 如"500, 500", 按Enter键确认。指定
//右上角点
```

2) 设置图层

图层是 AutoCAD 提供的一个管理图形对象的工具。图层可以使 AutoCAD 图形看起来好像是由多张透明的图纸重叠在一起组成的，通过图层可以对图形几何对象、文字及标注等元素进行归类处理。调用图层特性管理器的常用方法有以下 3 种。

● 在菜单栏中选择【格式】|【图层】命令。

● 在【图层】工具栏中单击【图层特性管理器】按钮。

● 在命令行中输入 LAYER 或命令的缩写形式 LA，按 Enter 键。

按上述任一种方式操作后，即可弹出【图层特性管理器】选项板。在【图层特性管理器】选项板中，用户可以进行创建图层、删除图层及其他属性的设置，具体的设置方法请参阅本书第 8 章关于图层的有关说明。

3) 绘制图形

使用相关的绘图命令绘制元件图形。

4) 保存文件

选择【文件】|【保存】菜单命令，或者在命令行输入 qsave，按 Enter 键，即可保存文件。

9.5 设 计 范 例

9.5.1 绘制电源开关范例

 本范例完成文件：范例文件\第 9 章\9-1.dwg

 多媒体教学路径：多媒体教学→第 9 章→9.5.1 范例

 范例分析

本范例是使用角度限制光标绘制一个电源开关图形，主要目的为帮助读者熟悉精确绘图的操作命令。

 范例操作

01 新建文件后，单击【默认】选项卡【绘图】组中的【圆】按钮⊙，绘制半径为 10 和 3 的同心圆，如图 9-45 所示。

02 在状态栏中，设置指定角度限制光标，如图 9-46 所示。

03 单击【默认】选项卡【绘图】组中的【直线】按钮✎，绘制直线图形，如图 9-47 所示。

04 单击【默认】选项卡【修改】组中的【修剪】按钮✂，修剪图形，如图 9-48 所示。

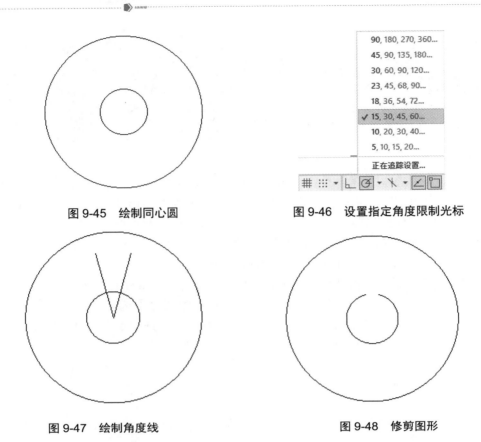

图 9-45　绘制同心圆　　　　　图 9-46　设置指定角度限制光标

图 9-47　绘制角度线　　　　　图 9-48　修剪图形

05　使用直线工具，绘制直线图形，长度为 2，得到电源开关图形，范例绘制完成，结果如图 9-49 所示。

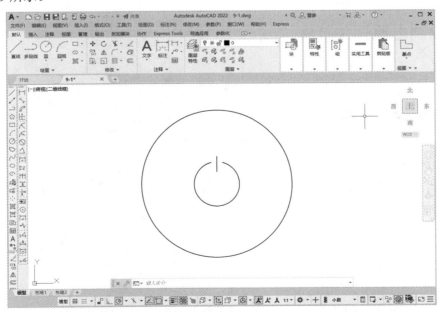

图 9-49　电源开关图形

9.5.2　绘制电阻器范例

 本范例完成文件：范例文件\第9章\9-2.dwg

 多媒体教学路径：多媒体教学→第9章→9.5.2范例

范例分析

本范例是绘制一个电阻器的图形，一方面是让大家熟悉电气元件的绘制方法，另一方面是介绍使用对象捕捉命令来进行精确绘图的方法。

范例操作

01 新建一个文件，使用矩形工具绘制一个 1×0.3 的矩形，如图9-50所示。

02 选择【工具】|【绘图设置】菜单命令，打开【草图设置】对话框，切换到【对象捕捉】选项卡，选中【中点】复选框，如图9-51所示，单击【确定】按钮。

图9-50　绘制矩形

图9-51　设置对象捕捉

03 使用直线工具，以两端竖直线的中点为起点，分别绘制长度为 0.5 的直线图形，如图9-52所示。

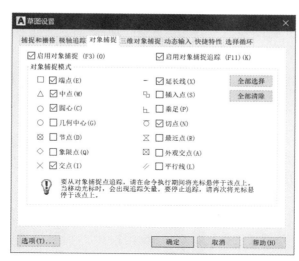

图9-52　绘制直线

04 使用引线工具，以上部水平线的中点为基点在上方添加引线，至此完成电阻器范例图形的制作，结果如图 9-53 所示。

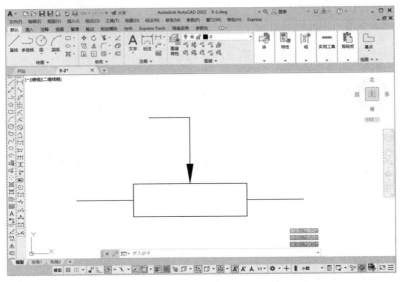

图 9-53　电阻器图形

9.5.3　绘制电容器范例

本范例完成文件：范例文件\第 9 章\9-3.dwg

多媒体教学路径：多媒体教学→第 9 章→9.5.3 范例

范例分析

本范例是绘制一个电容器元件图形，使大家熟悉这个常用电子电气元件的绘制方法，从而能够快速熟悉绘图操作。

范例操作

01　新建一个文件，选择【工具】|【绘图设置】菜单命令，打开【草图设置】对话框，切换到【对象捕捉】选项卡，选中【圆心】复选框，如图 9-54 所示。

02　使用圆工具绘制半径为 1 的圆形，然后使用直线工具绘制过圆心的水平中心线，如图 9-55 所示。

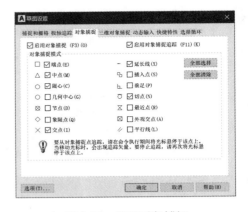

图 9-54　设置对象捕捉

03　使用移动工具向上移动直线，距离为 0.5，如图 9-56 所示。

04　使用修剪工具修剪图形，如图 9-57 所示。

05　向上移动直线，距离为 1，如图 9-58 所示。

06　使用直线工具绘制长度为 1 的两段竖直直线，如图 9-59 所示。

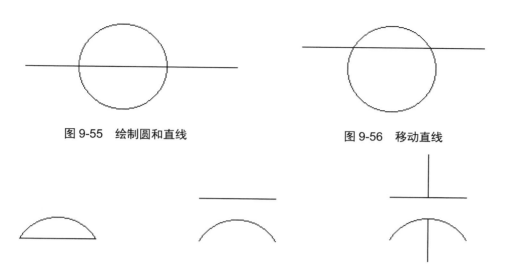

图 9-55　绘制圆和直线　　　　　　　图 9-56　移动直线

图 9-57　修剪图形　　　　图 9-58　移动直线　　　　图 9-59　绘制竖直直线

07 使用直线工具，在图像右上方绘制长度为 0.3 的十字线，完成电容器范例图形的绘制，结果如图 9-60 所示。

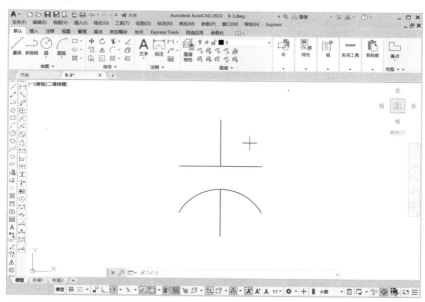

图 9-60　电容器图形

9.5.4　绘制接触器范例

　本范例完成文件：范例文件\第 9 章\9-4.dwg

多媒体教学路径：多媒体教学→第 9 章→9.5.4 范例

范例分析

本范例是绘制一个接触器元件图形，使大家熟悉这个常用电子电气元件的绘制方法，从而能够快速熟悉绘图操作。

范例操作

01 新建一个文件，使用圆工具绘制半径为 1 的圆形，然后使用直线工具在上方绘制长度为 20 的竖直直线，如图 9-61 所示。

02 使用复制工具复制图形，间距为 30，如图 9-62 所示。

03 使用修剪工具修剪图形，如图 9-63 所示。

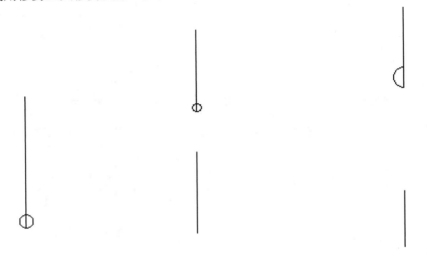

图 9-61 绘制圆和直线　　　图 9-62 复制直线　　　图 9-63 修剪图形

04 使用直线工具绘制 120° 的角度直线，如图 9-64 所示。

05 使用镜像工具镜像图形，如图 9-65 所示。

06 使用直线工具绘制长度为 8 的水平直线图形，如图 9-66 所示。

07 添加文字，得到接触器范例图形，如图 9-67 所示。

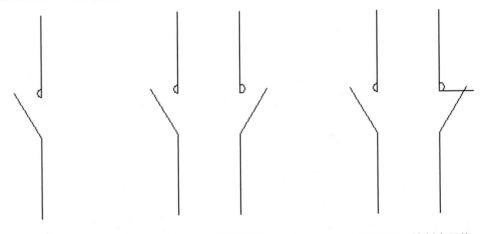

图 9-64 绘制斜线　　　图 9-65 镜像图形　　　图 9-66 绘制水平线

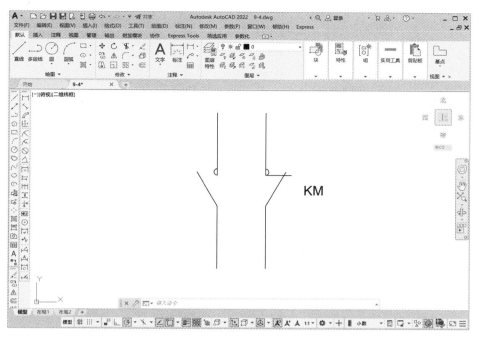

图 9-67　接触器图形

9.5.5　绘制电桥范例

本范例完成文件： 范例文件\第 9 章\9-5.dwg

多媒体教学路径： 多媒体教学→第 9 章→9.5.5 范例

　范例分析

本范例是绘制电桥元件图形，使大家熟悉这个常用电子电气元件的绘制方法，从而能够快速熟悉绘图操作。

　范例操作

01 创建一个文件，首先使用矩形工具绘制一个 3×1 的矩形，然后使用直线工具在左右两端各绘制长度为 3 的水平直线，如图 9-68 所示。

图 9-68　绘制矩形和直线

02 使用复制工具和旋转工具旋转复制图形，如图 9-69 所示。

03 使用镜像工具镜像图形，如图 9-70 所示。

04 使用旋转工具把整个图形旋转 45°，如图 9-71 所示。

05 使用直线工具绘制长度为 2 的直线图形，并连接水平的两个角点，如图 9-72 所示。

06 使用圆工具在中心位置绘制半径为 2 的圆形，如图 9-73 所示。

07 使用修剪工具修剪多余图形，如图 9-74 所示。

08 使用直线工具绘制长度为 16 的直线图形，如图 9-75 所示。

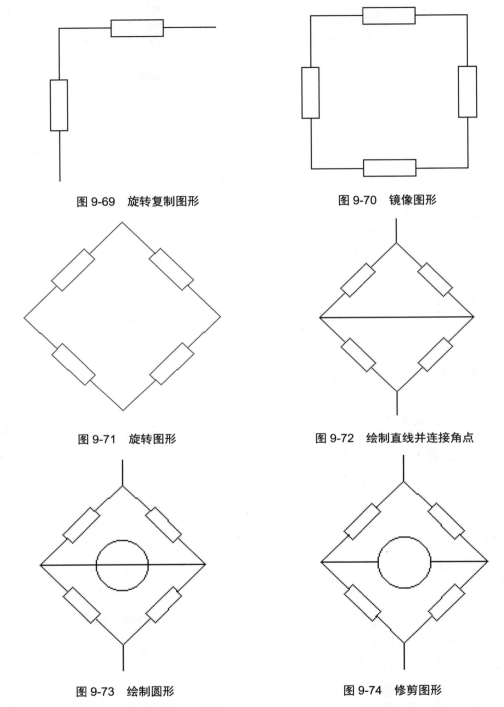

图 9-69　旋转复制图形　　　　　　图 9-70　镜像图形

图 9-71　旋转图形　　　　　　图 9-72　绘制直线并连接角点

图 9-73　绘制圆形　　　　　　图 9-74　修剪图形

09 使用直线工具在左侧绘制长度为 4 和 2 的水平直线图形，如图 9-76 所示。

10 使用修剪工具修剪图形，得到电桥图形，如图 9-77 所示。

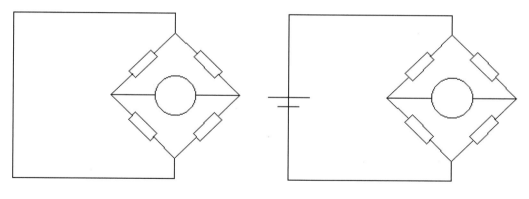

图 9-75　绘制直线图形　　　　　　　　　　　　　图 9-76　绘制水平线

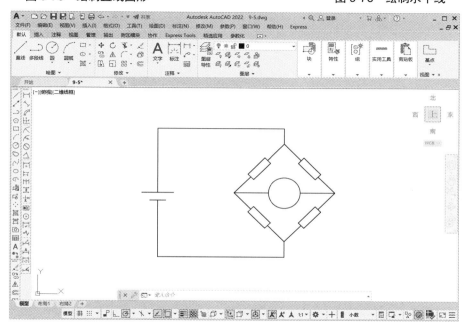

图 9-77　电桥图形

9.6　本 章 小 结

　　本章主要介绍了 AutoCAD 2022 精确绘制电气图形过程中需要使用的方法和命令。在精确绘图时经常需要用到栅格捕捉、对象捕捉和极轴追踪，方便各种复杂图形的绘制。读者通过对本章的学习，可以进一步提高电气绘图的准确度与精确度，同时还可以学习到多种常用电子电气元件的基本概念和绘制方法。

第 10 章

绘制电气三维模型

本章导读

  AutoCAD 2022 有一项重要的功能，即三维绘图。三维绘图是二维绘图的延伸，也是绘图中较为高端的手段。本章主要介绍绘制三维电气模型的基础知识，包括轴视图和透视图的概念、坐标系统和视点的使用，同时讲解基本的三维图形界面和绘制方法，以及绘制三维实体的方法和命令，让用户对绘制三维电气模型有所认识。

10.1　三维界面和坐标系

三维立体是一种直观、立体的表现方式，但要在平面的基础上表示三维图形，则需要有一些三维知识，并要对平面的立体图形有所认识。AutoCAD 2022 中包含三维绘图的界面，更加适合三维绘图。另外要进行三维绘图，首先要了解用户坐标。下面来认识一下三维建模界面和用户坐标系统，并了解用户坐标系统的一些基本操作。

图 10-1　选择【三维建模】命令

10.1.1　三维界面

【三维建模】界面是 AutoCAD 2022 的一种界面形式。打开【三维建模】界面比较简单，在状态栏中单击【切换工作空间】按钮 ，在打开的下拉菜单中选择【三维建模】命令，如图 10-1 所示，即可打开【三维建模】界面，如图 10-2 所示。

图 10-2　【三维建模】界面

【三维建模】界面和普通界面的结构基本相同，但是其面板区变为了三维面板，主要包括【建模】、【网格】、【实体编辑】、【绘图】、【修改】和【截面】等面板，集成了多个工具按钮，方便了三维绘图的使用。

10.1.2　坐标系简介

前文已经了解了坐标系，下面来介绍一下用户坐标系。

用户坐标系是用于创建坐标、操作平面和观察图形的一种可移动的坐标系统。用户坐标系由用户来指定，它可以在任意平面上定义 XY 平面，并根据这个平面垂直拉伸出 Z 轴，组成坐标系。这大大方便了绘制三维物体时坐标的定位。

打开【视图】选项卡，常用的关于坐标系的命令就放在如图 10-3 所示的【坐标】面板里，用户只要单击其中的按钮即可启动对应的坐标系命令。也可以使用【工具】菜单中【新建 UCS】子菜单的各种命令，如图 10-4 所示。

图 10-3　【坐标】面板

AutoCAD 的大多数几何编辑命令基于 UCS 的位置和方向，图形将绘制在当前 UCS 的 XY 平面上。UCS 命令能设置用户坐标系在三维空间中的方向，定义二维对象的方向和 THICKNESS 系统变量的拉伸方向。它也提供 ROTATE(旋转)命令的旋转轴，并为指定点提供默认的投影平面。当使用定点设备定义点时，定义的点通常置于 XY 平面上。如果 UCS 旋转使 Z 轴位于与观察平面平行的平面上(XY 平面对于观察者来说显示为一条边)，那么可能很难查看该点的位置。这种情况下，可把该点定位在与观察平面平行的包含 UCS 原点的平面上。例如，如果观察方向沿着 X 轴，那么用定点设备指定的坐标将定义在包含 UCS 原点的 YZ 平面上。不同的对象新建的 UCS 也有所不同，如表 10-1 所示。

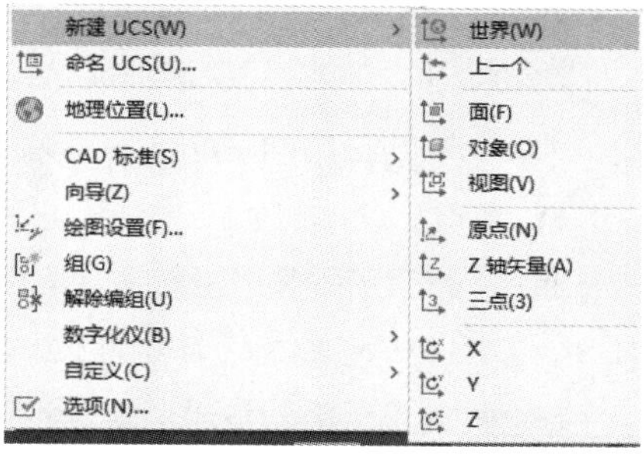

图 10-4　【新建 UCS】子菜单

表 10-1　不同对象新建 UCS 的情况

对　象	确定 UCS 的情况
圆弧	圆弧的圆心成为新 UCS 的原点，X 轴通过距离选择点最近的圆弧端点
圆	圆的圆心成为新 UCS 的原点
直线	距离选择点最近的直线上的端点成为新 UCS 的原点，选择新 X 轴，直线位于新 UCS 的 XZ 平面上。直线第二个端点在新系统中的 Y 坐标为 0
二维多段线	多段线的起点为新 UCS 的原点，X 轴沿从起点到下一个顶点的线段延伸

10.1.3　新建 UCS

可以执行以下两种操作之一来启动 UCS。

- 单击【视图】选项卡 UCS 面板中的【原点】按钮 。
- 在命令行输入 UCS 后按 Enter 键。

在命令行将会出现如下提示：

```
命令：ucs
当前 UCS 名称：*世界*
指定 UCS 的原点或 [面(F)/命名(NA)/对象(OB)/上一个(P)/视图(V)/世界(W)/X/Y/Z/Z 轴(ZA)]
<世界>：
```

> **提示**   该命令不能选择下列对象：三维实体、三维多段线、三维网络、视窗、多线、面、样条曲线、椭圆、射线、构造线、引线、多行文字。

新建用户坐标系(UCS)，输入 N(新建)时，命令行有如下信息，提示用户选择新建用户坐标系的方法：

```
指定 UCS 的原点或 [面(F)/命名(NA)/对象(OB)/上一个(P)/视图(V)/世界(W)/X/Y/Z/Z 轴(ZA)]
<世界>：N
指定新 UCS 的原点或 [Z 轴(ZA)/三点(3)/对象(OB)/面(F)/视图(V)/X/Y/Z] <0,0,0>：
```

下列 7 种方法可以建立新坐标。

1) 原点

通过指定当前用户坐标系 UCS 的新原点，保持其 X、Y 和 Z 轴方向不变，从而定义新的 UCS，如图 10-5 所示。命令行提示如下：

```
指定新 UCS 的原点或 [Z 轴(ZA)/三点(3)/对象(OB)/面(F)/视图(V)/X/Y/Z] <0,0,0>：
// 指定点
```

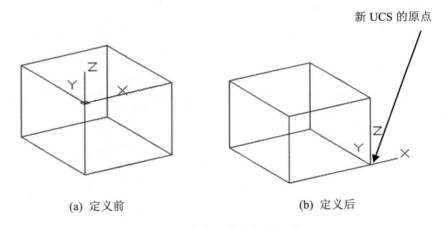

(a) 定义前   (b) 定义后

图 10-5   指定原点定义坐标系

2) Z 轴(ZA)

用特定的 Z 轴正半轴定义 UCS。命令行提示如下：

```
指定 UCS 的原点或 [面(F)/命名(NA)/对象(OB)/上一个(P)/视图(V)/世界(W)/X/Y/Z/Z 轴(ZA)]
<世界>：ZA
指定新原点或 [对象(O)] <0,0,0>：          //指定点
在正 z 轴范围上指定点：                   //指定点
```

指定新原点和位于新建 Z 轴正半轴上的点。"Z 轴"选项使 XY 平面倾斜，如图 10-6 所示。

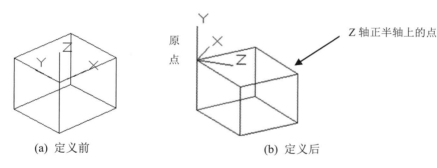

(a) 定义前   (b) 定义后

图 10-6   Z 轴定义坐标系

3) 三点(3)

指定新 UCS 原点及其 X 和 Y 轴的正方向，Z 轴由右手螺旋定则确定。可以使用此选项指定任意可能的坐标系。在 UCS 面板中单击【3 点 UCS】按钮，命令行提示如下：

```
指定新 UCS 的原点或 [Z 轴(ZA)/三点(3)/对象(OB)/面(F)/视图(V)/X/Y/Z] <0,0,0>:3
指定新原点 <0,0,0>: _ner                        //捕捉如图 10-7(a)所示的最近点
在正 X 轴范围上指定点 <1.0000,-106.9343,0.0000>: @0,10,0    //按相对坐标确定 X 轴通过的点
在 UCS XY 平面的正 Y 轴范围上指定点 <-1.0000,-106.9343,0.0000>: @-10,0,0
//按相对坐标确定 Y 轴通过的点
```

效果如图 10-7(b)所示。

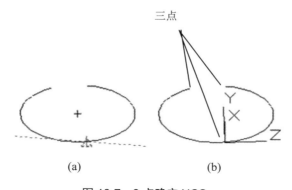

图 10-7   3 点确定 UCS

三点中，第一点指定新 UCS 的原点，第二点定义了 X 轴的正方向，第三点定义了 Y 轴的正方向。第三点可以位于新 UCS 中 XY 平面 Y 轴正半轴上的任何位置。

4) 对象(OB)

根据选定三维对象定义新的坐标系。新坐标系 UCS 的 Z 轴正方向为选定对象的拉伸方向，如图 10-8 所示。命令行提示如下：

```
指定新 UCS 的原点或 [Z 轴(ZA)/三点(3)/对象(OB)/面(F)/视图(V)/X/Y/Z] <0,0,0>: OB
选择对齐 UCS 的对象：                //选择对象
```

此选项不能用于三维实体、三维多段线、三维网格、面域、样条曲线、椭圆、射线、参照线、引线、多行文字等不能拉伸的图形对象。

对于非三维面的对象，新 UCS 的 XY 平面与绘制该对象时生效的 XY 平面平行，但 X 和 Y 轴可作不同的旋转。

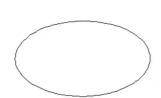
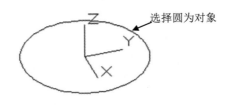

图 10-8　选择对象定义坐标系

5) 面(F)

将 UCS 与实体对象的选定面对齐。要选择一个面，可在此面的边界内或面的边上单击，被选中的面将亮显，UCS 的 X 轴将与找到的第一个面上的距离最近的边对齐。命令行提示如下：

```
指定 UCS 的原点或 [面(F)/命名(NA)/对象(OB)/上一个(P)/视图(V)/世界(W)/X/Y/Z/Z 轴
(ZA)] ：f
选择实体对象的面：
输入选项 [下一个(N)/X 轴反向(X)/Y 轴反向(Y)] <接受>：
```

提示中各选项的解释如下。

● 下一个：将 UCS 定位于邻接的面或选定边的后向面。

● X 轴反向：将 UCS 绕 X 轴旋转 180 度。

● Y 轴反向：将 UCS 绕 Y 轴旋转 180 度。

● 接受：如果按 Enter 键，则接受该位置。否则将重复出现提示，直到接受位置为止。

效果如图 10-9 所示。

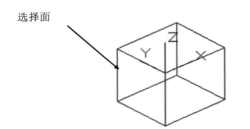
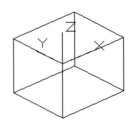

图 10-9　选择面定义坐标系

6) 视图(V)

以垂直于观察方向(平行于屏幕)的平面为 XY 平面，建立新的坐标系。UCS 原点保持不变，如图 10-10 所示。

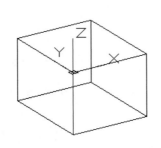
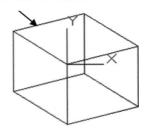

图 10-10　用视图方法定义坐标系

7) X/Y/Z

绕指定轴旋转当前 UCS。命令行提示如下：

指定新 UCS 的原点或 [Z 轴(ZA)/三点(3)/对象(OB)/面(F)/视图(V)/X/Y/Z] <0,0,0>:X	
	//或者输入 Y 或者 Z
指定绕 X 轴的旋转角度 <0>：	//指定角度

输入正或负的角度以旋转 UCS。AutoCAD 用右手定则来确定绕该轴旋转的正方向。通过指定原点和一个或多个绕 X、Y 或 Z 轴的旋转，可以定义任意的 UCS，如图 10-11 所示。也可以通过 UCS 面板上的【绕 X 轴旋转当前 UCS】按钮、【绕 Y 轴旋转当前 UCS】按钮、【绕 Z 轴旋转当前 UCS】按钮来实现旋转。

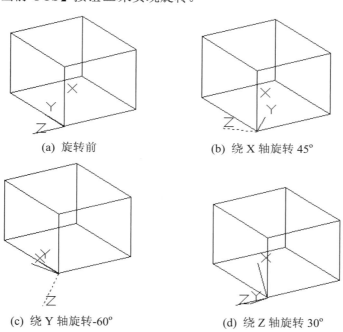

(a) 旋转前 　　(b) 绕 X 轴旋转 45º

(c) 绕 Y 轴旋转-60º 　　(d) 绕 Z 轴旋转 30º

图 10-11 坐标系绕坐标轴旋转

10.1.4 命名 UCS

新建了 UCS 后，还可以对 UCS 进行命名。

用户可以使用下面的方法启动 UCS 命名工具。

- 在命令行输入 dducs 后按 Enter 键。
- 选择【工具】|【命名 UCS】菜单命令。

此时会打开 UCS 对话框，如图 10-12 所示。

UCS 对话框用来设置和管理 UCS 坐标，下面分别对其中参数设置进行讲解。

(1)【命名 UCS】选项卡。

该选项卡如图 10-12 所示，在其中列出了已有的 UCS。

在列表中选取一个 UCS，然后单击【置为当前】按钮，则将该 UCS 坐标设置为当前坐标系。

在列表中选取一个 UCS，单击【详细信息】按钮，则打开【UCS 详细信息】对话框，如图 10-13 所示，在这个对话框中详细列出了该 UCS 坐标系的原点坐标，以及 X、Y、Z 轴的方向。

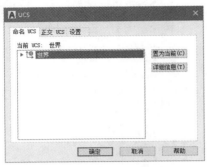

图 10-12　UCS 对话框

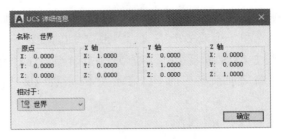

图 10-13　【UCS 详细信息】对话框

(2) 【正交 UCS】选项卡。

【正交 UCS】选项卡如图 10-14 所示，在列表中有【俯视】、【仰视】、【前视】、【后视】、【左视】和【右视】六种在当前图形中的正投影类型。

(3) 【设置】选项卡。

【设置】选项卡如图 10-15 所示。

在【UCS 图标设置】选项组中，选中【开】复选框，则在当前视图中显示用户坐标系的图标；选中【显示于 UCS 原点】复选框，在用户坐标系的起点显示图标；选中【应用到所有活动视口】复选框，在当前图形的所有活动视口中显示图标。

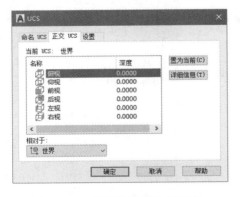

图 10-14　【正交 UCS】选项卡

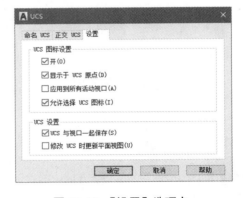

图 10-15　【设置】选项卡

在【UCS 设置】选项组中，选中【UCS 与视口一起保存】复选框，就与当前视口一起保存坐标系，该复选框由系统变量 UCSVP 控制；选中【修改 UCS 时更新平面视图】复选框，则当窗口的坐标系改变时，保存平面视图，该复选框由系统变量 UCSFOLLOW 控制。

10.1.5　正交 UCS

指定 AutoCAD 提供的六个正交 UCS 之一，这些 UCS 设置通常用于查看和编辑三维模型。命令行提示如下：

指定 UCS 的原点或 [面(F)/命名(NA)/对象(OB)/上一个(P)/视图(V)/世界(W)/X/Y/Z/Z 轴(ZA)]
<世界>:G
输入选项 [俯视(T)/仰视(B)/前视(F)/后视(BA)/左视(L)/右视(R)] : //输入选项

默认情况下，正交 UCS 设置将相对于世界坐标系(WCS)的原点和方向确定当前 UCS 的方向。UCSBASE 系统变量控制 UCS，这个 UCS 是正交设置的基础。使用 UCS 命令的【移动】选项可修改正交 UCS 设置中的原点或 Z 向深度。

10.1.6 设置 UCS 图标

要了解当前用户坐标系的方向，可以显示用户坐标系图标。有几种版本的图标可供使用，也可以改变其大小、位置和颜色。

为了指示 UCS 的位置和方向，在 UCS 原点或当前视口的左下角显示了 UCS 图标。

可以选择三种图标来表示 UCS，如图 10-16 所示。

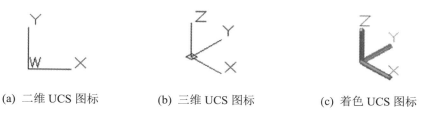

(a) 二维 UCS 图标　　　　(b) 三维 UCS 图标　　　　(c) 着色 UCS 图标

图 10-16　UCS 图标

要指示 UCS 的原点和方向，可以使用 UCSICON 命令在 UCS 原点显示 UCS 图标。

如果图标显示在当前 UCS 的原点处，则图标中有一个加号(+)。如果图标显示在视口的左下角，则图标中没有加号。

如果存在多个视口，则每个视口都显示自己的 UCS 图标。

如图 10-17 所示，用多种方法显示 UCS 图标，以帮助用户了解工作平面的方向。

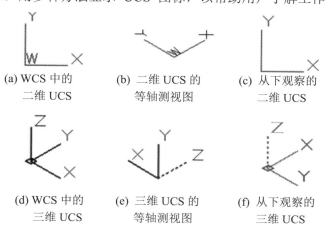

(a) WCS 中的　　　(b) 二维 UCS 的　　　(c) 从下观察的
　　二维 UCS　　　　　等轴测视图　　　　　二维 UCS

(d) WCS 中的　　　(e) 三维 UCS 的　　　(f) 从下观察的
　　三维 UCS　　　　　等轴测视图　　　　　三维 UCS

图 10-17　图标样例

可使用 UCSICON 命令以在二维 UCS 图标和三维 UCS 图标之间进行切换。也可以使用此命令改变三维 UCS 图标的大小、颜色、箭头类型和图标线宽度。

如果沿着一个与 UCS 中 XY 平面平行的平面观察，二维 UCS 图标将变成 UCS 断笔图标。断笔图标指示 XY 平面的边几乎与观察方向垂直。此图标警告用户不要使用定点设备指定坐标。

使用定点设备定位点时，断笔图标通常位于 XY 平面上。如果旋转 UCS 使 Z 轴位于与观察平面平行的平面上(即 XY 平面垂直于观察平面)，则很难确定该点的位置。这种情况下，将把该点定位在与观察平面平行的包含 UCS 原点的平面上。例如，如果观察方向沿 X 轴方向，则使用定点设备指定的坐标将位于包含 UCS 原点的 YZ 平面上。

使用三维 UCS 图标有助于了解坐标投影在哪个平面上，三维 UCS 图标不使用断笔图标。

10.1.7 移动 UCS

通过平移当前 UCS 的原点或修改其 Z 轴深度来重新定义 UCS，但保留其 XY 平面的方向不变。修改 Z 轴深度将使 UCS 相对于当前原点沿自身 Z 轴的正方向或负方向移动。命令行提示如下：

```
指定 UCS 的原点或 [面(F)/命名(NA)/对象(OB)/上一个(P)/视图(V)/世界(W)/X/Y/Z/Z 轴(ZA)]
<世界>:M
指定新原点或 [Z 向深度(Z)] <0，0，0>:          //指定或输入 z
```

命令行提示中选项介绍如下。

- 新原点：修改 UCS 的原点位置。
- Z 向深度(Z)：指定 UCS 原点在 Z 轴上移动的距离。命令行提示如下：

```
指定 Z 向深度 <0>:          //输入距离
```

如果有多个活动视口，且改变视口来指定新原点或 Z 向深度时，那么所做修改将被应用到命令开始执行时的当前视口的 UCS 上，且命令结束后此视图被置为当前视图。

10.2 设置三维视点和动态观察

绘制三维图形时常需要改变视点，以满足从不同角度观察图形的需要。同时，应用三维动态可视化工具，用户可以从不同视点动态地观察各种三维图形。

10.2.1 选择视点

可以使用【视点预设】对话框选择视点。

选择【视图】|【三维视图】|【视点预设】菜单命令或者在命令行输入 Vpoint 后按 Enter 键，打开【视点预设】对话框，如图 10-18 所示，其中各参数介绍如下。

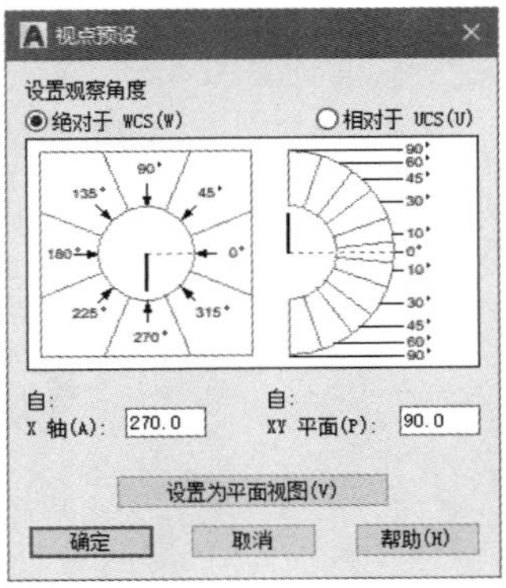

- 【绝对于 WCS】：选中该单选按钮所设置的坐标系基于世界坐标系。

图 10-18 【视点预设】对话框

- 【相对于 UCS】：选中该单选按钮所设置的坐标系相对于当前用户坐标系。
- 左半部分方形分度盘：表示观察点在 XY 平面投影与 X 轴的夹角。有 8 个位置可选。

- 右半部分半圆分度盘：表示观察点和原点连线后与 XY 平面的夹角。有 9 个位置可选。
- 【X 轴】文本框：可以 0～360 中的任意值来设置观察方向与 X 轴的夹角。
- 【XY 平面】文本框：可以±90 度内任意值来设置观察方向与 XY 平面的夹角。
- 【设置为平面视图】按钮：单击该按钮则取标准值，即与 X 轴夹角为 270 度，与 XY 平面夹角为 90 度。

10.2.2 其他特殊视点

在视点设置过程中，还可以选取预定义标准观察点，方法是从 AutoCAD 2022 中预定义的 10 个标准视图中直接选取。

在菜单栏中选择【视图】|【三维视图】子菜单中的标准命令，如图 10-19 所示，即可定义观察点。这些标准视图包括：俯视图、仰视图、左视图、右视图、前视图、后视图、西南等轴测视图、东南等轴测视图、东北等轴测视图和西北等轴测视图。

10.2.3 三维动态观察器

应用三维动态可视化工具，用户可以从不同视点动态观察各种三维图形。

选择【视图】|【动态观察】菜单命令，如图 10-20 所示，可以启动三种观察工具。

启动三维动态观测器后，如图 10-21 所示，按住鼠标左键不放移动光标，坐标系原点、观察对象相应转动，对象可呈现不同观察状态。释放鼠标左键，画面定位。

图 10-19 三维视图菜单

图 10-20 【动态观察】子菜单

图 10-21 三维动态观察

10.3　绘制三维曲面

AutoCAD 2022 中可绘制的三维图形有线框模型、表面模型和实体模型等几种，并且可以对三维图形进行编辑。

10.3.1　绘制三维面

【三维面】命令用来创建任意方向的三边或四边三维面，四点可以不共面。绘制三维面模型命令的调用方法如下。

● 选择【绘图】|【建模】|【网格】|【三维面】菜单命令。
● 在命令行输入 3dface 后按 Enter 键。

命令行提示如下：

```
命令：3dface
指定第一点或 [不可见(I)]：
指定第二点或 [不可见(I)]：
指定第三点或 [不可见(I)] <退出>：          //直接按 Enter 键，生成三边面，指定点继续
指定第四点或 [不可见(I)] <创建三侧面>：
```

若在命令行中指定第四点，则命令行将继续提示指定第三点或退出，此时直接按 Enter 键，则生成四边平面或曲面。若继续指定点，则上一个第三点和第四点连线成为后续平面的第一边，三维面递进生长。命令行提示如下：

```
指定第三点或 [不可见(I)] <退出>：
指定第四点或 [不可见(I)] <创建三侧面>：
```

绘制成的三边平面、四边面和多个面如图 10-22 所示。

(a) 三边平面　　　　　　　　(b) 四边面　　　　　　　　(c) 多个面

图 10-22　三维面

命令行选项说明如下。

● 第一点：定义三维面的起点。在输入第一点后，可按顺时针或逆时针方向输入其余的点，以创建普通三维面。如果四个顶点在同一个平面上，那么 AutoCAD 将创建一个类似于面域对象的平面。当着色或渲染对象时，该平面将被填充。

● 不可见(I)：控制三维面各边的可见性，以便建立有孔对象的正确模型。在边的第一点之前输入 i 或 invisible，可以使该边不可见。不可见属性必须在使用对象捕捉模

式、XYZ 过滤器或输入边的坐标之前定义。可以创建所有边都不可见的三维面，这样的面是虚幻面，它不显示在线框图中，但在线框图形中会遮挡形体。

10.3.2　绘制基本三维曲面

三维线框模型(wire model)是三维形体的框架，是一种较直观和简单的三维表达方式。AutoCAD 2022 中的三维线框模型只是空间点之间相连直线、曲线信息的集合，没有面和体的定义，因此，它不能消隐、着色或渲染。但是它有简洁、易编辑的优点。

1) 三维线条

二维绘图中使用的直线(Line)和样条曲线(Spline)命令可直接用于绘制三维图形，操作方式与二维绘图相同，在此就不重复了，只是在绘制三维线条时，输入点的坐标值要包括 X、Y、Z 的坐标值。

2) 三维多段线

三维多段线是由多条三维线段首尾相连构成的非平面的多段线，其可以作为独立对象进行编辑，但它与二维多段线又有区别，它不能设置线段的宽度。图 10-23 所示为三维多段线。

绘制三维多段线的方法如下。

- 选择【绘图】|【三维多段线】菜单命令。
- 在命令行输入 3dpoly 后按 Enter 键。

命令行提示如下：

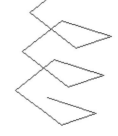

图 10-23　三维多段线

```
命令：3dpoly
指定多段线的起点：
指定直线的端点或 [放弃(U)]：
指定直线的端点或 [放弃(U)]：
指定直线的端点或 [闭合(C)/放弃(U)]：
```

从前一点到新指定的点绘制一条直线。命令行提示不断重复，直到按 Enter 键结束命令。如果在命令行输入命令 U，则结束绘制三维多段线；如果指定三点后，输入命令 C，则多段线闭合。指定点可以用鼠标选择点或者输入点的坐标。

三维多段线和二维多段线的比较如表 10-2 所示。

表 10-2　三维多段线和二维多段线比较表

比较点	三维多段线	二维多段线
相同点	•多段线是一个对象 •可以分解 •可以用 Pedit 命令进行编辑	
不同点	•Z 坐标值可以不同 •不含弧线段，只有直线段 •不能有宽度 •不能有厚度 •只有实线一种线形	•Z 坐标值均为 0 •包括弧线段等多种线段 •可以有宽度 •可以有厚度 •有多种线形

10.3.3　绘制三维网格

使用三维网格命令可以生成矩形三维多边形网格，主要用于图解二维函数。

绘制三维网格命令的调用方法为在命令行输入 3dmesh 后按 Enter 键。

命令行提示如下：

```
命令: 3dmesh
输入 M 方向上的网格数量:
输入 N 方向上的网格数量:
为顶点 (0, 0) 指定位置:
为顶点 (0, 1) 指定位置:
为顶点 (1, 0) 指定位置:
为顶点 (1, 1) 指定位置:
为顶点 (2, 0) 指定位置:
为顶点 (2, 1) 指定位置:
```

 注意　　M 和 N 的数值在 2～256 之间。

绘制成的三维网格如图 10-24 所示。

10.3.4　绘制旋转曲面

【旋转网格】命令是将对象绕指定轴旋转，生成旋转网格曲面。【旋转网格】命令的调用方法有以下几种。

图 10-24　三维网格

- 选择【绘图】|【建模】|【网格】|【旋转网格】菜单命令。
- 单击【网格】选项卡【图元】面板中的【旋转网格】按钮 。
- 在命令行输入命令 revsurf 后按 Enter 键。

命令行提示如下：

```
命令: revsurf
当前线框密度: SURFTAB1=6  SURFTAB2=6
选择要旋转的对象:              //选择一个对象
选择定义旋转轴的对象:          //选择一个对象, 通常为直线
指定起点角度 <0>:
指定包含角 (+=逆时针, -=顺时针) <360>:
```

绘制的旋转网格如图 10-25 所示。

 注意　　在执行此命令前，应绘制好轮廓曲线和旋转轴。

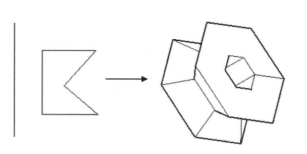

图 10-25　旋转网格

在命令行输入 SURFTAB1 或 SURFTAB2 后按 Enter 键，可调整线框的密度值。

10.3.5　绘制平移曲面

【平移网格】命令可绘制一个由路径曲线和方向矢量所决定的多边形网格。【平移网格】命令的调用方法有以下几种。

- 选择【绘图】|【建模】|【网格】|【平移网格】菜单命令。
- 单击【网格】选项卡【图元】面板中的【平移网格】按钮 。
- 在命令行输入命令 tabsurf 后按 Enter 键。

命令行提示如下：

```
命令：_tabsurf
当前线框密度：SURFTAB1=6
选择用作轮廓曲线的对象：
选择用作方向矢量的对象：
```

在执行此命令前，应绘制好轮廓曲线和方向矢量。轮廓曲线可以是直线、圆弧、曲线等。

绘制成的平移曲面如图 10-26 所示。

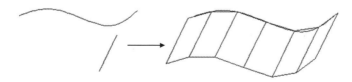

图 10-26　平移曲面

10.3.6　绘制直纹曲面

【直纹网格】命令用于在两个对象之间建立一个 2×N 的直纹网格曲面。【直纹网格】命令的调用方法有以下几种。

- 选择【绘图】|【建模】|【网格】|【直纹网格】菜单命令。
- 单击【网格】选项卡【图元】面板中的【直纹网格】按钮 。
- 在命令行输入命令 rulesurf 后按 Enter 键。

命令行提示如下：

```
命令：rulesurf
当前线框密度：SURFTAB1=6
选择第一条定义曲线：
选择第二条定义曲线：
```

 注意　要生成直纹网格，两个对象只能封闭曲线对封闭曲线，开放曲线对开放曲线。

绘制成的直纹曲面如图 10-27 所示。

图 10-27　直纹曲面

10.3.7　绘制边界曲面

【边界网格】命令是把四个称为边界的对象创建为孔斯曲面片网格。边界可以是圆弧、直线、多段线、样条曲线和椭圆弧，并且必须形成闭合环和公共端点。孔斯曲面片是插在四个边界间的双三次曲面(一条 M 方向上的曲线和一条 N 方向上的曲线)。【边界网格】命令的调用方法有以下几种。

- 选择【绘图】|【建模】|【网格】|【边界网格】菜单命令。
- 单击【网格】选项卡【图元】面板中的【边界网格】按钮 。
- 在命令行输入命令 edgesurf 后按 Enter 键。

命令行提示如下：

```
命令：edgesurf
当前线框密度：SURFTAB1=6　SURFTAB2=6
选择用作曲面边界的对象 1：
选择用作曲面边界的对象 2：
选择用作曲面边界的对象 3：
选择用作曲面边界的对象 4：
```

绘制成的边界曲面如图 10-28 所示。

图 10-28　边界曲面

10.4 绘制三维实体

AutoCAD 2022 提供了多种基本的实体模型绘制工具，可直接建立实体模型，如长方体、球体、圆柱体、圆锥体、楔体、圆环等。

10.4.1 绘制长方体

下面介绍绘制长方体命令的调用方法。

- 选择【绘图】|【建模】|【长方体】菜单命令。
- 单击【常用】选项卡【建模】面板中的【长方体】按钮 。
- 在命令行中输入命令 box 后按 Enter 键。

命令行提示如下：

```
命令：box
指定第一个角点或 [中心(C)]：                //指定长方体的第一个角点
指定其他角点或 [立方体(C)/长度(L)]：        //输入 C，则创建立方体
指定高度或 [两点(2P)]：
```

 提示　　长度(L)是指按照指定长、宽、高创建长方体。长度与 X 轴对应，宽度与 Y 轴对应，高度与 Z 轴对应。

绘制完成的长方体如图 10-29 所示。

10.4.2 绘制球体

绘制球体命令的调用方法有以下几种。

- 选择【绘图】|【建模】|【球体】菜单命令。
- 在命令行输入命令 sphere 后按 Enter 键。
- 单击【常用】选项卡【建模】面板中的【球体】按钮  。

命令行提示如下：

```
命令：_sphere
指定中心点或 [三点(3P)/两点(2P)/切点、切点、半径(T)]：
指定半径或 [直径(D)]：
```

绘制完成的球体如图 10-30 所示。

图 10-29 长方体

图 10-30 球体

10.4.3 绘制圆柱体

圆柱底面既可以是圆，也可以是椭圆。绘制圆柱体命令的调用方法有以下几种。

- 选择【绘图】|【建模】|【圆柱体】菜单命令
- 在命令行输入命令 cylinder 后按 Enter 键。

● 单击【常用】选项卡【建模】面板中的【圆柱体】按钮。

首先绘制圆柱体，命令行提示如下：

```
命令: cylinder
指定底面的中心点或 [三点(3P)/两点(2P)/切点、切点、半径(T)/椭圆(E)]: //输入坐标或者指定点
指定底面半径或 [直径(D)]:
指定高度或 [两点(2P)/轴端点(A)]:
```

绘制完成的圆柱体如图 10-31 所示。

下面来绘制椭圆柱体，命令行提示如下：

```
命令: cylinder
指定底面的中心点或 [三点(3P)/两点(2P)/切点、切点、半径(T)/椭圆(E)]: E(执行绘制椭圆柱体
选项)
指定第一个轴的端点或 [中心(C)]: c(执行中心点选项)
指定中心点:
指定到第一个轴的距离:
指定第二个轴的端点:
指定高度或 [两点(2P)/轴端点(A)]:
```

绘制完成的椭圆柱体如图 10-32 所示。

图 10-31 圆柱体

图 10-32 椭圆柱体

10.4.4 绘制圆锥体

绘制圆锥体命令的调用方法有以下几种。

● 选择【绘图】|【建模】|【圆锥体】菜单命令。

● 在命令行输入命令 cone 后按 Enter 键。

● 单击【常用】选项卡【建模】面板中的【圆锥体】按钮。

命令行提示如下：

```
命令: cone
指定底面的中心点或 [三点(3P)/两点(2P)/切点、切点、半径(T)/椭圆(E)]:
//输入 E 可以绘制椭圆锥体
指定底面半径或 [直径(D)]:
指定高度或 [两点(2P)/轴端点(A)/顶面半径(T)]:
```

绘制完成的圆锥体如图 10-33 所示。

10.4.5　绘制楔体

绘制楔体命令的调用方法有以下几种。

● 选择【绘图】|【建模】|【楔体】菜单命令。
● 在命令行输入命令 wedge 后按 Enter 键。
● 单击【常用】选项卡【建模】面板中的【楔体】按钮。

命令行提示如下：

```
命令：wedge
指定第一个角点或 [中心(C)]：
指定其他角点或 [立方体(C)/长度(L)]：
指定高度或 [两点(2P)]：
```

绘制完成的楔体如图 10-34 所示。

图 10-33　圆锥体

10.4.6　绘制圆环体

绘制圆环体命令的调用方法有以下几种。

● 选择【绘图】|【建模】|【圆环体】菜单命令。
● 在命令行输入命令 torus 后按 Enter 键。
● 单击【常用】选项卡【建模】面板中的【圆环体】按钮。

图 10-34　楔体

命令行提示如下：

```
命令：torus
指定中心点或 [三点(3P)/两点(2P)/切点、切点、半径(T)]：
指定半径或 [直径(D)]：              //指定圆环体中心到圆环圆管中心的距离
指定圆管半径或 [两点(2P)/直径(D)]：   //指定圆环体圆管的半径
```

绘制完成的圆环体如图 10-35 所示。

10.4.7　拉伸实体

【拉伸】命令用来拉伸二维对象生成三维实体，二维对象可以是多边形、圆、椭圆、样条封闭曲线等。绘制拉伸体命令的调用方法有以下几种。

● 选择【绘图】|【建模】|【拉伸】菜单命令。
● 在命令行输入命令 extrude 后按 Enter 键。
● 单击【常用】选项卡【建模】面板中的【拉伸】按钮。

图 10-35　圆环体

命令行提示如下：

```
命令：_extrude
当前线框密度：ISOLINES=4，闭合轮廓创建模式 = 实体
```

```
选择要拉伸的对象或 [模式(MO)]: _MO 闭合轮廓创建模式 [实体(SO)/曲面(SU)] <实体>: _SO
                              //选择一个图形对象
选择要拉伸的对象或 [模式(MO)]: 找到 1 个
选择要拉伸的对象或 [模式(MO)]:
指定拉伸的高度或 [方向(D)/路径(P)/倾斜角(T)/表达式(E)]: P    //沿路径进行拉伸
选择拉伸路径或 [倾斜角(T)]:                //选择作为路径的对象
```

提示 　　直线、圆、圆弧、椭圆、多段线等可以作为拉伸路径。

绘制完成的拉伸实体如图 10-36 所示。

10.4.8　旋转实体

　　旋转是将闭合曲线绕一条旋转轴旋转以生成回转三维实体。绘制旋转体命令的调用方法有以下几种。

图 10-36　拉伸实体

- 选择【绘图】|【建模】|【旋转】菜单命令。
- 在命令行输入命令 revolve 后按 Enter 键。
- 单击【默认】选项卡【建模】面板中的【旋转】按钮。

命令行提示如下:

```
命令: revolve
当前线框密度: ISOLINES=4,闭合轮廓创建模式 = 实体
选择要旋转的对象或 [模式(MO)]: 找到 1 个                     // 选择旋转对象
选择要旋转的对象或 [模式(MO)]:
指定轴起点或根据以下选项之一定义轴 [对象(O)/X/Y/Z] <对象>:      // 选择轴起点
指定轴端点:                                             // 选择轴端点
指定旋转角度或 [起点角度(ST)/反转(R)/表达式(EX)] <360>:
```

注意 　　执行此命令,需事先准备好要选择的对象。

绘制完成的旋转实体如图 10-37 所示。

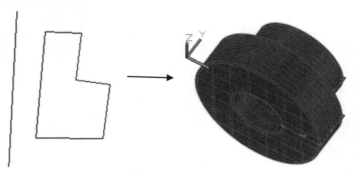

图 10-37　旋转实体

10.4.9　扫掠实体

扫掠实体是通过沿指定路径延伸轮廓形状来创建实体。绘制扫掠实体命令的调用方法有以下几种。

- 选择【绘图】|【建模】|【扫掠】菜单命令。
- 在命令行中输入命令 sweep 后按 Enter 键。
- 单击【实体】选项卡【实体】面板中的【扫掠】按钮💐。

命令行提示如下：

```
命令：sweep
当前线框密度：ISOLINES=4
选择要扫掠的对象：找到 1 个                      //选择圆作为扫掠对象
选择要扫掠的对象：
选择扫掠路径或 [对齐(A)/基点(B)/比例(S)/扭曲(T)]：      //选择螺旋线作为扫掠路径
```

绘制完成的扫掠实体如图 10-38 所示。

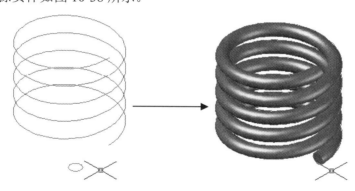

图 10-38　扫掠实体

10.4.10　放样实体

放样实体是通过指定一系列横截面来创建三维实体(横截面定义了实体的形状，必须至少指定两个横截面)。绘制放样实体命令的调用方法有以下几种。

- 选择【绘图】|【建模】|【放样】菜单命令。
- 在命令行中输入命令 loft 后按 Enter 键。
- 单击【实体】选项卡【实体】面板中的【放样】按钮🥄。

命令行提示如下：

```
命令：loft
按放样次序选择横截面：找到 1 个           //选择放样图形
按放样次序选择横截面：找到 1 个，总计 2 个
按放样次序选择横截面：
输入选项 [导向(G)/路径(P)/仅横截面(C)] <仅横截面>：C
```

绘制完成的放样实体如图 10-39 所示。

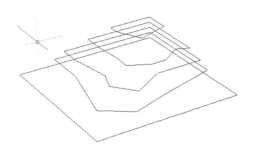
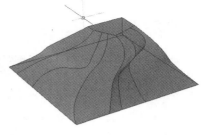

图 10-39　放样实体

10.5　设　计　范　例

10.5.1　绘制三维二极管范例

本范例完成文件：范例文件\第 10 章\10-1.dwg

多媒体教学路径：多媒体教学→第 10 章→10.5.1 范例

范例分析

本范例是创建二极管的三维模型，其使用拉伸等命令创建
管体和触脚，形成实体特征后进行编辑。

范例操作

01　新建文件，单击【常用】选项卡【绘图】组中的
【圆】按钮⊙，绘制一个半径为 10 的圆形，圆心坐标为(0,
0)，如图 10-40 所示。

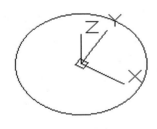

图 10-40　绘制圆形

02　单击【常用】选项卡【建模】组中的【拉伸】按钮
，拉伸图形，距离为 30，如图 10-41 所示。

03　使用圆工具绘制一个半径为 10 的圆形，圆心坐标为(0, 0, 30)，如图 10-42 所示。

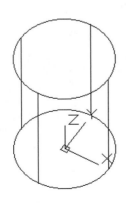

图 10-41　拉伸图形

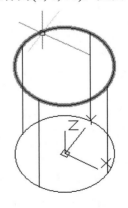

图 10-42　绘制圆形

04 单击【常用】选项卡【建模】组中的【拉伸】按钮，拉伸图形，距离为 6，如图 10-43 所示。

05 使用圆工具绘制一个半径为 2 的圆形，圆心坐标为(0, 0, -50)，如图 10-44 所示。

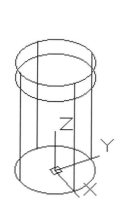

图 10-43　拉伸图形

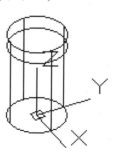

图 10-44　绘制圆形

06 单击【常用】选项卡【建模】组中的【拉伸】按钮，拉伸图形，距离为 140，如图 10-45 所示。

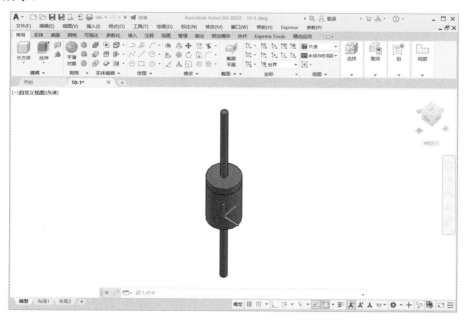

图 10-45　拉伸圆形

至此完成三维二极管模型的创建，如图 10-46 所示。

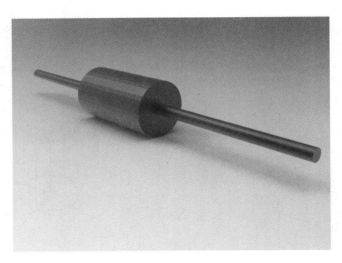

图 10-46　二极管模型

10.5.2　创建三维电枢范例

>
>
> 📀 **本范例完成文件：**范例文件\第 10 章\10-2.dwg
>
> 🎤 **多媒体教学路径：**多媒体教学→第 10 章→10.5.2 范例

👤 **范例分析**

本范例是进行电枢的三维模型创建，其使用拉伸等命令完成基本三维模型的绘制后，再使用扫掠命令生成电枢刷模型，然后进行环形阵列，得到最终模型。

👤 **范例操作**

01 新建文件，使用圆工具绘制一个半径为 40 的圆形，如图 10-47 所示。

02 单击【常用】选项卡【建模】组中的【拉伸】按钮，拉伸图形，距离为 60，如图 10-48 所示。

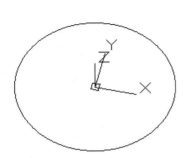

图 10-47　绘制圆形

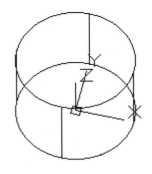

图 10-48　拉伸圆形

03 使用圆工具绘制一个半径为 20 的圆形，圆心坐标为(0, 0, -20)，如图 10-49 所示。

04 使用拉伸工具拉伸图形，距离为 4，如图 10-50 所示。

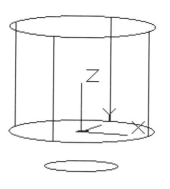
图 10-49 绘制圆形

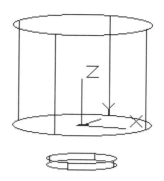
图 10-50 拉伸圆形

05 使用圆工具绘制一个半径为 16 的圆形，圆心坐标为(0, 0, -24)，如图 10-51 所示。

06 使用拉伸工具拉伸圆形，距离为 20，如图 10-52 所示。

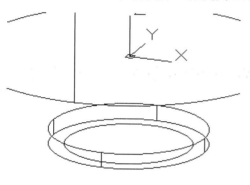
图 10-51 绘制圆形

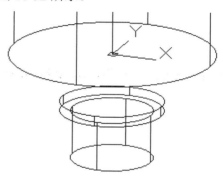
图 10-52 拉伸圆形

07 使用圆工具绘制一个半径为 2 的圆形，如图 10-53 所示。

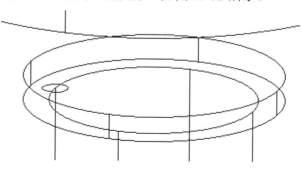
图 10-53 绘制圆形

08 使用圆弧工具绘制圆弧，如图 10-54 所示。

09 单击【实体】选项卡【实体】面板中的【扫掠】按钮，选择圆形作为扫掠对象，圆弧作为路径，创建扫掠特征，如图 10-55 所示。

10 单击【常用】选项卡【修改】面板中的【环形阵列】按钮，创建环形阵列，将数量设置为 28，参数设置和阵列结果如图 10-56 所示。

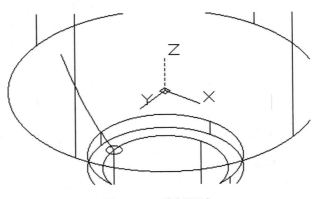

图 10-54　绘制圆弧

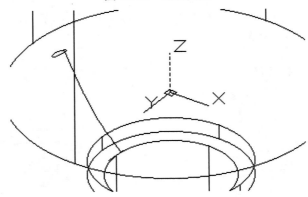

图 10-55　创建扫掠特征

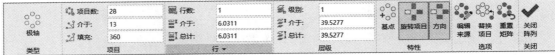

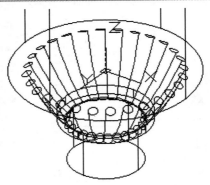

图 10-56　阵列特征

⑪ 使用圆工具绘制一个半径为 3 的圆形，如图 10-57 所示。

⑫ 使用拉伸工具拉伸图形，距离为 150，如图 10-58 所示。

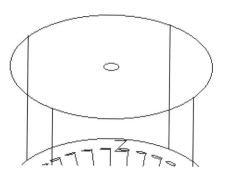

图 10-57　绘制圆形

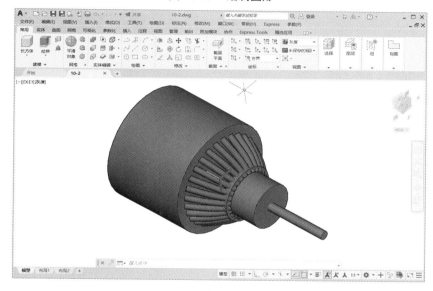

图 10-58　拉伸圆形

至此完成电枢模型的创建，如图 10-59 所示。

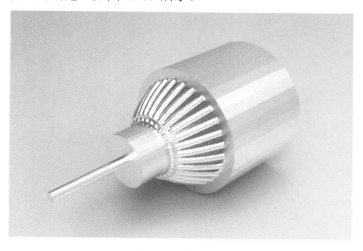

图 10-59　电枢模型

10.6　本　章　小　结

　　三维立体是一种直观、立体的表现方式。要在平面的基础上表示三维图形，需要了解和掌握三维绘图知识。本章介绍了在 AutoCAD 2022 中绘制三维电气模型的方法，其中主要包括创建三维坐标和视点、绘制三维曲面和实体对象等内容。读者通过对本章的学习，可以掌握绘制三维电气模型的方法，也可以对二维绘图和三维绘图的关系有进一步的了解。

第 11 章
编辑渲染电气三维模型

本章导读

  三维绘图是绘图中较为高端的手段，工作中经常需要对三维电气模型进行修改编辑，才能完成复杂的三维电气模型结构。本章主要向用户介绍三维电气模型编辑的基础知识，包括剖切和三维操作，同时讲解并集、差集、交集运算和实体面操作等；最后讲解消隐和渲染，使读者能够全面掌握三维实体绘图。

11.1 编辑三维对象

与编辑二维图形对象一样，用户也可以编辑三维图形对象，且二维图形对象中的大多数编辑命令都适用于三维图形。下面将介绍三维图形对象的编辑命令，如剖切实体、三维阵列、三维镜像、三维旋转等。

11.1.1 剖切实体

AutoCAD 2022 提供了对三维实体进行剖切的功能，用户可以利用这个功能很方便地绘制实体的剖切面。【剖切】命令的调用方法有以下几种。

- 选择【修改】|【三维操作】|【剖切】菜单命令。
- 单击【常用】选项卡【实体编辑】面板中的【剖切】按钮 🖨。
- 在命令行输入命令 slice 后按 Enter 键。

此时命令行提示如下：

```
命令: slice
选择要剖切的对象：找到 1 个              //选择剖切对象
选择要剖切的对象：
指定 切面 的起点或 [平面对象(O)/曲面(S)/Z 轴(Z)/视图(V)/XY(XY)/YZ(YZ)/ZX(ZX)/三点
(3)] <三点>:                          //选择点 1
指定平面上的第二个点：                   //选择点 2
指定平面上的第三个点：                   //选择点 3
在所需的侧面上指定点或 [保留两个侧面(B)] <保留两个侧面>:       //输入 B 则两侧都保留
```

剖切后的实体如图 11-1 所示。

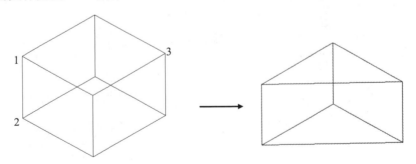

图 11-1 剖切实体

剖切创建横截面的目的是为了显示三维对象的内部细节。通过【剖切】命令，可以创建截面对象并将其作为穿过实体、曲面、网格或面域的剪切平面。打开活动截面，在三维模型中移动截面对象，可以实时显示其内部细节。

1) 将截面平面与三维面对齐

设置截面平面的一种方法是单击现有三维对象的面(移动光标时，会出现一个点轮廓，表示要选择的平面的边)。截面平面自动与所选面的平面对齐，如图 11-2 所示。

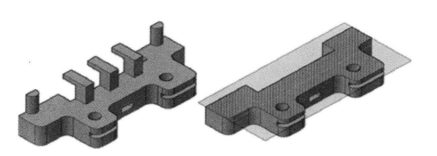

图 11-2　与面对齐的截面对象

2) 创建直剪切平面

拾取两个点可创建直剪切平面，如图 11-3 所示。

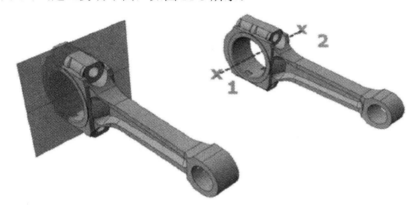

图 11-3　创建直剪切平面

3) 添加折弯段

截面平面可以是直线，也可以包含多个截面或折弯截面。例如，包含折弯的截面是从圆柱体切除扇形楔体形成的，如图 11-4 所示。可以通过绘制截面选项在三维模型中拾取多个点来创建包含折弯线段的截面线。

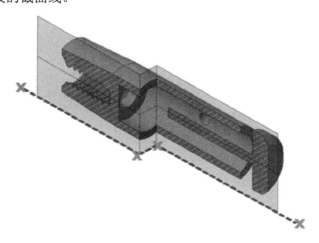

图 11-4　添加折弯段

4) 创建正交截面

可以将截面对象与当前 UCS 的指定正交方向对齐(例如前视、后视、仰视、俯视、左视或右视),如图 11-5 所示。方法是将正交截面平面放置于通过图形中所有三维对象的三维范围的中心位置处。

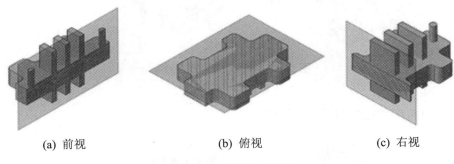

(a) 前视　　　　　　　　　(b) 俯视　　　　　　　　　(c) 右视

图 11-5　创建正交截面

5) 创建面域以表示横截面

通过 SECTION 命令,可以创建二维对象,用于表示穿过三维实体对象的平面横截面。使用此方法创建横截面时无法使用活动截面功能,如图 11-6 所示。

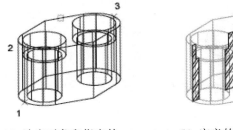 

(a) 选定对象和指定的　　　　(b) 定义的相交截面的　　　　(c) 为清楚起见,隔离并填充
　　三个点　　　　　　　　　　　剪切平面　　　　　　　　　　图案的横截面

图 11-6　创建面域

11.1.2　三维阵列

【三维阵列】命令用于在三维空间创建对象的矩形和环形阵列。【三维阵列】命令的调用方法有以下几种。

● 选择【修改】|【三维操作】|【三维阵列】菜单命令。

● 在命令行输入命令 3darray 并按 Enter 键。

命令行提示如下:

```
命令: 3darray
正在初始化...　已加载 3DARRAY。
选择对象:　　　　　　　　　//选择要阵列的对象
选择对象:
输入阵列类型 [矩形(R)/环形(P)] <矩形>:
```

这里有两种阵列方式——矩形和环形,下面分别介绍。

1) 矩形阵列

在行(X 轴)、列(Y 轴)和层(Z 轴)矩阵中复制对象。一个阵列必须具有至少两个行、列或层。命令行提示如下：

```
输入阵列类型 [矩形(R)/环形(P)] <矩形>:R
输入行数 (---) <1>:
输入列数 (|||) <1>:
输入层数 (...) <1>:
指定行间距 (---):
指定列间距 (|||):
指定层间距 (...):
```

输入正值将沿 X、Y、Z 轴的正向生成阵列，输入负值将沿 X、Y、Z 轴的负向生成阵列。执行矩形阵列命令后得到的图形如图 11-7 所示。

图 11-7　矩形阵列

2) 环形阵列

环形阵列是指绕旋转轴复制对象。命令行提示如下：

```
输入阵列类型 [矩形(R)/环形(P)] <矩形>:P
输入阵列中的项目数目:                //输入要阵列的数目
指定要填充的角度 (+=逆时针，-=顺时针) <360>:
旋转阵列对象? [是(Y)/否(N)] <是>:
指定阵列的中心点:
指定旋转轴上的第二点:
```

执行环形阵列命令得到的图形如图 11-8 所示。

图 11-8　环形阵列

11.1.3 三维镜像

【三维镜像】命令用来沿指定的镜像平面创建三维镜像。【三维镜像】命令的调用方法有以下几种。

- 选择【修改】|【三维操作】|【三维镜像】菜单命令。
- 单击【常用】选项卡【修改】面板中的【三维镜像】按钮 ⓜ 。
- 在命令行输入命令 mirror3d 后按 Enter 键。

命令行提示如下：

```
命令：_mirror3d
选择对象：                //选择要镜像的图形
选择对象：
指定镜像平面 (三点) 的第一个点或
[对象(O)/最近的(L)/Z 轴(Z)/视图(V)/XY 平面(XY)/YZ 平面(YZ)/ZX 平面(ZX)/三点(3)] <三点>：
```

命令行中各选项的说明如下。

(1) 对象(O)：使用选定对象的平面作为镜像平面。

```
选择圆、圆弧或二维多段线线段：
是否删除源对象？[是(Y)/否(N)] <否>：
```

如果输入 y，AutoCAD 将把被镜像的对象放到图形中并删除原始对象。如果输入 n 或按 Enter 键，AutoCAD 将把被镜像的对象放到图形中并保留原始对象。

(2) 最近的(L)：相对于最后定义的镜像平面对选定的对象进行镜像处理。

```
是否删除源对象？[是(Y)/否(N)] <否>：
```

(3) Z 轴(Z)：根据平面上的一个点和平面法线上的一个点定义镜像平面。

```
在镜像平面上指定点：
在镜像平面的 Z 轴 (法向) 上指定点：
是否删除源对象？[是(Y)/否(N)] <否>：
```

如果输入 y，AutoCAD 将把被镜像的对象放到图形中并删除原始对象。如果输入 n 或按 Enter 键，AutoCAD 将把被镜像的对象放到图形中并保留原始对象。

(4) 视图(V)：将镜像平面与当前视窗中通过指定点的视图平面对齐。

```
在视图平面上指定点 <0,0,0>：           //指定点或按 Enter 键
是否删除源对象？[是(Y)/否(N)] <否>：    //输入 y 或 n 或按 Enter 键
```

如果输入 y，AutoCAD 将把被镜像的对象放到图形中并删除原始对象。如果输入 n 或按 Enter 键，AutoCAD 将把被镜像的对象放到图形中并保留原始对象。

(5) XY 平面(XY)、YZ 平面(YZ)、ZX 平面(ZX)：将镜像平面与一个通过指定点的标准平面(XY、YZ 或 ZX)对齐。

```
指定 (XY,YZ,ZX) 平面上的点 <0,0,0>：
```

(6) 三点(3)：通过三个点定义镜像平面。如果通过指定一点指定此选项，则 AutoCAD 将不再显示"在镜像平面上指定第一点"提示。

在镜像平面上指定第一点：
在镜像平面上指定第二点：
在镜像平面上指定第三点：
是否删除源对象？[是(Y)/否(N)] <N>：

三维镜像得到的图形如图 11-9 所示。

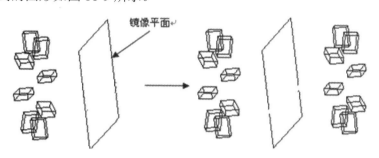

图 11-9　三维镜像

11.1.4　三维旋转

　　【三维旋转】命令用来在三维空间内旋转三维对象。【三维旋转】命令的调用方法有以下几种。

- 选择【修改】|【三维操作】|【三维旋转】菜单命令。
- 单击【常用】选项卡【修改】面板中的【三维旋转】按钮⊕。
- 在命令行输入命令 3drotate 后按 Enter 键。

命令行提示如下：

```
命令：_3drotate
UCS 当前的正角方向：ANGDIR=逆时针  ANGBASE=0
选择对象：找到 1 个
选择对象：
指定基点：
拾取旋转轴：
指定角的起点或键入角度：
指定角的端点：正在重生成模型。
```

三维实体和旋转后的效果如图 11-10 所示。

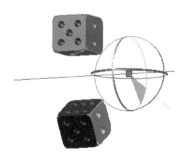

图 11-10　三维实体和旋转后的效果

11.2 编辑三维实体

下面介绍如何对三维实体进行编辑，使用编辑命令可以绘制更复杂的三维图形，其操作包括布尔运算、面编辑和体编辑等，它们主要集中在【修改】菜单的【实体编辑】子菜单和【实体编辑】面板中，如图 11-11 所示。

图 11-11　【实体编辑】子菜单和【实体编辑】面板

11.2.1 并集运算

并集运算是将两个以上三维实体合为一体。【并集】命令的调用方法有以下几种。

- 单击【常用】选项卡【实体编辑】面板中的【并集】按钮 。
- 选择【修改】|【实体编辑】|【并集】菜单命令。
- 在命令行输入命令 union 后按 Enter 键。

命令行提示如下：

```
命令: union
选择对象：        //选择第 1 个实体
选择对象：        //选择第 2 个实体
选择对象：
```

实体进行并集运算后的结果如图 11-12 所示。

11.2.2 差集运算

差集运算是从一个三维实体中去除与其他实体的公共部分。【差集】命令的调用方法有以下几种。

- 单击【常用】选项卡【实体编辑】面板中的【差集】按钮 。
- 选择【修改】|【实体编辑】|【差集】菜单命令。

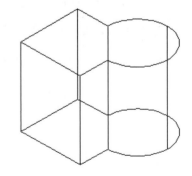

图 11-12　并集运算

● 在命令行输入命令 subtract 后按 Enter 键。

命令行提示如下：

```
命令：_subtract
选择要从中减去的实体、曲面和面域...
选择对象：                //选择被减去的实体
选择要减去的实体、曲面和面域...
选择对象：                //选择减去的实体
```

实体进行差集运算后的结果如图 11-13 所示。

图 11-13　差集运算

11.2.3　交集运算

交集运算是将几个实体相交的公共部分保留。【交集】命令的调用方法有以下几种。

● 单击【常用】选项卡【实体编辑】面板中的【交集】按钮 。

● 选择【修改】|【实体编辑】|【交集】菜单命令。

● 在命令行输入命令 intersect 后按 Enter 键。

命令行提示如下：

```
命令：_intersect
选择对象：        //选择第 1 个实体
选择对象：        //选择第 2 个实体
```

实体进行交集运算后的结果如图 11-14 所示。

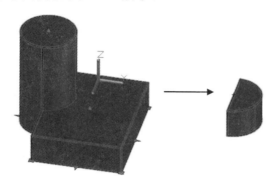

图 11-14　交集运算

11.2.4 拉伸面

【拉伸面】命令主要用于对实体的某个面进行拉伸处理，从而形成新的实体。选择【修改】|【实体编辑】|【拉伸面】菜单命令，或者单击【常用】选项卡【实体编辑】面板中的【拉伸面】按钮，即可进行拉伸面操作，命令行提示如下：

```
命令：_solidedit
实体编辑自动检查：SOLIDCHECK=1
输入实体编辑选项 [面(F)/边(E)/体(B)/放弃(U)/退出(X)] <退出>：_face
输入面编辑选项
[拉伸(E)/移动(M)/旋转(R)/偏移(O)/倾斜(T)/删除(D)/复制(C)/颜色(L)/材质(A)/放弃(U)/退出(X)] <退出>：_extrude
选择面或 [放弃(U)/删除(R)]：                //选择实体上的面
选择面或 [放弃(U)/删除(R)/全部(ALL)]：
指定拉伸高度或 [路径(P)]：                 //输入 P 则选择拉伸路径
指定拉伸的倾斜角度 <0>：
已开始实体校验。
已完成实体校验。
```

实体经过拉伸面操作后的结果如图 11-15 所示。

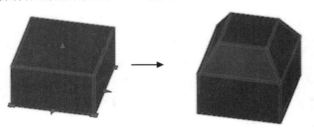

图 11-15　拉伸面操作

11.2.5 移动面

【移动面】命令主要用于对实体的某个面进行移动处理，从而形成新的实体。选择【修改】|【实体编辑】|【移动面】菜单命令，或者单击【常用】选项卡【实体编辑】面板中的【移动面】按钮，即可进行移动面操作，命令行提示如下：

```
命令：_solidedit
实体编辑自动检查：SOLIDCHECK=1
输入实体编辑选项 [面(F)/边(E)/体(B)/放弃(U)/退出(X)] <退出>：_face
输入面编辑选项
[拉伸(E)/移动(M)/旋转(R)/偏移(O)/倾斜(T)/删除(D)/复制(C)/颜色(L)/材质(A)/放弃(U)/退出(X)] <退出>：_move
选择面或 [放弃(U)/删除(R)]：     //选择实体上的面
选择面或 [放弃(U)/删除(R)/全部(ALL)]：
指定基点或位移：            //指定一点
指定位移的第二点：          //指定第二点
已开始实体校验。
已完成实体校验。
```

实体经过移动面操作后的结果如图 11-16 所示。

图 11-16 移动面操作

11.2.6 偏移面

【偏移面】命令用于按指定的距离或通过指定的点，将面均匀地偏移。正值距离会增大实体的大小或体积，负值距离会减小实体的大小或体积。选择【修改】|【实体编辑】|【偏移面】菜单命令，或者单击【常用】选项卡【实体编辑】面板中的【偏移面】按钮，即可进行偏移面操作，命令行提示如下：

```
命令：_solidedit
实体编辑自动检查：SOLIDCHECK=1
输入实体编辑选项 [面(F)/边(E)/体(B)/放弃(U)/退出(X)] <退出>：_face
输入面编辑选项
[拉伸(E)/移动(M)/旋转(R)/偏移(O)/倾斜(T)/删除(D)/复制(C)/颜色(L)/材质(A)/放弃(U)/退
出(X)] <退出>：
_offset
选择面或 [放弃(U)/删除(R)]：找到一个面。        //选择实体上的面
选择面或 [放弃(U)/删除(R)/全部(ALL)]：
指定偏移距离：100                          //指定偏移距离
已开始实体校验。
已完成实体校验。
输入面编辑选项
[拉伸(E)/移动(M)/旋转(R)/偏移(O)/倾斜(T)/删除(D)/复制(C)/颜色(L)/材质(A)/放弃(U)/退
出(X)] <退出>：O                          //输入编辑选项
```

实体经过偏移面操作后的结果如图 11-17 所示。

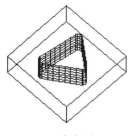
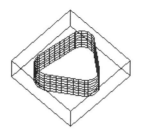
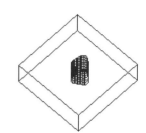

(a) 选定面   (b) 面偏移为正值   (c) 面偏移为负值

图 11-17 偏移面

注意 指定偏移距离时，设置正值可以增加实体大小，设置负值可以减小实体大小。

11.2.7 删除面

删除面包括删除圆角和倒角，使用【删除面】命令可删除圆角和倒角边。如果更改生成无效的三维实体，将不删除面。选择【修改】|【实体编辑】|【删除面】菜单命令，或者单击【常用】选项卡【实体编辑】面板中的【删除面】按钮 ，即可进行删除面操作，命令行提示如下：

```
命令: _solidedit
实体编辑自动检查:  SOLIDCHECK=1
输入实体编辑选项  [面(F)/边(E)/体(B)/放弃(U)/退出(X)] <退出>: _face
输入面编辑选项
[拉伸(E)/移动(M)/旋转(R)/偏移(O)/倾斜(T)/删除(D)/复制(C)/颜色(L)/材质(A)/放弃(U)/退出(X)] <退出>: _delete
选择面或 [放弃(U)/删除(R)]: 找到一个面。              //选择的面
选择面或 [放弃(U)/删除(R)/全部(ALL)]:
已开始实体校验。
已完成实体校验。
输入面编辑选项
[拉伸(E)/移动(M)/旋转(R)/偏移(O)/倾斜(T)/删除(D)/复制(C)/颜色(L)/材质(A)/放弃(U)/退出(X)] <退出>: D                    //选择面的编辑选项
```

实体经过删除面操作后的结果如图 11-18 所示。

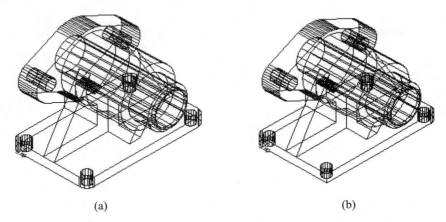

(a)   (b)

图 11-18　删除面前后对比

11.2.8 旋转面

【旋转面】命令主要用于对实体的某个面进行旋转处理，从而形成新的实体。选择【修改】|【实体编辑】|【旋转面】菜单命令，或者单击【常用】选项卡【实体编辑】面板中的【旋转面】按钮 ，即可进行旋转面操作，命令行提示如下：

```
命令: _solidedit
实体编辑自动检查:  SOLIDCHECK=1
输入实体编辑选项 [面(F)/边(E)/体(B)/放弃(U)/退出(X)] <退出>: _face
输入面编辑选项
[拉伸(E)/移动(M)/旋转(R)/偏移(O)/倾斜(T)/删除(D)/复制(C)/颜色(L)/材质(A)/放弃(U)/退
出(X)] <退出>: _rotate
选择面或 [放弃(U)/删除(R)]:                    //选择实体上的面
选择面或 [放弃(U)/删除(R)/全部(ALL)]:
指定轴点或 [经过对象的轴(A)/视图(V)/X 轴(X)/Y 轴(Y)/Z 轴(Z)] <两点>:
在旋转轴上指定第二个点:
指定旋转角度或 [参照(R)]:
已开始实体校验。
已完成实体校验。
```

实体经过旋转面操作后的结果如图 11-19 所示。

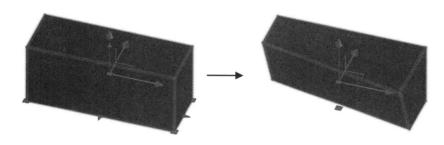

图 11-19　旋转面操作

11.2.9　倾斜面

　　【倾斜面】命令主要用于对实体的某个面进行旋转处理，从而形成新的实体。选择【修改】|【实体编辑】|【倾斜面】菜单命令，或者单击【常用】选项卡【实体编辑】面板中的【倾斜面】按钮，即可进行倾斜面操作，命令行提示如下：

```
命令: _solidedit
实体编辑自动检查:  SOLIDCHECK=1
输入实体编辑选项 [面(F)/边(E)/体(B)/放弃(U)/退出(X)] <退出>: _face
输入面编辑选项
[拉伸(E)/移动(M)/旋转(R)/偏移(O)/倾斜(T)/删除(D)/复制(C)/颜色(L)/材质(A)/放弃(U)/退
出(X)] <退出>: _taper
选择面或 [放弃(U)/删除(R)]:                    //选择实体上的面
选择面或 [放弃(U)/删除(R)/全部(ALL)]:
指定基点:                                      //指定一个点
指定沿倾斜轴的另一个点:                        //指定另一个点
指定倾斜角度:
已开始实体校验。
已完成实体校验。
```

实体经过倾斜面操作后的结果如图 11-20 所示。

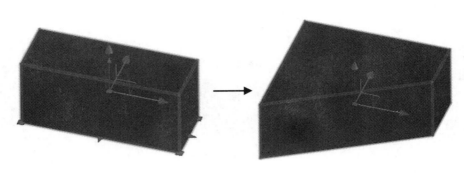

图 11-20　倾斜面操作

11.2.10　着色面

【着色面】命令可用于亮显复杂三维实体模型内的细节。选择【修改】|【实体编辑】|
【着色面】菜单命令，或者单击【常用】选项卡【实体编辑】面板中的【着色面】按钮，
即可进行着色面操作，命令行提示如下：

```
命令: _solidedit
实体编辑自动检查: SOLIDCHECK=1
输入实体编辑选项 [面(F)/边(E)/体(B)/放弃(U)/退出(X)] <退出>: _face
输入面编辑选项
 [拉伸(E)/移动(M)/旋转(R)/偏移(O)/倾斜(T)/删除(D)/复制(C)/颜色(L)/材质(A)/放弃(U)/退
出(X)] <退出>: _color
选择面或 [放弃(U)/删除(R)]: 找到一个面。            // 选择的面
选择面或 [放弃(U)/删除(R)/全部(ALL)]:
输入面编辑选项
[拉伸(E)/移动(M)/旋转(R)/偏移(O)/倾斜(T)/删除(D)/复制(C)/颜色(L)/材质(A)/放弃(U)/退
出(X)] <退出>: L                               //输入编辑选项
```

选择要着色的面后，打开如图 11-21 所示的【选择颜色】对话框，选择要着色的颜色后
单击【确定】按钮。着色后的效果如图 11-22 所示。

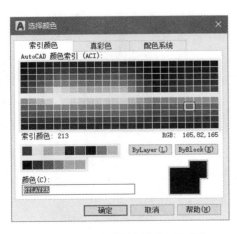

图 11-21　【选择颜色】对话框

图 11-22　着色前后对比

11.2.11 复制面

【复制面】命令可以将面复制为面域或体。选择【常用】|【实体编辑】|【复制面】菜单命令，或者单击【默认】选项卡【实体编辑】面板中的【复制面】按钮，即可进行复制面操作，命令行提示如下：

```
命令：_solidedit
实体编辑自动检查： SOLIDCHECK=1
输入实体编辑选项 [面(F)/边(E)/体(B)/放弃(U)/退出(X)] <退出>：_face
输入面编辑选项
[拉伸(E)/移动(M)/旋转(R)/偏移(O)/倾斜(T)/删除(D)/复制(C)/颜色(L)/材质(A)/放弃(U)/退
出(X)] <退出>：_copy
选择面或 [放弃(U)/删除(R)]：找到一个面。         //选择复制的面
选择面或 [放弃(U)/删除(R)/全部(ALL)]：
指定基点或位移：                            //选择基点
指定位移的第二点：                          //选择第二位移点
输入面编辑选项
[拉伸(E)/移动(M)/旋转(R)/偏移(O)/倾斜(T)/删除(D)/复制(C)/颜色(L)/材质(A)/放弃(U)/退
出(X)] <退出>：C
```

复制面前后的对比效果如图 11-23 所示。

图 11-23　复制面前后的对比效果

11.2.12 抽壳

【抽壳】命令常用于绘制中空的三维壳体类实体，主要是将实体进行内部去除脱壳处理。选择【修改】|【实体编辑】|【抽壳】菜单命令，或者单击【常用】选项卡【实体编辑】面板中的【抽壳】按钮，即可进行抽壳操作，命令行提示如下：

```
命令：_solidedit
实体编辑自动检查： SOLIDCHECK=1
输入实体编辑选项 [面(F)/边(E)/体(B)/放弃(U)/退出(X)] <退出>：_body
输入体编辑选项
[压印(I)/分割实体(P)/抽壳(S)/清除(L)/检查(C)/放弃(U)/退出(X)] <退出>：_shell
选择三维实体：                          //选择实体
删除面或 [放弃(U)/添加(A)/全部(ALL)]：   //选择要删除的实体上的面
```

删除面或 [放弃(U)/添加(A)/全部(ALL)]:
输入抽壳偏移距离:
已开始实体校验。
已完成实体校验。

实体经过抽壳操作后的结果如图 11-24 所示。

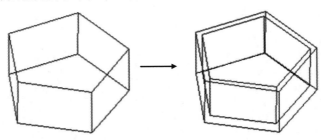

图 11-24　抽壳操作

11.3　制作三维效果

在 AutoCAD 早期版本中，三维图形的主要形式是线框模型。由于线框模型将一切棱边、顶点都表现在屏幕上，因此图形表达显得混乱而不清晰。但是在 AutoCAD 2022 中，用户可以消隐、着色、渲染在任何状态下创建和编辑的三维模型，并且可以动态观察。

11.3.1　消隐

【消隐】命令用于消除当前视窗中所有图形的隐藏线。

选择【视图】|【消隐】菜单命令，即可进行消隐，如图 11-25 所示。

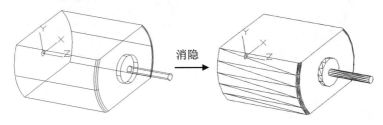

图 11-25　消隐后的三维模型

11.3.2　渲染

渲染工具主要用来进行渲染处理，添加光源，使模型表面表现出材质的明暗效果和光照效果。AutoCAD 2022 中的【渲染】子菜单如图 11-26 所示，其中包括多种渲染工具设置。

1) 光源设置

选择【视图】|【渲染】|【光源】命令，打开【光源】子菜单，可以新建多种光源。

选择【光源】子菜单中的【光源列表】命令，打开【模型中的光源】选项板，如图 11-27 所示，在其中显示了场景中的光源。

图 11-26　【渲染】子菜单

图 11-27　【模型中的光源】选项板

2）材质设置

选择【视图】|【渲染】|【材质编辑器】菜单命令，打开【材质编辑器】选项板，如图 11-28 所示。单击【创建或复制材质】按钮 ，即可复制或新建材质；单击【打开或关闭材料浏览器】按钮 ，即可查看现有的材质，如图 11-29 所示。

图 11-28　【材质编辑器】选项板

图 11-29　【材质浏览器】选项板

3）渲染

设置好各参数后，选择【视图】|【渲染】|【高级渲染设置】菜单命令，在打开的如图 11-30 所示的【渲染预设管理器】选项板中，单击【渲染】按钮 ，即可渲染图形，如图 11-31 所示。

图 11-30 【渲染预设管理器】选项板

图 11-31 渲染后的图形

11.4 设计范例

11.4.1 绘制三维晶体管范例

 本范例完成文件：范例文件\第 11 章\11-1.dwg

 多媒体教学路径：多媒体教学→第 11 章→11.4.1 范例

🎨 **范例分析**

本范例是创建晶体管的三维模型，其首先创建机体，然后创建管触脚并进行复制，最后进行差集运算，得到最终的实体。

🎨 **范例操作**

01 新建一个文件，使用矩形工具绘制一个 10×1 的矩形，如图 11-32 所示。

02 使用矩形工具再绘制一个 10×2.5 的矩形，如图 11-33 所示。

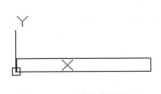

图 11-32 绘制矩形(1)

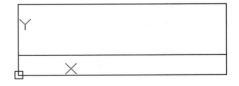

图 11-33 绘制矩形(2)

03 使用拉伸工具向上拉伸小矩形，距离为 14，如图 11-34 所示。

04 使用拉伸工具继续拉伸大矩形，距离为 6，如图 11-35 所示。

05 使用矩形工具绘制一个 1.5×0.5 的矩形，如图 11-36 所示。

06 使用拉伸工具拉伸上步绘制的矩形，距离为 14，得到触脚，如图 11-37 所示。

07 使用复制工具复制触脚模型，间距为 3，如图 11-38 所示。

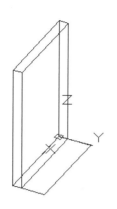

图 11-34　拉伸矩形(1)

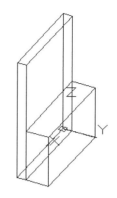

图 11-35　拉伸矩形(2)

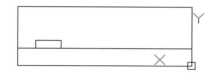

图 11-36　绘制矩形

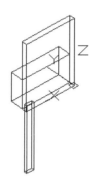

图 11-37　拉伸矩形

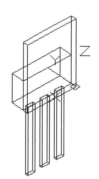

图 11-38　复制实体

08 使用圆工具绘制半径为 2 的圆形，如图 11-39 所示。

09 使用拉伸工具拉伸图形，如图 11-40 所示。

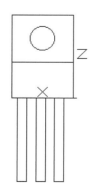

图 11-39　绘制圆形

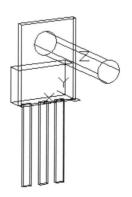

图 11-40　拉伸圆形

10 单击【常用】选项卡【实体编辑】面板中的【差集】按钮 ，选择特征进行差集运算，结果如图 11-41 所示。

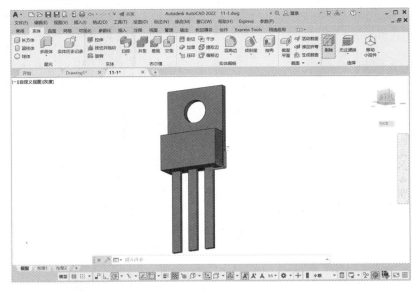

图 11-41　差集运算

至此范例制作完成，创建的晶体管模型如图 11-42 所示。

图 11-42　晶体管模型

11.4.2　绘制三维电容范例

　本范例完成文件：范例文件\第 11 章\11-2.dwg

　多媒体教学路径：多媒体教学→第 11 章→11.4.2 范例

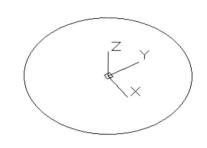

图 11-43　绘制圆形

范例分析

本范例是绘制电容的三维模型，其首先绘制出电容体，然后绘制出接触片，接着对模型进行布尔运算，从而得到最终的实体模型。

范例操作

01 新建一个文件，首先使用圆工具绘制一个半径为 30 的圆形，如图 11-43 所示。

02 单击【常用】选项卡【建模】组中的【拉伸】按钮，拉伸图形，距离为 80，如图 11-44 所示。

03 单击【实体】选项卡【实体编辑】组中的【圆角边】按钮，创建半径为 2 的倒圆角，如图 11-45 所示。

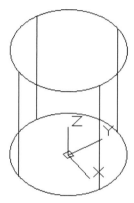

图 11-44　拉伸圆形

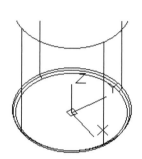

图 11-45　创建圆角

04 使用圆工具绘制一个半径为 33 的圆形，圆心坐标为(0, 0, 80)，如图 11-46 所示。

05 使用拉伸工具拉伸圆形，距离为 3，如图 11-47 所示。

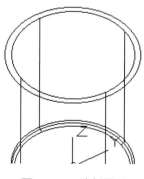

图 11-46　绘制圆形

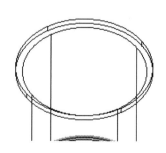

图 11-47　拉伸圆形

06 使用圆工具绘制一个半径为 26 的圆形，圆心坐标为(0, 0, 78)，如图 11-48 所示。

07 使用拉伸工具拉伸圆形，如图 11-49 所示。

08 单击【常用】选项卡【实体编辑】组中的【差集】按钮，选择特征进行差集运算，如图 11-50 所示。

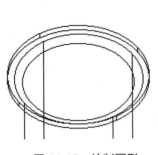

图 11-48　绘制圆形

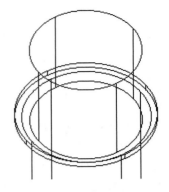

图 11-49　拉伸圆形

09 使用矩形工具绘制一个 10×1.5 的矩形，如图 11-51 所示。

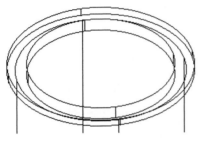

图 11-50　差集运算

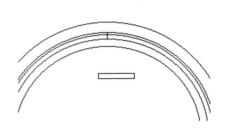

图 11-51　绘制矩形

10 使用拉伸工具拉伸前面绘制的矩形，距离为 20，得到接触片初步模型，如图 11-52 所示。

11 使用复制工具复制拉伸出的接触片模型，如图 11-53 所示。

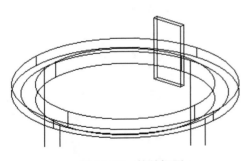

图 11-52　拉伸矩形

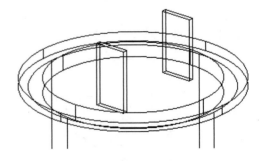

图 11-53　复制特征

12 使用圆工具绘制一个半径为 2 的圆形，如图 11-54 所示。

13 使用拉伸工具拉伸圆形，如图 11-55 所示。

14 单击【常用】选项卡【实体编辑】面板中的【差集】按钮 ，选择特征进行差集运算，形成接触片，如图 11-56 所示。

至此完成电容模型的创建，如图 11-57 所示。

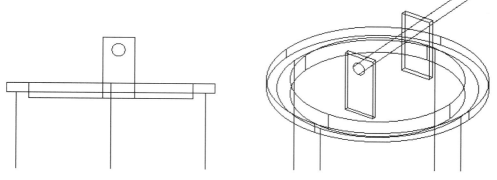

图 11-54 绘制圆形　　　　图 11-55 拉伸圆形

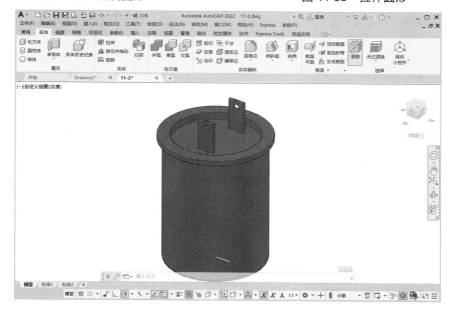

图 11-56 差集运算

图 11-57 电容模型

11.4.3 绘制信号灯模型范例

 本范例完成文件：范例文件\第 11 章\11-3.dwg

 多媒体教学路径：多媒体教学→第 11 章→11.4.3 范例

 范例分析

本范例是创建交通信号灯的三维模型，其首先创建信号灯基座，然后创建灯体，并进行复制，得到最终的信号灯模型。

 范例操作

01 新建文件，首先使用矩形工具绘制一个 30×60 的矩形，如图 11-58 所示。

02 使用圆工具在矩形两端绘制圆形，如图 11-59 所示。

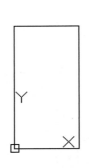

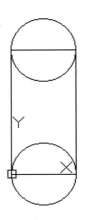

图 11-58 绘制矩形　　　　　　　　　　　图 11-59 绘制圆形

03 单击【常用】选项卡【建模】组中的【拉伸】按钮，拉伸矩形和圆形，拉伸距离为 4，如图 11-60 所示。

04 单击【常用】选项卡【实体编辑】组中的【并集】按钮，选择特征进行并集运算，如图 11-61 所示。

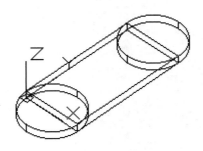

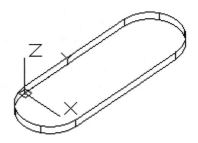

图 11-60 拉伸圆形和矩形　　　　　　　　图 11-61 并集运算

05 使用圆工具绘制一个半径为 10 的圆形，如图 11-62 所示。

06 使用拉伸工具拉伸圆形，距离为 20，如图 11-63 所示。

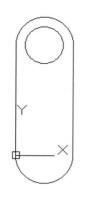

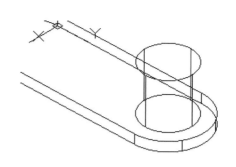

图 11-62　绘制圆形　　　　　　　　　　　图 11-63　拉伸圆形

07 单击【常用】选项卡【坐标】组中的 Y 按钮，设置新坐标系，如图 11-64 所示。

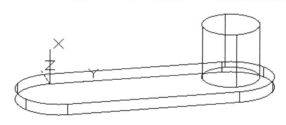

图 11-64　旋转 Y 轴

08 使用圆工具绘制一个半径为 18 的圆形，如图 11-65 所示。

09 使用拉伸工具拉伸圆形，如图 11-66 所示。

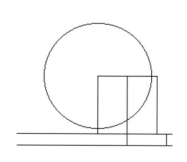

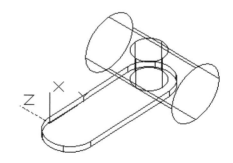

图 11-65　绘制圆形　　　　　　　　　　　图 11-66　拉伸圆形

10 单击【常用】选项卡【实体编辑】组中的【差集】按钮，选择特征进行差集运算，如图 11-67 所示。

11 单击【常用】选项卡【坐标】组中的 Y 按钮，设置新坐标系，如图 11-68 所示。

12 使用圆工具绘制一个半径为 8 的圆形，如图 11-69 所示。

13 使用拉伸工具拉伸圆形，如图 11-70 所示。

14 使用差集工具，选择特征进行差集运算，得到灯的模型，如图 11-71 所示。

15 使用复制工具复制两个灯模型，距离为 25，如图 11-72 所示。

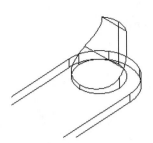

图 11-67　差集运算

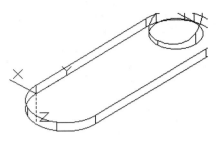

图 11-68　旋转 Y 轴

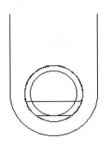

图 11-69　绘制圆形

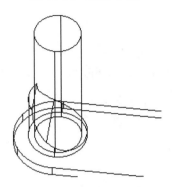

图 11-70　拉伸圆形

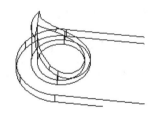

图 11-71　差集运算

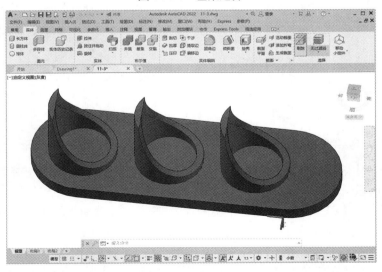

图 11-72　复制特征

至此完成信号灯模型的创建，如图 11-73 所示。

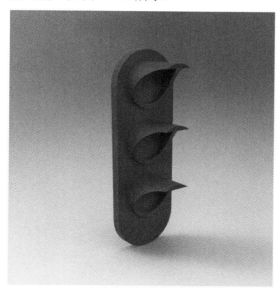

图 11-73　信号灯模型

11.5　本 章 小 结

本章主要介绍了在 AutoCAD 2022 中编辑和渲染三维电气模型的方法，其中主要包括编辑三维对象、编辑三维实体与渲染等内容。读者通过对本章的学习，可以进一步掌握绘制和编辑三维电气模型实体的方法。

第 12 章
电气图的输出与打印

本章导读

　　用 AutoCAD 2022 绘制完电气图后，要进行打印或者输出。打印输出是将绘制好的图形用打印机或绘图仪绘制出来，或者导出成其他文件。通过本章的学习，读者可以掌握如何添加与配置绘图设备、如何设置打印样式、如何设置页面，以及如何打印绘图文件。

12.1　创　建　布　局

布局是一种图纸空间环境，它模拟图纸页面，提供直观的打印设置。在布局中可以创建并放置视口对象，还可以添加标题栏或其他几何图形。可以在图形中创建多个布局以显示不同视图，每个布局可以包含不同的打印比例和图纸尺寸。布局显示的图形与图纸页面上打印出来的图形完全相同。

12.1.1　模型空间和图纸空间

AutoCAD 最有用的功能之一就是可在两个环境中完成绘图和设计工作，即"模型空间"和"图纸空间"。模型空间又可分为平铺式的模型空间和浮动式的模型空间。大部分设计和绘图工作都是在平铺式模型空间中完成的，而图纸空间是模拟手工绘图的空间，它是为绘制平面图而准备的一张虚拟图纸，是一个二维空间的工作环境。从某种意义上来说，图纸空间就是为布局图面、打印出图而设计的，还可在其中添加诸如边框、注释、标题和尺寸标注等内容。

可以根据坐标标志来区分模型空间和图纸空间。当处于模型空间时，屏幕显示 UCS 标识；当处于图纸空间时，屏幕显示图纸空间标识，即一个直角三角形，所以旧的版本将图纸空间又称作"三角视图"。

注意　模型空间和图纸空间是两种不同的制图空间，同一个图形无法同时在这两个环境中工作。

12.1.2　在图纸空间中创建布局

在 AutoCAD 中，可以通过【布局向导】命令来创建新布局，也可以用 LAYOUT 命令以模板的方式来创建新布局，这里将主要介绍以向导方式创建布局的过程。创建布局的方法如下。

● 选择【插入】|【布局】|【创建布局向导】命令。

● 在命令行输入 LAYOUT 后按 Enter 键。

执行上述任一操作后，AutoCAD 会打开如图 12-1 所示的【创建布局 - 开始】对话框。该对话框用于为新布局命名。左边一列项目是创建过程中要进行的 8 个操作步骤，前面标有三角符号的是当前步骤。在【输入新布局的名称】文本框中输入名称。

单击【下一步】按钮，打开如图 12-2 所示的【创建布局 - 打印机】对话框，该对话框用于选择打印机。在列表框中列出了本机可用的打印机设备，从中选择一种打印机作为输出设备。

完成选择后单击【下一步】按钮，打开如图 12-3 所示的【创建布局 - 图纸尺寸】对话框，该对话框用于选择打印图纸的大小和所用的单位。该对话框的下拉列表框中列出了可用的各种格式的图纸，它由选择的打印设备决定，可从中选择一种格式。

● 【图形单位】：该选项组用于控制图形单位，可以选择毫米、英寸或像素。

● 【图纸尺寸】：当图形单位有所变化时，图形尺寸也相应变化。

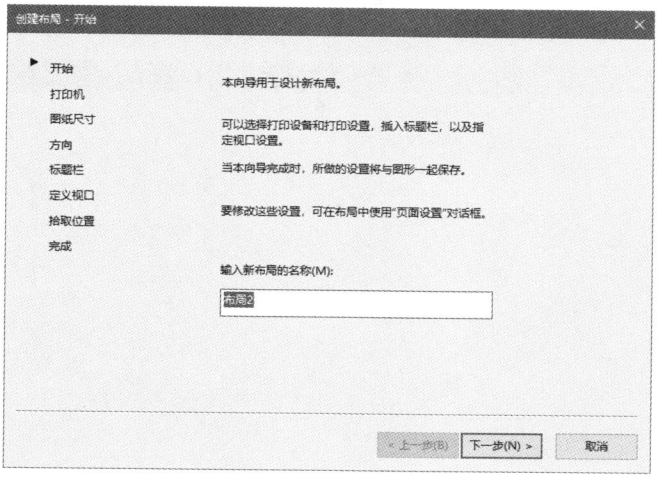

图 12-1　【创建布局 - 开始】对话框

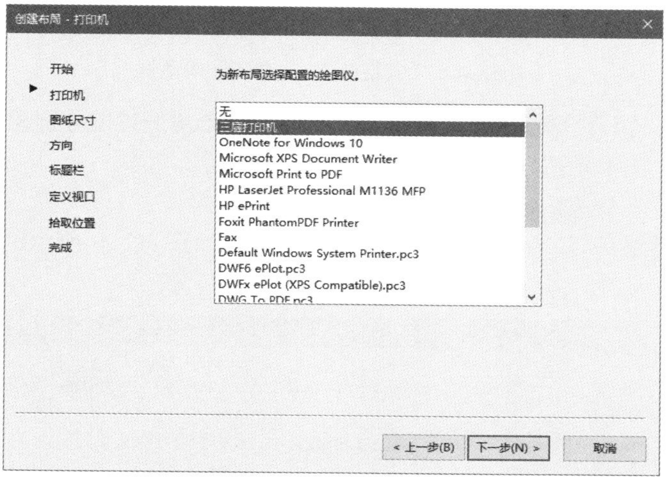

图 12-2　【创建布局 - 打印机】对话框

图 12-3　【创建布局 - 图纸尺寸】对话框

单击【下一步】按钮，出现如图 12-4 所示的【创建布局 - 方向】对话框。

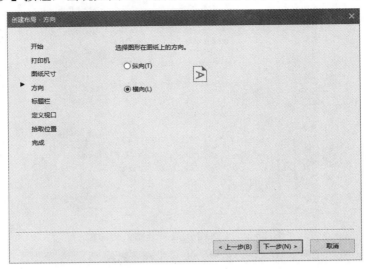

图 12-4 【创建布局 - 方向】对话框

【创建布局 - 方向】对话框用于设置打印的方向，两个单选按钮分别表示不同的打印方向。

● 【横向】：该单选按钮表示按横向打印。

● 【纵向】：该单选按钮表示按纵向打印。

完成打印方向设置后，单击【下一步】按钮，出现如图 12-5 所示的【创建布局 - 标题栏】对话框。

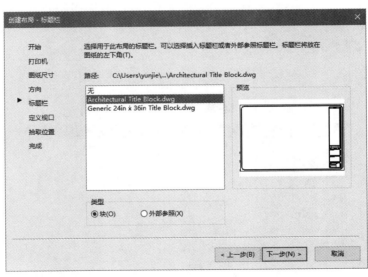

图 12-5 【创建布局 - 标题栏】对话框

【创建布局 - 标题栏】对话框用于选择图纸的边框和标题栏的样式。

● 【路径】：列出了当前可用的样式，可从中选择一种样式。

● 【预览】：显示所选样式的预览图像样式。

- 【类型】：该选项组可指定所选择的标题栏图形文件是作为"块"还是作为"外部参照"插入到当前图形中。

单击【下一步】按钮，出现如图 12-6 所示的【创建布局 - 定义视口】对话框。

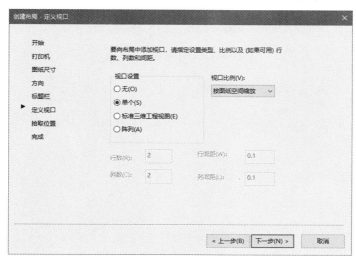

图 12-6 【创建布局 - 定义视口】对话框

【创建布局 - 定义视口】对话框可指定新创建的布局默认视口设置和比例等。

- 【视口设置】：该选项组用于设置当前布局定义的视口数。
- 【视口比例】：该选项组用于设置视口的比例。

若选中【阵列】单选按钮，则下面的文本框变为可用状态，可以分别输入视口的行数和列数，以及视口的行间距和列间距；单击【下一步】按钮，打开如图 12-7 所示的【创建布局 - 拾取位置】对话框。

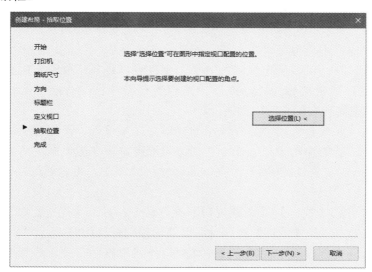

图 12-7 【创建布局 - 拾取位置】对话框

【创建布局 - 拾取位置】对话框用于指定视口的大小和位置。单击【选择位置】按钮，系统将暂时关闭该对话框，返回到图形窗口，从中指定视口的大小和位置。选择恰当的视口大小和位置以后，出现如图 12-8 所示的【创建布局 - 完成】对话框。

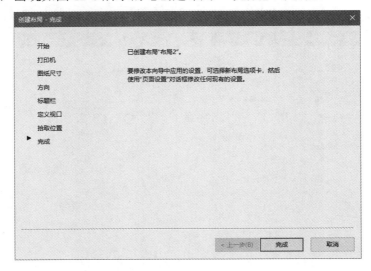

图 12-8 【创建布局 - 完成】对话框

如果对当前的设置都很满意，单击【完成】按钮即可完成新布局的创建，系统将自动返回到布局空间，显示新创建的布局。

除了可使用上面的向导创建新的布局外，还可以使用 LAYOUT 命令在命令行创建布局。用该命令能以多种方式创建新布局，如从已有的模板开始创建、从已有的布局开始创建或从头开始创建。另外，还可以用该命令管理已创建的布局，如删除、改名、保存以及设置布局等。

12.1.3 浮动视口

与模型空间一样，用户也可以在布局空间建立多个视口，以便显示模型的不同视图。在布局空间中建立视口时，可以确定视口的大小，并且可以将其定位于布局空间的任意位置，因此，布局空间视口通常被称为浮动视口。在创建布局时，浮动视口是一个非常重要的工具，用于显示模型空间和布局空间中的图形。

在创建布局后，系统会自动创建一个浮动视口。如果该视口不符合要求，用户可以将其删除，然后重新建立新的浮动视口。在浮动视口内双击鼠标左键，即可进入浮动模型空间，其边界将以粗线显示，如图 12-9 所示。在 AutoCAD 2022 中，可以通过以下两种方法创建浮动视口。

- 选择【视图】|【视口】|【新建视口】菜单命令，弹出【视口】对话框，在【标准视口】列表框中选择【垂直】选项时，创建的浮动视口如图 12-10 所示。
- 使用夹点编辑创建浮动视口：在浮动视口外双击鼠标左键，选择浮动视口的边界，然后拖曳右上角的夹点，先将该浮动视口缩小，如图 12-11 所示。然后连续按两次 Enter 键，在命令行中选择【复制】选项，对该浮动视口进行复制，并将其移动至合适的位置，效果如图 12-12 所示。

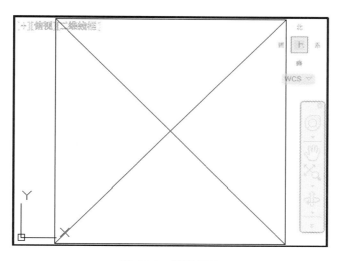

图 12-9　浮动视口

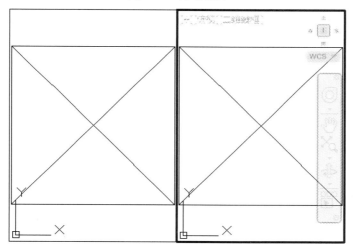

图 12-10　创建的浮动视口

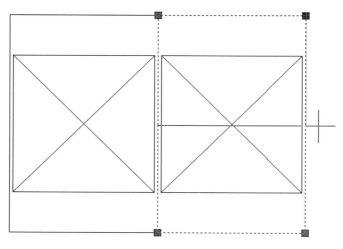

图 12-11　缩小浮动视口

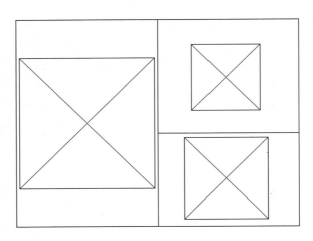

图 12-12　复制并调整浮动视口

　　浮动视口实际上是一个对象，可以像编辑其他对象一样编辑它，如进行删除、移动、拉伸和缩放等操作。

　　要对浮动视口内的图形对象进行编辑，只能在模型空间中进行，而不能在布局空间中进行。用户可以切换到模型空间，对其中的对象进行编辑。

12.2　图　形　输　出

　　AutoCAD 可以将图形输出为各种格式的文件，以方便用户对 AutoCAD 绘制的图形文件在其他软件中继续进行编辑或修改。

12.2.1　输出的文件类型

　　选择【文件】|【输出】菜单命令，可以打开【输出数据】对话框，在其中的【文件类型】下拉列表中列出了输出的文件类型，如图 12-13 所示。

图 12-13　【输出数据】对话框

单击【保存】按钮，文件以默认的 DWF 格式保存输出，此时会弹出如图 12-14 所示的【查看三维 DWF】对话框，如果要查看文件则单击【是】按钮，反之则单击【否】按钮。

图 12-14　【查看三维 DWF】对话框

12.2.2　输出 PDF 文件

AutoCAD 2022 具有直接输出 PDF 文件的功能，下面介绍其使用方法。

打开功能区中的【输出】选项卡，可以看到【输出为 DWF/PDF】面板，如图 12-15 所示。

图 12-15　【输出为 DWF/PDF】面板

在其中单击【输出】按钮，就可以打开【另存为 PDF】对话框，如图 12-16 所示，设置好文件名后，单击【保存】按钮，即可输出 PDF 文件。

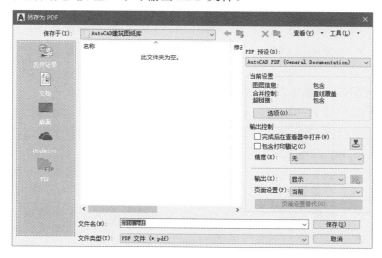

图 12-16　【另存为 PDF】对话框

12.3　页　面　设　置

指定页面设置后，可打印或发布图形，这些设置连同布局都保存在图形文件中。建立布局后，可以修改页面设置中的设置或应用其他页面设置。

12.3.1　页面设置管理器

【页面设置管理器】对话框的设置方法如下。

选择【文件】|【页面设置管理器】菜单命令或在命令行中输入 pagesetup 后按 Enter 键，AutoCAD 会自动打开如图 12-17 所示的【页面设置管理器】对话框。

图 12-17　【页面设置管理器】对话框

【页面设置管理器】对话框可以为当前布局或图纸指定页面设置，也可以创建页面设置、修改现有页面设置，或从其他图纸中导入页面设置。

(1)【当前布局】：列出要应用页面设置的当前布局名称。如果从图纸集管理器打开页面设置管理器，则显示当前图纸集的名称。如果从某个布局打开页面设置管理器，则显示当前布局的名称。

(2)【页面设置】选项组中各选项介绍如下。

- 【当前页面设置】：该列表框显示应用于当前布局的页面设置。由于在创建整个图纸集后，不能再对其应用页面设置，因此，如果从图纸集管理器中打开【页面设置管理器】对话框，将显示"不适用"。

- 【页面设置列表】：该列表框列出了可应用于当前布局的页面设置，或列出发布图纸集时可用的页面设置。

- 【置为当前】：将所选页面设置为当前布局的当前页面。不能将当前布局设置为当前页面。【置为当前】按钮对图纸集不可用。

- 【新建】：单击该按钮，可以进行新的页面设置。

- 【修改】：单击该按钮，可以对页面设置的参数进行修改。

- 【输入】：单击该按钮，显示【从文件选择页面设置】对话框(标准文件选择对话框)，从中可以选择图形格式(DWG)、DWT 或图形交换格式(DXF)™文件，从这些文件中选择一个或多个页面设置。

(3)【选定页面设置的详细信息】：该选项组显示了所选页面设置的信息。

(4)【创建新布局时显示】：指定当选中新的布局选项卡或创建新的布局时，显示【页面设置】对话框。若需要重置此功能，则在【选项】对话框的【显示】选项卡中选中【新建布局时显示页面设置管理器】复选框即可。

12.3.2 新建页面设置

在【页面设置管理器】对话框中单击【新建】按
钮，弹出【新建页面设置】对话框，如图 12-18 所示，
从中可以为新建页面设置输入名称，并指定要使用的基
础页面设置。

(1)【新页面设置名】：该文本框用于指定新建页
面设置的名称。

(2)【基础样式】：该列表框用于指定新建页面设
置要使用的基础页面设置。单击【确定】按钮，将弹出【页面设置】对话框以及所选页面设
置的设置，必要时可以修改这些设置。

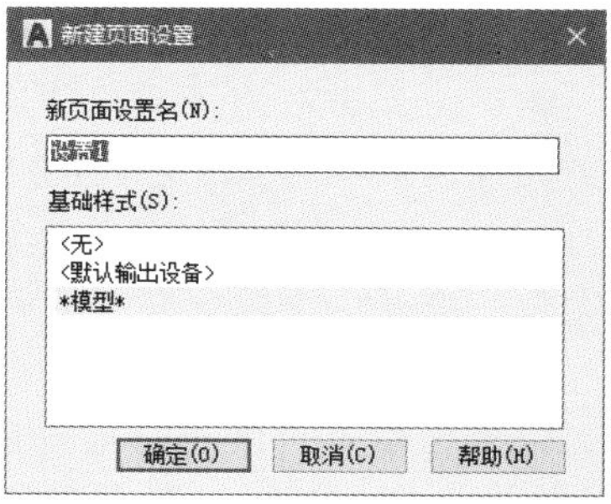

图 12-18　【新建页面设置】对话框

如果从图纸集管理器打开【新建页面设置】对话框，将只列出页面设置替代文件中的命
名页面设置。

- 【<无>】：指定不使用任何基础页面设置。可以修改【页面设置】对话框中显示的
  默认设置。
- 【<默认输出设备>】：指定将【选项】对话框的【打印和发布】选项卡中指定的默
  认输出设备设置为新建页面设置的打印机。
- 【*模型*】：指定新建页面设置使用上一个打印作业中指定的设置。

12.3.3 修改页面设置

在【页面设置管理器】对话框中单击【修改】按钮，弹出【页面设置 - 模型】对话框，
如图 12-19 所示，从中可以编辑所选页面设置的设置。

图 12-19　【页面设置 - 模型】对话框

【页面设置 - 模型】对话框中部分选项的含义如下。

1) 【图纸尺寸】下拉列表框

该下拉列表框用于显示所选打印设备可用的标准图纸尺寸，例如 A4、A3、A2、A1、B5、B4 等。如图 12-20 所示为【图纸尺寸】下拉列表，如果未选择绘图仪，将显示全部标准图纸尺寸以供选择。

如果所选绘图仪不支持布局中选定的图纸尺寸，将显示警告信息，用户可以选择绘图仪的默认图纸尺寸或自定义图纸尺寸。

使用【添加绘图仪】向导创建 PC3 文件时，将为打印设备设置默认的图纸尺寸。在【页面设置】对话框中选择的图纸尺寸将随布局一起保存，并将替代 PC3 文件设置。

页面的实际可打印区域(取决于所选打印设备和图纸尺寸)在布局中由虚线表示。

如果打印的是光栅图像(如 BMP 或 TIFF 文件)，指定的打印区域大小将以像素为单位而不是英寸或毫米。

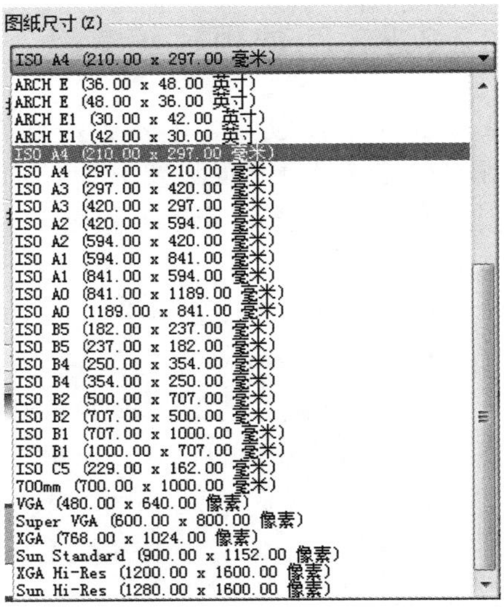

图 12-20　【图纸尺寸】下拉列表

2) 【打印区域】选项组

该选项组用于指定要打印的图形区域。在【打印范围】下拉列表框中可以选择要打印的图形区域，如图 12-21 所示为【打印范围】下拉列表。

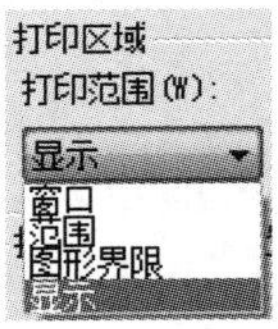

(a) 页面设置为【模型】时的
　　【打印范围】下拉列表

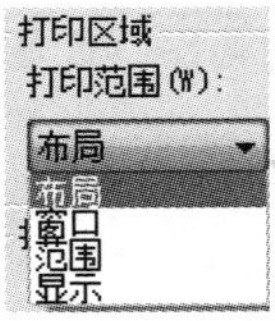

(b) 页面设置为【布局】时的
　　【打印范围】下拉列表

图 12-21　【打印范围】下拉列表

- 【布局】：打印图纸和打印区域中的所有对象。此选项仅在页面设置为【布局】时可用。
- 【窗口】：打印指定的图形部分。指定要打印区域的两个角点时，该选项才可用。单击【窗口】按钮后，可以使用定点设备指定要打印区域的两个角点，或输入坐标值。
- 【范围】：打印包含对象的图形的部分当前空间。当前空间内的所有几何图形都将被打印。打印之前，可能会重新生成图形以计算范围。
- 【图形界限】：打印布局时，将打印指定图纸尺寸的可打印区域内的所有内容，其原点从布局中的(0, 0)点计算得出。从【模型】选项卡打印时，将打印栅格界限定义的整个图形区域。如果当前视口不显示平面视图，该选项与【范围】选项的效果相同。

- 【显示】：打印【模型】选项卡当前视口中的视图或【布局】选项卡上当前图纸空间视图中的视图。

3) 【打印偏移】选项组

根据【指定打印偏移时相对于】选项组(【选项】对话框中的【打印和发布】选项卡)中的设置，指定打印区域相对于可打印区域左下角或图纸边界的偏移。【页面设置 - 模型】对话框的【打印偏移】选项组在括号中显示指定的打印偏移选项。

图纸的可打印区域由所选输出设备决定，在布局中以虚线表示。修改为其他输出设备时，可能会修改可打印区域。

通过在 X 和 Y 文本框中输入正值或负值，可以偏移图纸上的几何图形。图纸中的绘图仪单位为英寸或毫米。

- 【居中打印】：自动计算 X 偏移和 Y 偏移值，在图纸上居中打印。当【打印范围】设置为【布局】时，此选项不可用。
- X：指定 X 方向上的打印原点。
- Y：指定 Y 方向上的打印原点。

4) 【打印比例】选项组

该选项组用于控制图形单位与打印单位之间的相对尺寸。打印布局时，默认缩放比例为 1：1。从【模型】选项卡打印时，默认设置为【布满图纸】。

如果在【打印范围】下拉列表框中指定了【布局】选项，那么无论在【比例】下拉列表框中指定了何种设置，都将以 1：1 的比例打印布局。

- 【布满图纸】：缩放打印图形以布满所选图纸尺寸，并在【比例】、【英寸 ＝】和【单位】项中显示自定义的缩放比例因子。
- 【比例】：该下拉列表框用于定义打印的精确比例。选择【自定义】选项可使用用户定义的比例。可以通过输入与图形单位数等价的英寸(或毫米)数来创建自定义比例。

可以使用 SCALELISTEDIT 修改比例列表。

- 【英寸/毫米】：设置与指定的单位数等价的英寸数或毫米数。
- 【单位】：设置与指定的英寸数、毫米数或像素数等价的单位数。
- 【缩放线宽】：与打印比例成正比缩放线宽。线宽通常指定打印对象的线的宽度并按线宽尺寸打印，而不考虑打印比例。

5) 【着色视口选项】选项组

该选项组用于指定着色和渲染视口的打印方式，并确定它们的分辨率大小和每英寸点数 (DPI)。

- 【着色打印】：该下拉列表框用于指定视图的打印方式，包含以下几个选项。
  - 【按显示】：按对象在屏幕上的显示方式打印。
  - 【传统线框】：在线框中打印对象，不考虑其在屏幕上的显示方式。

◆ 【传统隐藏】：打印对象时消除隐藏线，不考虑其在屏幕上的显示方式。

◆ 【概念】：打印对象时应用"概念"视觉样式，不考虑其在屏幕上的显示方式。

◆ 【真实】：打印对象时应用"真实"视觉样式，不考虑其在屏幕上的显示方式。

◆ 【渲染】：按渲染的方式打印对象，不考虑其在屏幕上的显示方式。

● 【质量】：该下拉列表框用于指定着色和渲染视口的打印分辨率。

● DPI：该文本框用于指定渲染和着色视图的每英寸点数，最大可为当前打印设备的最大分辨率。只有在【质量】下拉列表框中选择【自定义】选项后，此选项才可用。

6) 【打印选项】选项组

该选项组用于指定线宽、打印样式、着色打印和对象的打印次序等选项。

● 【打印对象线宽】：指定是否打印为对象或图层指定的线宽。

● 【按样式打印】：指定是否打印应用于对象和图层的打印样式。如果选中该复选框，也将自动选中【打印对象线宽】复选框。

● 【最后打印图纸空间】：首先打印模型空间中的几何图形。通常先打印图纸空间中的几何图形，然后再打印模型空间中的几何图形。

● 【隐藏图纸空间对象】：指定 HIDE 操作是否应用于图纸空间视口中的对象。此复选框仅在布局选项卡中可用。此设置的效果反映在打印预览中，而不反映在布局中。

7) 【图形方向】选项组

该选项组可以为支持纵向或横向的绘图仪指定图形在图纸上的打印方向。

● 【纵向】：放置并打印图形，使图纸的短边位于图形页面的顶部，如图 12-22 所示。

● 【横向】：放置并打印图形，使图纸的长边位于图形页面的顶部，如图 12-23 所示。

● 【上下颠倒打印】：上下颠倒地放置并打印图形，如图 12-24 所示。

图 12-22 图形方向为
纵向时的效果

图 12-23 图形方向为
横向时的效果

图 12-24 图形方向为上下颠倒
时的效果

12.4 打 印 设 置

打印是将绘制好的图形用打印机或绘图仪绘制出来。通过本节的学习，读者可以掌握如何添加与配置绘图设备、如何配置打印样式、如何设置页面，以及如何打印绘图文件。

12.4.1 打印预览

用户设置好所有的配置后，单击【输出】选项卡【打印】面板上的【打印】按钮🖶，在命令行中输入 plot 后按 Enter 键或按 Ctrl+P 组合键，或选择【文件】|【打印】菜单命令，均可打开如图 12-25 所示的【打印 - 模型】对话框。在该对话框中，显示了用户最近设置的

一些选项，用户还可以根据需要更改这些设置。如果用户认为设置符合自己的要求，则单击【确定】按钮，AutoCAD 即会自动开始打印。

在将图形发送到打印机或绘图仪之前，最好先生成打印图形的预览。生成预览可以节约时间和材料。

用户可以从对话框中预览图形。预览显示图形在打印时的确切外观，包括线宽、填充图案和其他打印样式选项。

预览图形时，将隐藏活动工具栏和工具选项板，并显示临时的【预览】工具栏，其中提供有打印、平移和缩放图形的按钮。

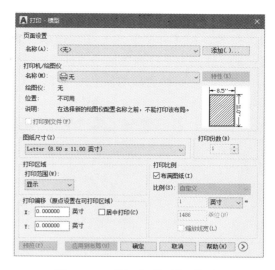

图 12-25　【打印-模型】对话框

在【打印】和【页面设置】对话框中，缩微预览还在页面上显示可打印区域和图形的位置。

执行预览打印的步骤如下。

01 选择【文件】|【打印】菜单命令，打开【打印】对话框。

02 在【打印】对话框中，单击【预览】按钮。

03 打开【预览】窗口，光标将改变为实时缩放光标。

04 单击鼠标右键可显示包含以下命令的快捷菜单：【打印】、【平移】、【缩放】、【缩放窗口】、【缩放为原窗口】(缩放至原来的预览比例)。

05 按 Esc 键退出预览并返回到【打印】对话框。

06 如果需要，继续调整其他打印设置，然后再次预览打印图形。

07 设置正确之后，单击【确定】按钮以打印图形。

12.4.2　打印图形

绘制图形后，可以使用多种方法将图形输出。可以将图形打印在图纸上，也可以创建成文件以供其他应用程序使用。以上两种情况都需要进行打印设置。

打印图形的步骤如下。

01 选择【文件】|【打印】菜单命令，打开【打印 - 模型】对话框。

02 在【打印机/绘图仪】选项组的【名称】下拉列表中选择一种绘图仪。如图 12-26 所示为【名称】下拉列表。

03 在【图纸尺寸】下拉列表框中选择图纸尺寸。在【打印份数】微调框中，输入要打

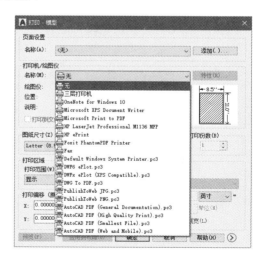

图 12-26　【名称】下拉列表

印的份数。在【打印区域】选项组中，指定图形中要打印的部分。在【打印比例】选项组中，从【比例】下拉列表框中选择缩放比例。

04 有关其他选项的信息，可单击【更多选项】按钮 查看，如图 12-27 所示。如不需要则可单击【更少选项】按钮 。

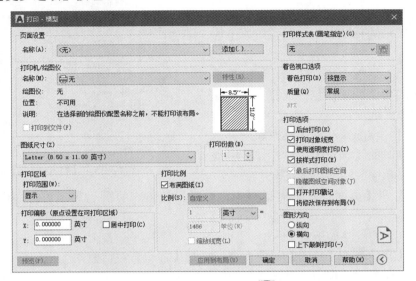

图 12-27　单击【更多选项】按钮 后的对话框

05 在【打印样式表(画笔指定)】下拉列表框中选择打印样式表。在【着色视口选项】和【打印选项】选项组中，选择适当的设置。在【图形方向】选项组中，选择一种方向。

　注意　打印戳记只在打印时出现，不与图形一起保存。

06 单击【确定】按钮即可进行最终的打印。

12.5　设　计　范　例

12.5.1　三维电动机输出图形范例

 本范例完成文件：范例文件\第 12 章\12-1.dwg

 多媒体教学路径：多媒体教学→第 12 章→12.5.1 范例

范例分析

本范例是使用输出命令对三维电动机的 CAD 图形文件进行输出操作，将其输出为图片文件，以便于观看。

📖 **范例操作**

①① 新建一个文件，使用圆工具绘制一个半径为 20 的圆形，坐标为(0, 0)，如图 12-28 所示。

①② 使用拉伸工具拉伸图形，距离为 40，如图 12-29 所示。

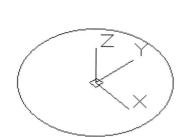

图 12-28 绘制圆形

图 12-29 拉伸圆形

①③ 使用圆工具绘制一个半径为 6 的圆形，坐标为(0, 0, 40)，如图 12-30 所示。

①④ 使用拉伸工具拉伸圆形，距离为 2，如图 12-31 所示。

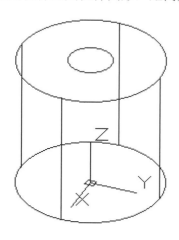

图 12-30 绘制圆形

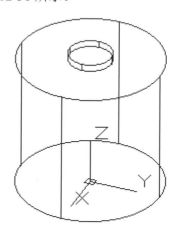

图 12-31 拉伸圆形

①⑤ 使用圆工具绘制一个半径为 1.5 的圆形，坐标为(0, 0, 42)，如图 12-32 所示。

①⑥ 使用拉伸工具拉伸圆形，距离为 20，如图 12-33 所示。

①⑦ 单击【实体】选项卡【实体编辑】组中的【圆角边】按钮🔘，创建半径为 1 的倒圆角，如图 12-34 所示。

①⑧ 使用矩形工具，以圆心为角点绘制一个 60×40 的矩形，如图 12-35 所示。

①⑨ 向左方移动矩形，将矩形下边线中心点对齐圆心，如图 12-36 所示。

图 12-32　绘制圆形

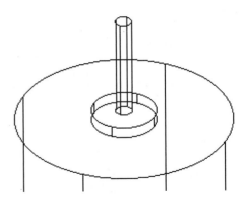

图 12-33　拉伸圆形

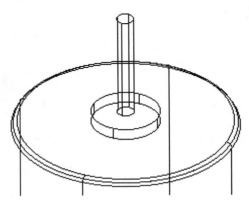

图 12-34　创建圆角

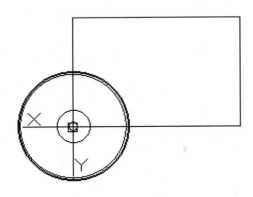

图 12-35　绘制矩形

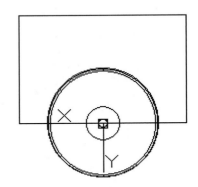

图 12-36　移动矩形

10　再次向上移动图形，距离为 12，如图 12-37 所示。

11　使用拉伸工具拉伸矩形，距离为 60，如图 12-38 所示。

12　单击【常用】选项卡【修改】组中的【镜像】按钮，镜像长方体特征，如图 12-39 所示。

13　单击【常用】选项卡【实体编辑】组中的【差集】按钮，选择特征进行差集运算，结果如图 12-40 所示。

至此完成电动机模型的创建，模型效果如图 12-41 所示。

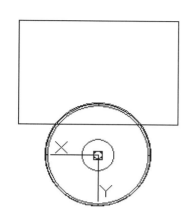

图 12-37 移动矩形

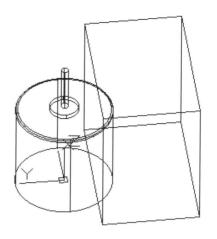

图 12-38 拉伸矩形

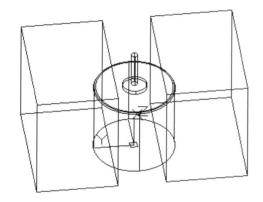

图 12-39 镜像长方体

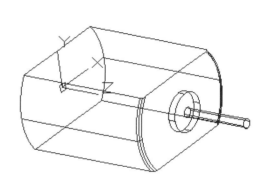

图 12-40 差集运算

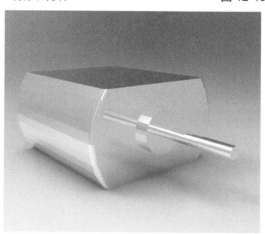

图 12-41 电动机模型

14 选择【文件】|【输出】菜单命令,打开【输出数据】对话框,设置输出文件类型为位图,设置文件名,如图 12-42 所示。单击【保存】按钮。

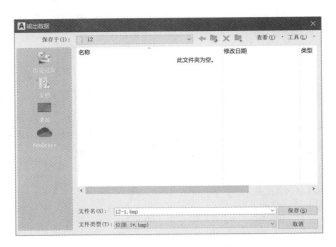

图 12-42　设置输出文件

15 此时命令行中提示选择输出图形的对象，设置为按照视口输出，在绘图区中使用光标框选图形，即选择了输出的图形范围，如图 12-43 所示。

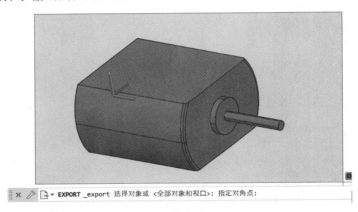

图 12-43　设置输出图形范围

16 单击鼠标确定后便输出了位图文件。

至此范例制作完成，位图文件如图 12-44 所示。

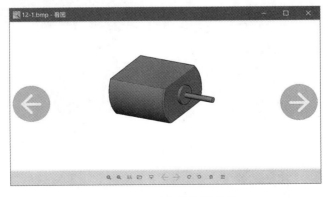

图 12-44　输出的位图文件

12.5.2 打印监控系统工程图范例

 本范例完成文件：范例文件\第 12 章\12-2.dwg

 多媒体教学路径：多媒体教学→第 12 章→12.5.2 范例

 范例分析

本范例是绘制一个监控系统工程图，然后使用打印命令将图形文件打印出来，主要进行与文件打印相关的各类设置和打印预览。

范例操作

01 新建一个文件，使用矩形工具绘制一个 10×6 的矩形，然后使用偏移工具偏移图形，距离为 1，如图 12-45 所示。

02 使用直线工具绘制直线图形，得到显示器图形，如图 12-46 所示。

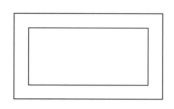

图 12-45 绘制矩形并偏移

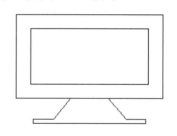

图 12-46 绘制显示器

03 使用矩形工具绘制一个 8×4 的矩形，如图 12-47 所示。

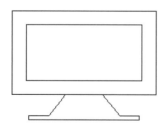

图 12-47 绘制矩形

04 使用直线工具绘制直线图形，如图 12-48 所示。

05 使用矩形工具在右侧绘制一个 7×3 的矩形，如图 12-49 所示。

图 12-48 绘制直线图形

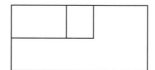

图 12-49 绘制矩形(1)

06 使用矩形工具绘制一个 3×1 的矩形，如图 12-50 所示。

07 使用图案填充工具填充小矩形图形，如图 12-51 所示。

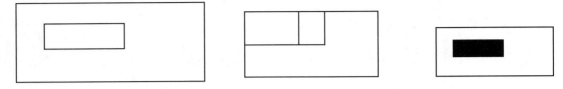

图 12-50　绘制矩形(2)　　　　　　　图 12-51　填充小矩形

08 使用直线工具绘制线路，如图 12-52 所示。

09 使用矩形工具绘制一个 10×4 的矩形，然后在左侧绘制一个 4×2 的矩形，如图 12-53 所示。

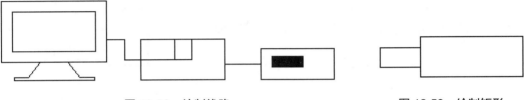

图 12-52　绘制线路　　　　　　　　图 12-53　绘制矩形

10 复制图形，如图 12-54 所示。

图 12-54　复制图形

11 绘制一个 0.5×2 的矩形，然后再复制图形，如图 12-55 所示。

12 绘制线路，如图 12-56 所示。

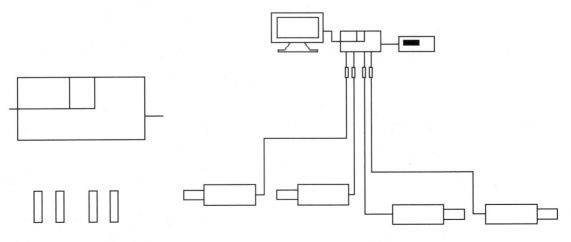

图 12-55　绘制并复制矩形　　　　　　图 12-56　绘制线路

13 使用多行文字工具添加文字注释，得到可视监控系统图，如图 12-57 所示。

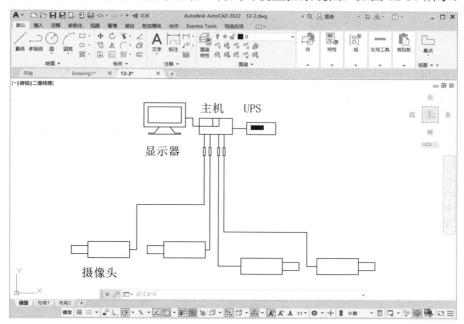

图 12-57　可视监控系统图

14 选择【文件】|【打印】菜单命令，打开【打印 - 布局 1】对话框，设置其中的各项参数，如图 12-58 所示。

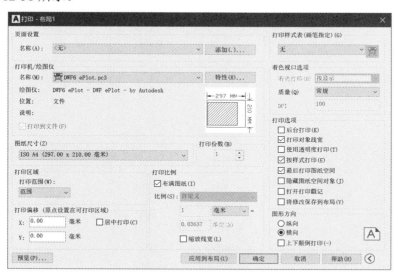

图 12-58　设置打印参数

15 单击【打印 - 布局 1】对话框中的【预览】按钮，打开【预览】窗口，光标将变为实时缩放形式，在其中放大查看打印效果，如图 12-59 所示。单击【预览】窗口中的【关闭】按钮，返回【打印 - 布局 1】对话框后单击【确定】按钮，即可将图形打印出来，至此打印监控系统工程图范例就操作完成了。

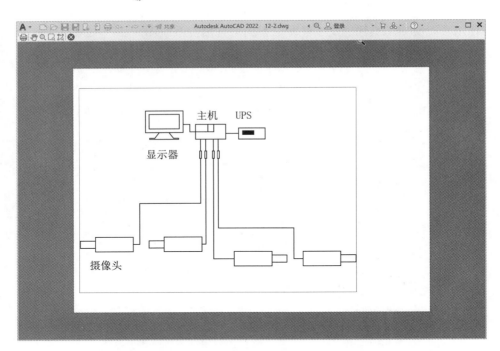

图 12-59　打印预览

12.6　本 章 小 结

本章主要介绍了 AutoCAD 2022 输出和打印设置的方法和命令，讲解了电气图纸打印输出的一般内容，读者在以后的图形输出与打印当中可以根据不同的需求进行设定。

第 13 章
电气绘图综合设计范例

本章导读

在学习了 AutoCAD 2022 的主要绘图功能后，本章主要介绍 AutoCAD 电气绘图的综合范例，以加深读者对于 AutoCAD 绘图方法的理解和掌握，同时增强了绘图实战经验。本章介绍 AutoCAD 电气绘图的四个典型案例，分别是车床电路原理图、变电工程图、工厂启动电机系统图、住宅照明平面图，覆盖了主要的 AutoCAD 电气平面制图应用领域，具有很强的代表性，希望读者能认真学习掌握。

13.1 绘制车床电路原理图范例

 本范例完成文件：范例文件\第 13 章\13-1.dwg

 多媒体教学路径：多媒体教学→第 13 章→13.1 范例

13.1.1 范例分析

本节将介绍车床电路原理图的绘制，首先绘制多个电气元件，包括熔断器和开关等；之后绘制电机和连接线路。范例结果如图 13-1 所示。

通过这个范例的操作，具体介绍车床电路原理图的绘制方法，以及各种绘图和修改命令的综合应用，并熟悉以下内容。

(1) 电机绘制。

(2) 主要元器件绘制。

(3) 连接线路绘制。

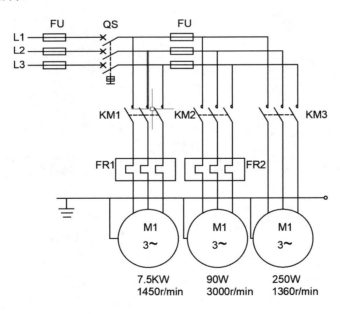

图 13-1 车床电路原理图

13.1.2 范例操作

01 新建一个文件，使用矩形工具绘制一个 3×1 的矩形，然后使用直线工具绘制长度为 10 的水平直线作为熔断器，如图 13-2 所示。

02 复制熔断器，距离为 2，如图 13-3 所示。

图 13-2 绘制熔断器   图 13-3 复制熔断器

03 使用直线工具，绘制角度为 45°、长度为 1 的交叉直线，如图 13-4 所示。

04 复制交叉直线图形，如图 13-5 所示。

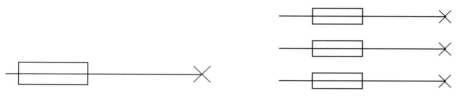

图 13-4 绘制交叉直线图形   图 13-5 复制图形

05 使用直线工具，绘制水平直线图形，间距为 2，如图 13-6 所示。

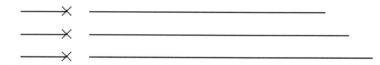

图 13-6 绘制水平直线

06 绘制 135° 的斜线，得到开关图形，如图 13-7 所示。

07 使用矩形工具，在下方绘制两个 1×0.6 的矩形，然后绘制直线图形，如图 13-8 所示。

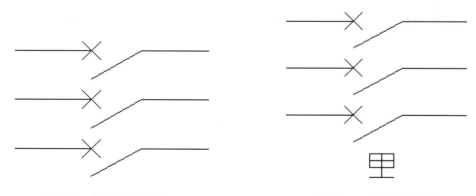

图 13-7 绘制开关图形   图 13-8 绘制直线图形

08 使用直线工具，绘制连接虚线，如图 13-9 所示。

09 使用直线工具，绘制直线图形，间距为 2，如图 13-10 所示。

10 使用圆弧工具，绘制圆弧，如图 13-11 所示。

11 绘制长度为 6、间距为 2 的竖直直线图形，如图 13-12 所示。

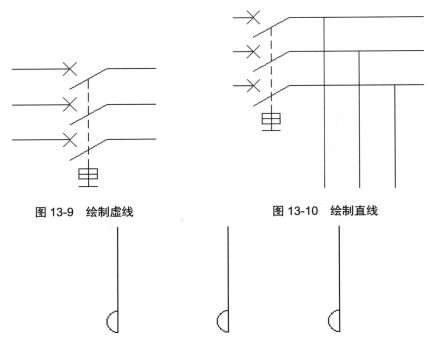

图 13-9　绘制虚线　　　　　　　　　　图 13-10　绘制直线

图 13-11　绘制圆弧

⑫　绘制 120°的角度线图形，如图 13-13 所示。

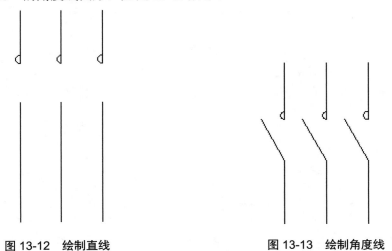

图 13-12　绘制直线　　　　　　　　　图 13-13　绘制角度线

⑬　继续绘制直线图形，如图 13-14 所示。

⑭　绘制 8×3 的矩形，如图 13-15 所示。

⑮　在下方绘制半径为 4 的圆形，然后单击【默认】选项卡【修改】组中的【延伸】按钮→延伸直线，如图 13-16 所示。

⑯　绘制连接虚线，如图 13-17 所示。

⑰　使用多行文字工具添加文字注释，如图 13-18 所示。

⑱　复制图形，如图 13-19 所示。

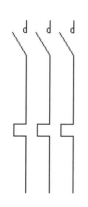

图 13-14　绘制直线图形

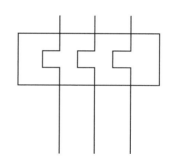

图 13-15　绘制矩形

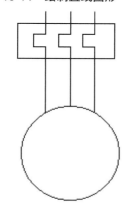

图 13-16　绘制圆形再延伸直线

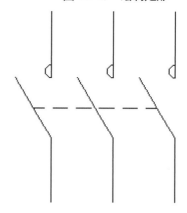

图 13-17　绘制虚线

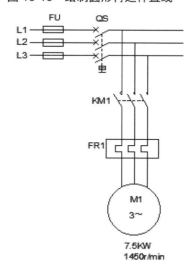

图 13-18　添加文字注释

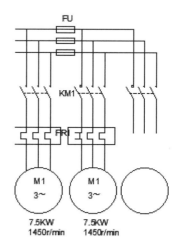

图 13-19　复制图形

19 延伸直线，如图 13-20 所示。

20 添加其他文字注释，如图 13-21 所示。

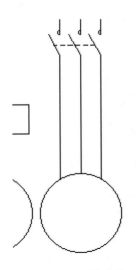

图 13-20　延伸直线

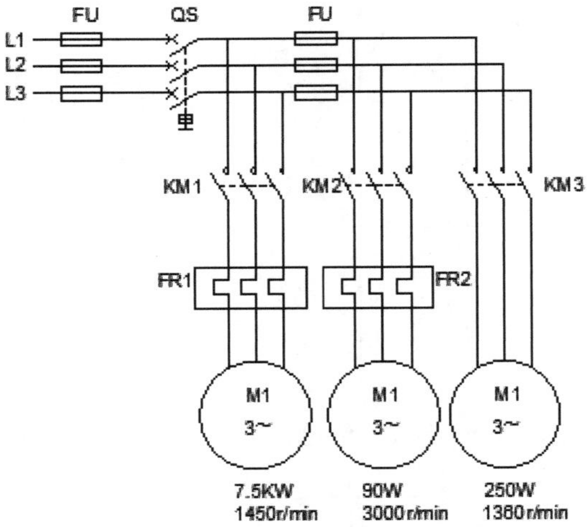

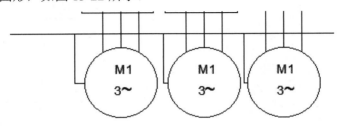

图 13-21　添加文字注释

21 绘制直线图形，如图 13-22 所示。

图 13-22　绘制线路

22 使用圆工具，绘制半径为 0.2 的圆形，如图 13-23 所示。

23 绘制直线图形，如图 13-24 所示。

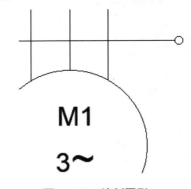

图 13-23　绘制圆形

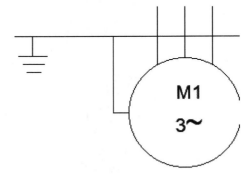

图 13-24　绘制直线图形

至此完成了车床电路原理图范例的绘制，结果如图 13-25 所示。

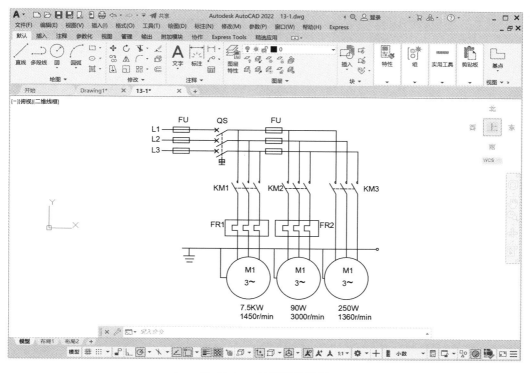

图 13-25　范例最终结果

13.2　绘制变电工程图范例

 本范例完成文件：范例文件\第 13 章\13-2.dwg

 多媒体教学路径：多媒体教学→第 13 章→13.2 范例

13.2.1　范例分析

本节将介绍一个变电工程图的绘制过程，它首先绘制变电器图形，再绘制电气元件和电路线路(使用复制命令可简化绘制过程)，绘制好的变电工程图如图 13-26 所示。

通过这个电气工程图范例的绘制，具体介绍 CAD 电气图的绘制过程，以及各种电气元件的绘制方法，并熟悉以下内容。

(1) 变电器的绘制。

(2) 电气元件的绘制。

(3) 电气线路的绘制。

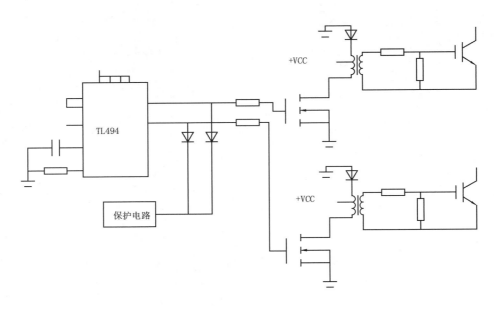

图 13-26　变电工程图

13.2.2　范例操作

[01]　新建图形文件，使用矩形工具绘制一个 2×3 的矩形，然后使用直线工具绘制 5 条长度为 0.5 的水平直线，得到变电器轮廓，如图 13-27 所示。

[02]　使用矩形工具绘制 0.7×0.2 的矩形，再使用直线工具绘制长度为 0.5 的直线图形，得到电阻和电容图形，如图 13-28 所示。

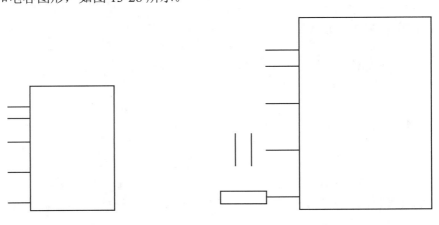

图 13-27　绘制变电器轮廓　　　　　　　图 13-28　绘制电阻和电容图形

[03]　使用直线工具绘制长度分别为 0.4 和 0.2 的两条水平直线，得到接地图形，如图 13-29 所示。

[04]　使用直线工具绘制连接直线，如图 13-30 所示。

[05]　使用多边形工具绘制三角形，外切圆半径设为 0.1。然后在下方绘制水平直线，得到二极管图形，如图 13-31 所示。

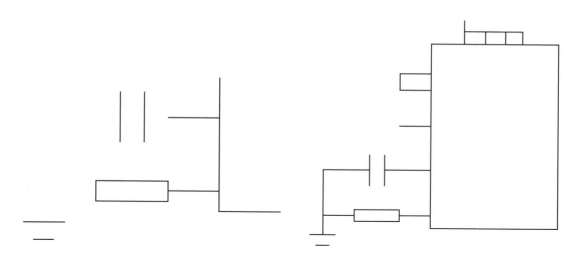

图 13-29 绘制接地图形 　　　　　　　　　　　图 13-30 绘制线路

06 使用复制工具复制图形，如图 13-32 所示。

图 13-31 绘制二极管图形 　　　　　　　　　图 13-32 复制图形

07 继续复制小矩形，如图 13-33 所示。

08 使用矩形工具绘制 1.6×0.8 的矩形，如图 13-34 所示。

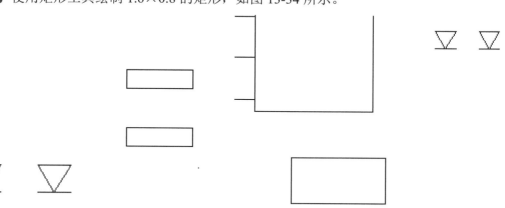

图 13-33 复制矩形 　　　　　　　　　　　图 13-34 绘制矩形

09 使用直线工具绘制连接线路，如图 13-35 所示。

10 继续绘制长度为 0.4 和 0.2 的竖直直线，如图 13-36 所示。

11 在命令行中输入 qleader 命令，添加引线，如图 13-37 所示。

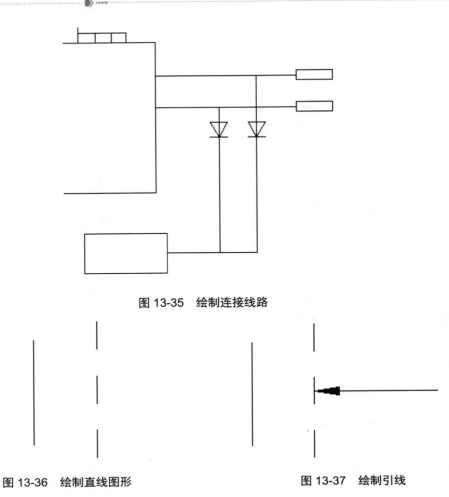

图 13-35　绘制连接线路

图 13-36　绘制直线图形　　　　　　　　　　　　图 13-37　绘制引线

12 使用直线工具绘制水平直线图形，如图 13-38 所示。

13 使用直线工具绘制连接线路，如图 13-39 所示。

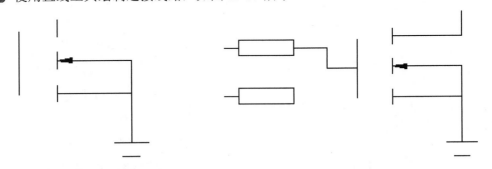

图 13-38　绘制水平直线　　　　　　　　　图 13-39　绘制连接线路

14 绘制电感器。首先绘制半径为 0.1 的圆形，然后绘制竖直直线，如图 13-40 所示。

15 使用修剪工具修剪图形，如图 13-41 所示。

16 使用复制工具复制多个电气元件图形，如图 13-42 所示。

17 使用直线工具绘制竖直直线图形，如图 13-43 所示。

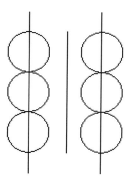
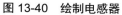

图 13-40　绘制电感器

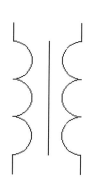

图 13-41　修剪图形

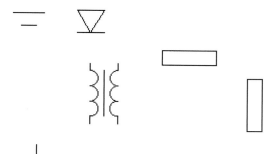

图 13-42　复制图形

⑱ 添加引线，如图 13-44 所示。

图 13-43　绘制竖直直线　　　　　　　图 13-44　绘制引线

⑲ 使用直线工具绘制连接的线路，如图 13-45 所示。

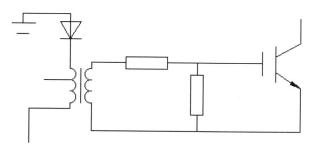

图 13-45　绘制连接线路

20 使用复制工具复制上一步绘制好的图形，如图 13-46 所示。

21 使用直线工具继续绘制线路，如图 13-47 所示。

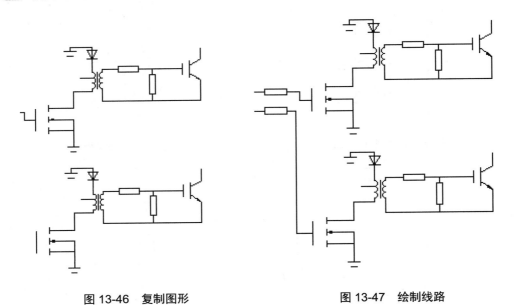

图 13-46　复制图形　　　　　　　图 13-47　绘制线路

22 使用多行文字工具添加标注文字，完成范例的制作，得到变电工程图，结果如图 13-48 所示。

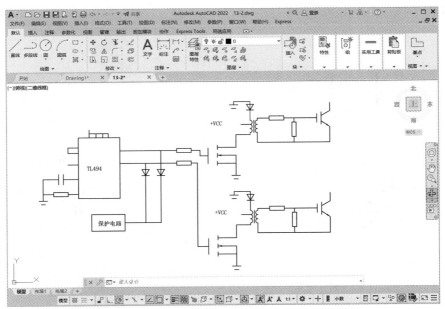

图 13-48　变电工程图最终结果

13.3　绘制工厂启动电机系统图范例

 本范例完成文件：范例文件\第 13 章\13-3.dwg

 多媒体教学路径：多媒体教学→第 13 章→13.3 范例

13.3.1　范例分析

　　本节将介绍工厂启动电机系统图的绘制，它首先绘制多个电气元件，包括开关和熔断器等；之后绘制电机和连接线路。范例结果如图 13-49 所示。

　　通过这个范例的操作，具体介绍工厂启动电机系统图的绘制方法，以及各种绘图和修改命令的综合应用，并熟悉以下内容。

　　(1) 电机绘制。

　　(2) 主要元器件绘制。

　　(3) 连接线路绘制。

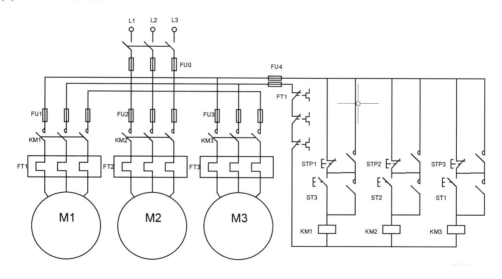

图 13-49　工厂启动电机系统图

13.3.2　范例操作

　　01 新建图形文件，使用圆工具绘制半径为 1 的圆形，然后用直线工具在下方绘制长度为 5 的直线图形，并继续绘制直线图形作为开关，如图 13-50 所示。

　　02 使用矩形工具绘制两个 2×6 的矩形作为熔断器，如图 13-51 所示。

　　03 使用圆弧工具绘制圆弧，如图 13-52 所示。

　　04 复制开关的下部图形到步骤 03 绘制的图形，如图 13-53 所示。

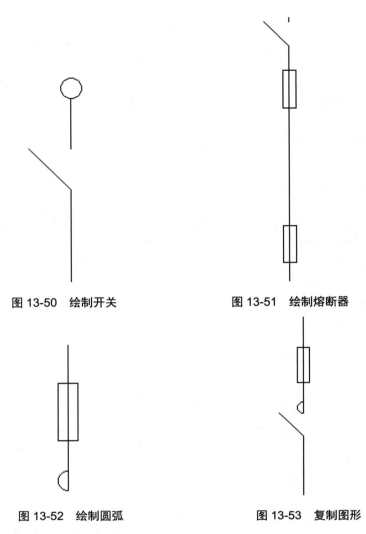

图 13-50　绘制开关　　　　　　　　　图 13-51　绘制熔断器

图 13-52　绘制圆弧　　　　　　　　　图 13-53　复制图形

05 使用直线工具绘制直线图形，如图 13-54 所示。

06 复制图形，间距为 10，如图 13-55 所示。

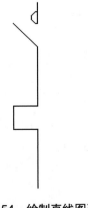

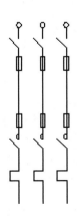

图 13-54　绘制直线图形　　　　　　　图 13-55　复制图形

07 使用直线工具绘制连接虚线，如图 13-56 所示。

08 使用矩形工具绘制 34×10 的矩形，如图 13-57 所示。

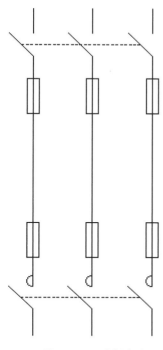

图 13-56 绘制虚线

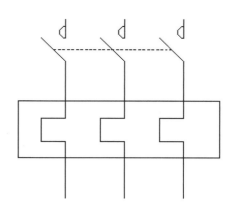

图 13-57 绘制矩形

09 使用圆工具绘制半径为 16 的圆形，如图 13-58 所示。

10 使用直线工具绘制连接直线图形，如图 13-59 所示。

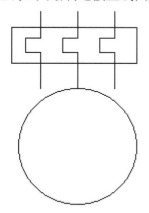

图 13-58 绘制圆形

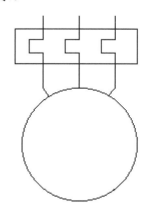

图 13-59 绘制直线

11 使用多行文字工具添加文字注释，如图 13-60 所示。

12 复制出两个绘制好的图形，间距为 40，如图 13-61 所示。

13 使用直线工具绘制连接线路，如图 13-62 所示。

14 使用直线工具继续绘制直线图形，如图 13-63 所示。

15 复制图形，如图 13-64 所示。

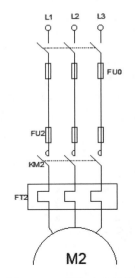

图 13-60　添加文字注释

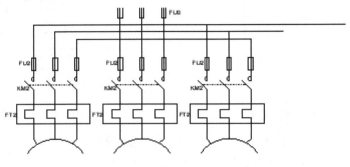

图 13-61　复制图形

图 13-62　绘制连接线路

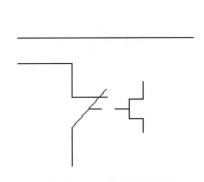

图 13-63　绘制直线图形

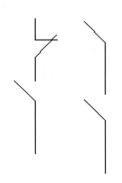

图 13-64　复制图形

16　继续绘制直线图形，如图 13-65 所示。

17　使用矩形工具绘制 8×4 的矩形，如图 13-66 所示。

18　使用直线工具绘制连接线路，如图 13-67 所示。

19　使用多行文字工具添加文字注释，如图 13-68 所示。

20　复制图形，距离为 30，如图 13-69 所示。

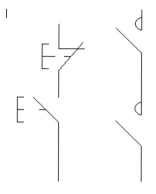

图 13-65　绘制直线图形

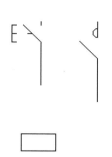

图 13-66　绘制矩形

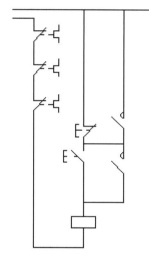

图 13-67　绘制连接线路

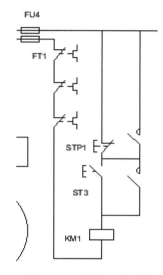

图 13-68　添加文字注释

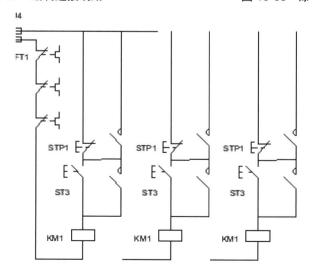

图 13-69　复制图形

21 绘制连接线路,这样就完成了工厂启动电动机系统图的绘制,如图 13-70 所示。

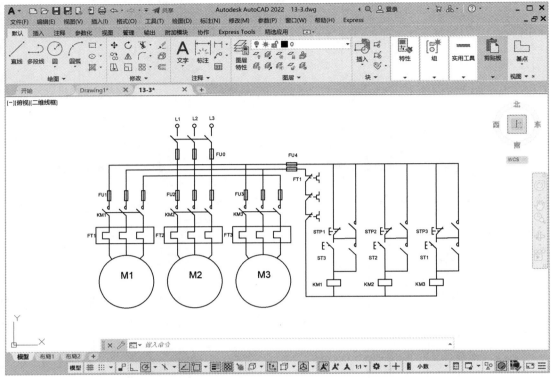

图 13-70　工厂启动电动机系统图最终结果

13.4　绘制住宅照明平面图范例

 本范例完成文件: 范例文件\第 13 章\13-4.dwg

 多媒体教学路径: 多媒体教学→第 13 章→13.4 范例

13.4.1　范例分析

本节将介绍住宅照明平面图的绘制方法,它首先绘制出建筑轮廓和房间,然后绘制出照明灯,最后绘制出配电箱和连接线路。范例结果如图 13-71 所示。

通过这个范例的操作,具体介绍住宅照明平面图的绘制方法,以及各种绘图和修改命令的综合应用,并熟悉以下内容。

(1) 建筑平面轮廓绘制。

(2) 主要灯具和配电箱图形绘制。

(3) 连接线路绘制。

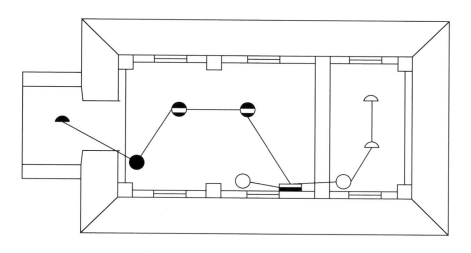

图 13-71　住宅照明平面图最终效果

13.4.2　范例操作

01　新建图形文件，使用矩形工具绘制一个 40×20 的矩形，然后使用偏移工具向内偏移该图形，距离为 5，作为建筑轮廓，如图 13-72 所示。

02　使用矩形工具绘制一个 8×15 的矩形，偏移该图形上下边线，距离为 2，如图 13-73 所示。

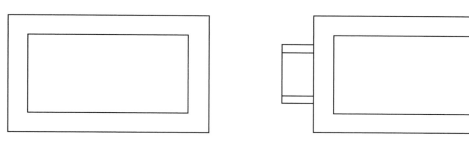

图 13-72　偏移建筑轮廓　　　　　　　　　图 13-73　绘制矩形再偏移直线

03　使用直线工具绘制直线图形，如图 13-74 所示。

04　使用矩形工具绘制一个 2×2 的矩形作为柱子，然后复制多个，如图 13-75 所示。

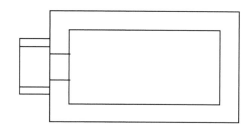

图 13-74　绘制直线

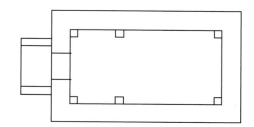

图 13-75　绘制柱子

05　使用直线工具绘制直线图形作为隔墙，如图 13-76 所示。

06 使用偏移工具偏移直线图形，如图 13-77 所示。

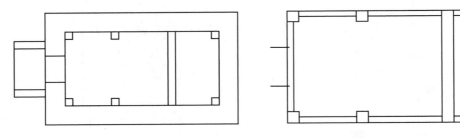

图 13-76　绘制隔墙　　　　　　　　　　　图 13-77　偏移直线

07 使用直线工具绘制窗户图形，如图 13-78 所示。

08 复制多个窗户图形，如图 13-79 所示。

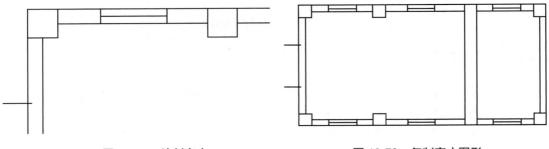

图 13-78　绘制窗户　　　　　　　　　　　图 13-79　复制窗户图形

09 使用直线工具绘制直线图形作为散水线，如图 13-80 所示。

10 使用圆工具绘制半径为 1 的圆形，然后在内部绘制直线图形，作为灯图形，如图 13-81 所示。

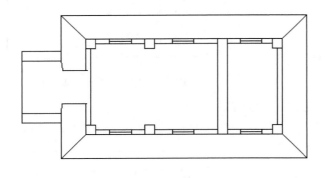

图 13-80　绘制散水线　　　　　　　　　　图 13-81　绘制灯图形

11 复制多个灯图形，如图 13-82 所示。

12 使用修剪工具修剪图形，如图 13-83 所示。

13 使用图案填充工具填充图形，如图 13-84 所示。

14 复制图形，如图 13-85 所示。

15 使用矩形工具绘制 3×1 的矩形，如图 13-86 所示。

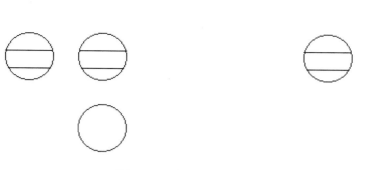

图 13-82　复制灯图形

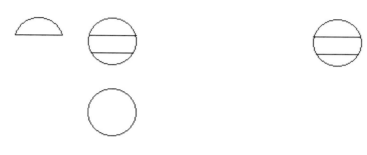

图 13-83　修剪图形

图 13-84　填充图形

16　使用图案填充工具填充矩形作为照明配电箱，如图 13-87 所示。

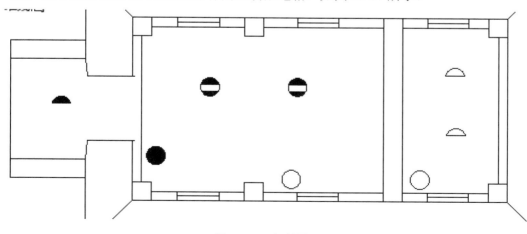

图 13-85　复制图形

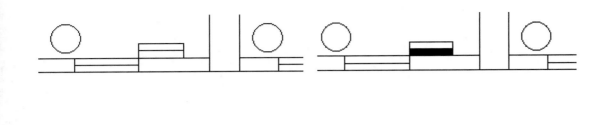

图 13-86　绘制矩形　　　　　　　　图 13-87　绘制配电箱

17 使用直线工具绘制配电箱到照明灯的连接线路，得到住宅照明平面图，范例最终结果如图 13-88 所示。

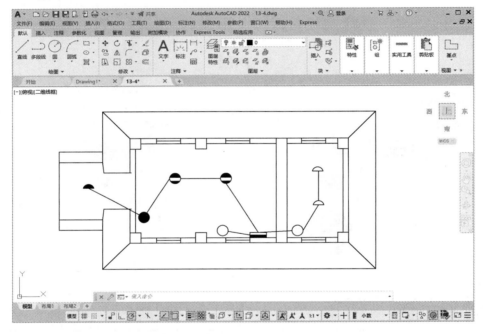

图 13-88　住宅照明平面图最终结果

13.5　本　章　小　结

本章主要介绍了使用 AutoCAD 2022 进行电气绘图实战综合设计的方法，分别从 AutoCAD 电气绘图最常用的领域入手，通过四个范例绘制过程的详细讲解，使读者对 AutoCAD 绘制各类电气电路等图纸有一个整体的认识。希望大家能在实战中更进一步体会和掌握电气绘图的方法和技巧。